水文地质与工程地质勘察

李伟　高强　孟祥凯◎著

长江出版传媒
湖北科学技术出版社

作者简介

AUTHOR

　　李伟(1981.03—)，男，满族，河北承德人，本科学历，职称是高级工程师，研究方向是水文地质。现就职于河北省地质四队地质勘查有限责任公司，任副总经理，从事水文地质、工程地质、环境地质调查与研究工作。主持完成了多项基础类地质灾害调查项目、地热资源勘查项目和水资源勘查项目等，如河北省围场满族蒙古族自治县1：5万地质灾害详细调查、河北省隆化县1：5万地质灾害详细调查、承德市地质灾害防治规划和承德市市区东区地热资源勘查等，研究成果丰硕。自参加工作以来，曾多次获得河北省地质矿产勘查开发局、河北四地矿局第四地质大队先进个人，优秀共产党员等多个称号，并荣获过河北省地质矿产勘查开发局地质科技成果奖和承德市建设工程勘察设计奖。在国内期刊中发表多篇论文。

　　高强(1987.03—)，男，汉族，河北承德人，研究生学历，工程地质(岩土工程)高级工程师，主要从事水文地质、工程地质、岩土工程工作。主持完成了多项水文工程地质类项目，先后荣获2019年度中国勘察设计协会优秀工程勘察与岩土工程二等奖1项，获2018年、2019年和2020年度河北省优秀工程勘察设计奖3项和河北省工程勘察设计项目优秀中小型精品工程1项。发表学术论文10余篇，其中核心期刊4篇；获国家实用新型专利7件，软件著作权2件；参编专著2部。

　　孟祥凯(1986.07—)，男，汉族，河北保定人，职称是高级工程师，研究方向是工程地质、水文地质及环境水文地质等。先后主持了多项各类型型水源地的技术工作，具有丰富的水文工作经验和实践能力。参与主持的新建承德民用机场勘察项目获中国勘察设计协会二等奖；承德医学院附属医院新城医院勘查项目，获河北省工程勘察设计项目一等成果。发表学术论文3篇。

前　言
PREFACE

　　水文地质与工程地质勘察是工程地质类勘察的重要环节,主要研究的是水文地质对于工程建设的影响。水文地质勘察采用科学先进的勘察技术和仪器设备对相关工程地质因素进行分析,探究的是影响工程水文地质勘察结果的环境因素,然后分析因素对整个工程建设的影响。

　　水文地质与工程地质勘察的主要内容有地质环境勘察、地下水位勘察、水文地质参数勘察以及自然地理勘察等。首先,做好对施工现场的地质调查,分析现场地质现状可能会对施工进程和建筑物造成的影响,并将调研资料进行整理汇总,以备查阅。其次,做好对现场土体性质、分布以及地下水位的调查,测量相关参数。再次,以测量得到的数据为参考依据,做好问题分析和深入研究,根据实际情况制定相应的解决策略或改良措施。最后,对建设项目进行安全评估,从宏观的角度制定长远的规划,保证建筑物后期维护管理中可以少出现问题,或者在出现问题时能及时有序地进行调整修正,尽量避免后续施工和管理中出现建筑物沉降等问题。

　　在工程建设中做好水文和地质勘察,主要目的是在了解施工现场具体水文地质情况的基础上制定合理的应对措施。比如了解水文地质的情况可以以这些参数为依据做好地基埋深处理,通过地基的深度再来推断合理的埋深范围。在实际工程地基设计中,由于部分地区地下水位高,为保证实际地基基础埋深在合理范围内,可以通过相应措施降低水位,使建筑物的埋深在地下水位以下,保证建筑物的埋深位置不受到地下水的影响。此外,地基硬度对于整个建设工程来说至关重要,为避免地基在地下水流的影响下降低硬度,从而出现软化和湿陷的问题,必须开展相应的水文地质勘察,做好对土壤的保护工作,避免因为土壤干裂而影响工程地基。

本书从水文地质与工程地质勘察的基本概念谈起,界定其定义,明确其目的,了解其意义,分析其手段,继而说明工程地质与水文地质的基本理论,在此基础之上,依据实际工作,分类梳理工程地质与水文地质的具体内容。

　　在写作过程中,我们参阅了不少同行专家的研究成果,从中得到不少启发,在此向他们表示真挚的感谢。另外,对在本书写作、出版过程中给予帮助的人们表示由衷的感谢!

　　由于写作时间仓促,再加上作者水平有限,本书难免存在疏漏与错误之处,还望同行专家和读者批评斧正。

目 录
CONTENTS

第一章　绪　　论

第一节　水文地质及工程地质的定义

一、水文地质的定义

　　水文地质学是一门探讨自然界地下水变化与运动现象的学科,其主要研究领域包括地下水的分布与形成规律、物理性质、化学成分,以及地下水资源评价与合理利用等方面。此外,水文地质学亦关注地下水对工程建设和矿山开采产生的负面影响,以及相应的防治措施。随着科学技术的进步和生产需求的提高,水文地质学分化出多个分支学科,如区域水文地质学、地下水动力学、水文地球化学、供水水文地质学、矿床水文地质学以及土壤改良水文地质学等。近年来,水文地质学的研究领域已扩展至地热、地震、环境地质等方向,从而衍生出诸多新兴研究领域。

二、工程地质的定义

　　工程地质是一门研究、探讨和解决与人类活动及各类工程建筑相关的地质问题的学科。其目标在于全面了解工程场区的地质状况,对场区及相关地质问题进行综合评估,分析工程建筑影响下地质条件可能发生的变化及作用,从而优化场地选择,并提出针对不良地质问题的工程解决方案,为工程的合理设计、施工顺利及正常运行提供科学、可靠的依据。

　　工程地质研究的核心内容包括确认岩土的组成、微观结构、物理、化学和力学性质(特别是强度和应变)及其对建筑工程稳定性的影响,对岩土进行工程地质分类,并提出改善其建筑性能的策略;探究人类工程活动对自然环境平衡的破坏,以及自然发生的崩塌、滑坡、泥石流和地震等物理地质现象对工程建筑的威胁及其预防和治理措施;解决各类工程建筑中的地基稳定性问题,如边坡、路基、坝基、桥墩、硐室,以及黄土湿陷、岩石裂隙破坏等,制定科学的勘察流程、方法和手段,为各类工程的设计和施工提供地质依据；研究建筑场区地下水运动规律及其对工程建筑的影响，制定相应的利用和防护方案；分析区域工程地质条件的特点，预测人类工程活动对其影响产生的变化，进行区域稳定性评估，并进行工程地质分区和编图。

随着大规模工程建设事业的不断拓展，其研究范围逐渐扩大。除了传统的研究领域，如岩土学、工程动力地质学、专门工程地质学和区域工程地质学之外，一系列新兴分支学科亦逐步成型。其中包括矿山工程地质学、海洋工程地质学、城市工程地质与环境工程地质学，以及工程地震学等[①]。

第二节 水文地质及工程地质勘察的目的

一、水文地质勘察的目的及任务

水文地质勘察是研究水文地质条件的关键方法。其目的在于揭示地下水的生成及分布规律，进而对地下水资源进行水量和水质评估，为国民经济建设提供水文地质依据。由于不同国民经济建设所需解决的水文地质问题各异，例如小范围城市工矿企业供水水源地、大面积农田供水以及地下热水田等水文地质勘察，均各自针对特定的问题。因此，各类水文地质勘察目标需依据工程建设需求而定。

开展水文地质勘察工作时，务必明确目标性。水文地质勘察任务在于运用多种测绘、勘探、试验、观测手段，遵循勘察程序，查明基本水文地质条件并解决专门性问题。以农田供水水文地质勘察为例，除了查明地下水生成、分布规律及补给、径流、排泄等基本条件外，还需着重评估地下水资源数量是否能满足灌溉需水量要求，进行灌溉水质评价及开采技术条件论证，为经济合理开发利用地下水提供水文地质资料。

水文地质勘察通常分为普查、详查和开采三个阶段。

（一）普查阶段勘察

普查阶段是一项具有战略意义的区域性小比例尺工作。在该阶段，主要任务是查明区域水文地质条件，如各类含水层的赋存状况与分布规律，以及地下水的水质、水量、补给、径流和排泄等条件。普查阶段通常采用1：

---

①左建,温庆博,孔庆瑞.工程地质及水文地质[M].北京:中国水利水电出版社,2020.

200 000 比例尺进行水文地质测绘,在一些严重缺水或工农业集中发展的地区,可适当提高比例尺至 1 : 100 000。比例尺的选择应依据工程建设所需深度和水文地质条件复杂程度而定。

(二)详查阶段勘察

在详查阶段,工作通常基于对水文地质的初步调查。这个阶段的主要任务是解决特定的水文地质问题,为各类国民经济建设部门提供准确的水文地质信息。例如,为城市和工矿企业提供供水,为农田提供灌溉水,提高土壤质量,以及支持矿山开采等活动。详查的区域通常较小,除了农田供水外,其他领域的详查面积一般较小。在详查过程中,我们通常采用比例尺精度为 1 : 50 000 ~ 1 : 25 000 的地图或数据。除了查明基本的水文地质条件外,详查阶段还需要对含水层的水文地质特性、地下水动态变化规律、水质标准以及开采井的布局等进行深入研究。此外,还需要预测未来开采可能引发的水文地质问题,并为此提供切实可靠的数据和解决方案。

(三)开采阶段勘察

水资源地质勘查在开采阶段的目标是针对出现的水文地质问题确立具体任务。这些问题包括:在开采前未进行水文地质勘查而导致必然出现的问题;尽管已完成正规的水文地质勘查,但勘察精度不足、数据不可靠或得出错误结论引发问题以及难以准确预测的部分问题。在供水水资源地质工作中,井距不合理导致的水井间严重干扰、地下水降落漏斗持续扩展引发的地面沉降、水量锐减、水质退化等,均为开采阶段需解决的水文地质问题。

开采阶段的水文地质勘查工作比例尺不低于 1 : 25 000。此类勘查大多具有研究性质,无须开展更高精度的全面勘查,因而应针对具体问题进行分析,进而采用适当的勘查方法予以解决[①]。

二、工程地质勘察的目的及任务

工程地质勘察的核心职责是为工程建筑的规划、设计、施工及运营提供地质方面的资料和依据,解决相关的地质问题,从而实现建筑物与地质环境的相互适应。这不仅确保工程的稳定安全、经济合理和正常运行,同时尽量减轻工程建设对地质环境的负面影响和诱发地质灾害的风险,以实现地质环境的合理利用和有效保护。

[①]左建,温庆博,孔庆瑞.工程地质及水文地质[M].北京:中国水利水电出版社,2020.

建筑物与地质环境之间存在相互影响关系。在工程地质勘察中,寻求适应建筑物需求的优质地质环境始终是其追求的目标。然而,建筑物的建设和使用已成为一个新兴因素,导致地质环境发生改变。因此,预测地质环境变化的特点和程度,以及是否对人类产生灾害性影响,已成为工程地质勘察的关键任务。

工程地质勘察工作通常可分为规划、可行性研究、初步设计三个阶段。各阶段勘察工作应依次展开,逐步深化,并紧密配合各设计阶段。

(一)规划勘察

规划勘察的目标在于为工程选址提供基础的工程地质资料和地质依据。在这一阶段,主要的勘察任务包括:收集和整理区域地质、地形地貌以及地震资料;了解工程建设地点的基本地质状况和主要工程地质问题;分析工程建设的可行性;掌握各规划方案所需的天然建筑材料概况,从而展开建筑材料的普查。在规划勘察阶段,水利水电工程的勘察内容主要涵盖:河流或河段的地形地貌、地层岩性、地质构造、地震、物理地质现象以及水文地质条件;库区地质条件,包括渗漏、浸没、坍岸和淤积物来源等方面;坝区和引水线路的地貌、地层、岩性、构造、地震烈度、物理地质现象和水文地质条件。

(二)可行性研究勘察

可行性研究勘察是在已选定河流或河段规划方案的基础上进行的。其核心目标是为确定坝址、基本坝型、引水线路以及枢纽布局方案提供地质论证,并搜集工程地质资料。在这一阶段的勘察中,下列任务尤为关键:研究区域构造稳定性,并对工程场地的构造稳定性和地震风险进行评估;调查并评估水库区的主要工程地质问题,调查坝址引水线路及其他主要建筑物场地的工程地质条件,初步评估相关的主要工程地质问题;开展天然建筑材料的初步调查。

勘察的主要任务包括:揭示区域地质概况,特别是区域性大断裂、活动断裂和地震活动性;了解库区地质状况,重点关注水库渗漏、浸没、库岸稳定以及水库诱发地震的可能性等工程地质问题的初步评估;查明和比较坝址的工程地质条件,包括软弱夹层、构造断裂、岩体风化程度分带和风化深度、边坡稳定性、岩土的工程地质性质、可溶岩地区渗漏问题等;比较引水线路和厂址的工程地质条件,以选定线路工程地质分段等。

（三）初步设计勘察

初步设计勘察是在前期研究阶段中,对选定的坝址和建筑场地进行的深入勘察。其主要目标是全面了解水库区域和建筑区的地质环境,以便为坝型选择、枢纽布局提供科学依据,并为后续的建筑设计提供必要的地质数据。在这一关键阶段,主要勘察任务如下。

（1）对水库区的特殊水文地质和工程地质问题进行深入探究,预测水库蓄水后可能发生的变化。

（2）对建筑区内的地质条件进行全面分析和评估,为建筑物的轴线选择和地基处理方案提供详细的地质资料和建议。

（3）深入了解导流工程的工程地质条件,以确保工程的顺利进行。

（4）对天然建筑材料的储量和质量进行详细调查,以满足工程需求。

（5）对地下水动态和岩土体位移进行实时监测,为工程安全提供保障。

具体勘察内容包括以下方面。

（1）水库区的地质构造、岩土性质等基本地质条件。

（2）水库渗漏的可能性、水库浸没的范围和程度、库岸的稳定性,以及水库诱发地震的可能性和影响程度。

（3）坝、闸址的主要工程地质特征,如岩石类型、岩体结构、地应力分布等,以及与选定坝型、坝轴线、枢纽相关的工程地质问题。

（4）引水隧洞沿线的工程地质条件、围岩稳定性等,以及可能遇到的主要工程地质问题。

（5）对以上工程地质问题进行评价,并提出相应的处理建议[1]。

第三节 水文地质及工程地质勘察的意义

一、水文地质勘察的意义

（一）减少工程建设损失

在工程建设前期,全面详细的地质水文报告对于提高设计及施工的合

---

[1]齐文艳,包晓英. 工程地质[M]. 北京:北京理工大学出版社,2018.

理性与可靠性具有重要作用：一方面，有助于确保工程所采用的技术方案对周边地质环境的影响降至最低；另一方面，有利于保障建筑工程在施工及使用过程中，避免因地质问题引发的工程质量隐患。在进行工程地质勘察时，结合水文地质条件，有助于勘察工作的有序开展，使设计及施工人员能在充分了解水文地质因素可能对工程产生的影响基础上，制定针对性的处理措施。实际勘察过程中，需充分考虑现场施工条件，进行深入的数据测试与分析，为现场施工提供可靠指导，从而提高工程建设的安全性，有效防止工程建设损失。

（二）提供客观数据支持

在工程设计的环节中，能全面考虑水文地质因素，从而在设计阶段就对施工工艺和方式进行合理的优化，避免在施工和使用过程中出现各种问题。同时，因为地下水位的变化会对岩土结构和地质条件产生较大的影响，进而影响地面的施工效果，所以在开展工程勘察的时候，需要有针对性地深入研究水文地质条件，并在设计和施工过程中及时做出相应的调整，进一步降低水文地质条件对施工过程的影响，保证工程能够顺利展开。

（三）提升工程建设效率

我国幅员辽阔，不同区域的水文地质条件存在较大的不同，同时不同的工程项目，其对地基、地质结构的要求也有较大的差别。在工程地质勘察工作的展开期间，应当按照工程建设的需求，针对建筑类型、建设方式进行深入的探讨，并有针对性地根据当地的水文地质条件，采取积极的解决措施，从而有效预防水文地质问题的发生，并减少其对工程施工、建设产生的不良影响。在工程实施阶段，则需要进一步对水文地质数据进行有效的监测，确保在施工过程中不会受到人为因素的过多干预，并提升工程的展开效率，使工程能够有序、稳定地展开，从而进一步保障工程的建设效率[①]。

二、工程地质勘察的意义

（一）确保工程安全

工程地质勘察有助于了解地质条件，评估场地稳定性和适宜性，为工程设计和施工提供依据。通过地质勘察，可以发现潜在的地质风险，如滑坡、

---

①关天冶，武亦文. 水文地质勘察与水文地质问题研究[J]. 工程技术研究，2023（2）：204-206.

泥石流、地面沉降等,从而采取相应的设计和防治措施,确保工程安全。

（二）优化工程设计

工程地质勘察可以为工程设计提供详细的地质资料,如地层分布、岩性特征、地下水位等。这些资料对于工程设计具有重要意义,有助于优化设计方案,降低工程成本,提高工程效益。

（三）节约土地资源

通过工程地质勘察,可以对拟建场地进行综合评价,为土地资源的合理利用提供依据。在勘察过程中,可以发现不适宜建设的地段,避免盲目开发,从而节约土地资源。

（四）降低施工风险

工程地质勘察可以揭示地质条件,为施工提供可靠依据。在勘察过程中,可以发现地下障碍物、不良地质现象等,从而提前制定应对措施,降低施工风险。

（五）环境保护

工程地质勘察有助于了解地质环境,为环境保护措施提供依据。在勘察过程中,可以发现地质环境存在的问题,如地质灾害、地下水污染等,从而制定相应的环境保护措施,降低工程建设对环境的影响。

（六）提高工程效益

工程地质勘察可以为工程建设提供全面、准确的地质资料,有助于优化工程设计、降低施工风险、节约土地资源等。这些因素综合起来,可以提高工程效益,降低工程成本。

总之,工程地质勘察在工程建设中具有重要意义,是确保工程安全、优化工程设计、节约土地资源、降低施工风险、保护环境和提高工程效益的关键环节。在工程建设过程中,应重视并加强工程地质勘察工作,为工程质量和可持续发展提供有力保障。

第四节 水文地质及工程地质勘察的手段

水文地质及工程地质勘察工作中,常用的勘察手段和方法有测绘、勘探、试验和长期观测等。

一、水文地质及工程地质测绘

(一)水文地质测绘

1.水文地质测绘的目的及任务

水文地质测绘作为水文地质勘察的基础和前置工作,是深入了解和掌握地区地质结构、地貌及水文地质条件的关键调查研究手段。其目的在于通过对地质、地貌、第四纪地质、新构造运动以及地下水点的调查和绘制水文地质图等,揭示勘察区内地下水生成与分布的基本规律。在此基础上,进行初步的开发利用远景评估,并对区内环境水文地质问题提出防治措施论证。此外,水文地质测绘还为水文地质勘探、实验和观测工作提供设计依据。因此,水文地质测绘的基本任务包括:①探究与地下水形成相关的区域水文、气象因素。②分析区域地质、地貌及第四纪地质特征。③研究地下水的补给、径流、排泄条件。④探讨含水层的埋藏条件及其分布。⑤结合其他工作对地下水资源及其开采条件进行初步评估,为工农业生产建设部门提供完整的水文地质资料。水文地质测绘的主要工作环节包括准备工作、野外作业和内业整理三个方面。在测绘工作完成后,应提交相应的地质图、地貌图、第四纪地质图、综合水文地质图、地下水水化学图及相关剖面图,以及水文、气象图表和文字报告。

2.水文地质测绘的精度

水文地质测绘成果主要体现在各类图件上,因此,测绘精度要求通过图幅比例尺大小予以体现。不同比例尺填图精度取决于地层划分详尽程度、地质界线描绘精度,以及地区地质、水文地质现象研究和阐述的详尽程度与准确性。在1:50 000地形图上,通常每隔1~2cm设定一条观测线,每隔0.5~1cm设置一个观测点,条件简单者可适度放宽至1倍。观测点布置应尽量利用天然露头。若天然露头不足,可适当布置勘探点,并选取少量试样进行实验。

为满足精度要求,野外测绘填图时,通常选用较提交成果图件比例尺大一级的地形图作为填图底图。例如,在进行1:50 000比例尺测绘时,常采用1:25 000比例尺地形图作为外业填图底图。外业填图完成后,再将其缩制成1:50 000比例尺图件,作为正式资料提交。

（二）工程地质测绘

1.工程地质测绘的目的和任务

工程地质测绘在工程地质勘察中具备至关重要的地位,作为最基础的勘察手段,它依托地质学原理与方法,通过野外实地考察,并综合深入研究勘察区域的地貌、地层岩性、地质构造、物理地质现象和水文地质条件等,将以上各项内容以适当比例尺绘制在地形图上,为后续勘探、试验以及长期观测工作的开展奠定坚实基础。

2.工程地质测绘的范围和精度

工程地质测绘的范围取决于建筑物类型、规模以及区域工程地质条件的复杂程度和研究程度。通常情况下,建筑规模较大,处于规划和设计初期,且工程地质条件复杂且研究程度较低的地区,其测绘范围应适当扩大。

工程地质测绘的比例尺主要取决于设计阶段。在同一阶段内,比例尺的选择则依据建筑物类型、规模和工程地质条件的复杂程度。工程地质测绘比例尺可分为小比例尺(1:100 000～1:50 000)、中比例尺(1:25 000～1:10 000)和大比例尺(1:5000～1:1000)三个等级。

在进行工程地质测绘时,所使用的地形图应满足精度要求,且比例尺不低于测绘项目。图件的精度和详细程度应与地质测绘比例尺相匹配。在图纸上,大于2mm的地质现象应尽量呈现,宽度不足2mm的重要工程地质单元(如软弱夹层、断层等)需扩大比例尺展示,并标明实际数据。地质界线误差应控制在相应比例尺图上的2mm以内。

二、水文地质及工程地质勘探

勘探工作在水文地质及工程地质勘察中具有举足轻重的地位。对于各类水文工程地质条件及问题,无论地表还是地下研究,从定性到定量评估,都离不开勘探工作的支持。水文地质及工程地质勘探涵盖了物探、钻探、坑探等多个方面。

三、水文地质及工程地质野外试验

野外试验在水文地质及工程地质勘察中是一项经常开展的关键勘察方法,对于水文地质工程地质问题的定量评价、工程设计、施工以及了解区域水文地质条件、评估地下水资源所需参数具有重要作用。水文地质及工程地质勘察中常用的野外试验可分为三大类别:第一类,水文地质试验,包括钻孔压水试验、抽水试验、渗水试验、岩溶连通试验、回灌试验以及地下水流向和实际流速测定试验等;第二类,岩土力学性质及地基强度试验,涵盖载荷试验、岩土大型剪力试验、触探、岩体弹性模量测定、地基土动力参数测定等;第三类,地基处理试验,如灌浆试验、桩基承载力试验等。

四、水文地质及工程地质长期观测

长期观测在水文地质及工程地质勘察中具有举足轻重的地位。随着时间的推移,某些动力地质现象及地质营力将发生显著变动,特别是在工程活动影响下,诸多因素和现象将产生明显变化,对工程的安全性、稳定性及正常运营产生影响。单纯依赖工程地质测绘、勘探、试验等手段,无法精确预测和判断动力地质作用及其对工程使用年限的影响,因此有必要开展长期观测工作。

长期观测的核心任务包括验证测绘、勘探对水文地质及工程地质条件评估的准确性,揭示动力地质作用及其影响因素随时间的变迁规律,精确预测水文地质及工程地质问题,为防治不良地质作用提供可靠的水文地质及工程地质依据,并检验针对不良地质作用采取的处理措施的成效[1]。

---

①左建,温庆博,孔庆瑞. 工程地质及水文地质[M]. 北京:中国水利水电出版社,2020.

第二章　水文地质的基本理论

第一节　地下水概述

一、地下水基本概念

地下水是指赋存于地面以下岩石空隙中的水,狭义上指赋存于地下水面以下饱和含水层中的水,在国家标准《水文地质术语》(GB/T 14157-2023)中,地下水是指埋藏于地表以下的各种形式的重力水。

国外学者认为地下水位于地表面以下,其定义主要有3种:第一种是指与地表水有显著区别的所有埋藏于地下的水,特指含水层中饱水带的那部分水;第二种是向下流动或渗透,使土壤和岩石饱和,并补给泉和井的水;第三种是在地下的岩石空洞里、在组成地壳物质的空隙中储存的水[1]。

二、地下水的存在状态

存在于岩土孔隙、裂隙中的水,根据其物理力学性质不同及与岩土颗粒间的相互关系,可以有以下几种赋存状态。

(一)气态水

即水蒸气,它和空气一起充满于岩土的孔隙、裂隙中。岩土中的气态水可以由大气中的气态水进入地下形成,也可由地下液态水蒸发形成。气态水有极大的活动性,受气流或温、湿度的影响,由蒸气压力大的地方向蒸气压力小的地方移动。在温度降低或湿度增大到足以使气态水凝结时,可变成液态水。

(二)液态水

液态水主要分为结合水和自由水。结合水包括强结合水和弱结合水。自由水主要包括毛细水和重力水。

---

①宓荣三. 工程地质[M]. 成都:西南交通大学出版社,2021.

1.结合水

岩土中的水分子被岩土颗粒表层的自由能吸附到颗粒表面,靠分子力与颗粒结合在一起,形成连续水膜,称为结合水。通常,将直接吸附在颗粒表面的结合水称为强结合水,也叫吸着水。强结合水与颗粒之间的吸引力非常大,超过10 000个大气压。因此,强结合水不同于一般液态水,它不受重力影响,一般情况下不能移动,只有在受热超过105~110℃时,才能变为气态水离开颗粒表面。

水分子具有极性,当水分子被岩土颗粒吸附成强结合水膜后,极性使其水膜外侧也呈现电性。当孔隙、裂隙中相对湿度较大时,呈电性的强结合水膜以外再次吸附更多的水分子,构成几个水分子到几百个水分子直径厚的外层水膜,称为弱结合水,也叫薄膜水。颗粒与水分子间的吸引力,离颗粒表面愈远愈小。当两个颗粒的弱结合水接触后,弱结合水由水膜厚的地方向薄的地方缓慢地移动,直到薄膜厚度接近相等为止。弱结合水仍不能在重力作用下自由流动,也不能传递静水压力。

结合水在岩土中的含量取决于颗粒的总表面积。颗粒愈细小,总表面积愈大,结合水含量也愈多。例如,黏土所含的强、弱结合水量可分别达18%和45%,而砂土所含强、弱结合水量不到0.5%和2%。对于具有裂隙的坚硬岩石来说,所含结合水量微不足道,在工程上实际意义不大。

根据结合水的性质,结合水含量对岩土的持水性、给水性和透水性都有很大影响,特别是对黏性土和黏土质岩石的工程性质有决定性的影响。随着黏性土和黏土质岩石中含水量的变化,它们的可塑性、体积胀缩性和孔隙度也要发生改变。

2.自由水

岩土中没有被颗粒吸附的水称为自由水,也叫非结合水。自由水主要是毛细水和重力水。

存在于岩土毛细孔隙和毛细裂隙中的水称毛细水。通常,土中直径小于1mm的孔隙为毛细孔隙;岩石中宽度小于0.25mm的裂隙为毛细裂隙。毛细水同时受重力和毛细力的作用。毛细力大于重力,水就上升,反之则下降。毛细力与重力相等时,毛细水的上升达到最大高度。毛细水上升速度及高度,取决于毛细孔隙的大小,而孔隙的大小与颗粒大小和颗粒性质有密切关系。毛细水在非饱和土力学的研究中有重要意义。

通常,在地下水面之上,若岩土中有毛细孔隙,则水沿毛细孔隙上升,在地下水面上形成一个毛细水带。毛细水受重力作用能垂直运动,可以传递静水压力,能被植物吸收,对于土的盐渍化、冻胀等有重大影响。

当岩土中的水分子不受颗粒表面引力控制的时候,水分子形成液态水滴,在重力作用下向下移动,即为重力水。重力水在重力作用下可以在岩土孔隙、裂隙中自由流动。重力水是构成地下水的主要部分,通常所说的地下水主要指重力水。

（三）固态水

固态水主要是指岩土孔隙、裂隙和冻土地区岩土层中成层的冰。在我国华北、东北、西北和西南高原地区,地下温度随季节不同有周期性的变化。当温度低于0℃时,液态水可变为固态冰;温度高于0℃时,固态冰又可变为液态水。在高纬度和高寒山区,如果地下温度终年处于0℃以下,地下水也就终年以固态形式存在。

各种状态的水在岩土中的存在形式可以通过下例说明。假设从地面向下打一口井,就会看到:开始挖出的土看起来像干的,实际上土中已有气态水甚至结合水存在。继续向下挖,随着弱结合水逐渐增加,挖出的土逐渐潮湿,颜色加深,这样逐渐变化直至见到地下水面为止。如果在地下水面以上存在一个毛细水带,则上述的逐渐变化在到达毛细水位时,能够有一个较明显的改变,在毛细带中挖土时,井壁、井底都不断有水渗出来。地下水面以下是自由流动的重力水,称为饱水带。地下水面以上直到地表统称为包气带。在包气带中,岩土孔隙、裂隙并没完全被水充满,含有与大气圈相连的空气。

三、地下水的物理性质与化学成分

地下水的物理性质包括温度、颜色、透明度、气味、味道、比重、导电性及放射性等。地下水的化学成分包括纯水及其中所含的各种离子、化合物和气体。地下水的物理性质受周围环境条件和所含化学成分的影响。地下水的化学成分与流经的岩土性质和成分、地下水的补给条件和气候有密切关系。因此,地下水的物理性质与化学成分随空间和时间的变化而改变。

地下水的物理性质与化学成分决定了地下水的质量。不同的用水目的,对水的质量有不同的要求标准。此外,地下水的侵蚀性来源于水中有害的化学成分。因此,地下水的物理性质和化学成分对于把地下水作为供水水源,或把地下水作为工程病害的重要因素进行研究,都是非常重要的。

（一）地下水的物理性质

1.温度

地下水的温度与其埋藏深度、地下补给条件及地质条件等因素有关。

按照地下水的温度高低,可把地下水分为低于0℃的过冷水,0~4℃的极冷水,4~20℃的冷水,20~37℃的温水,37~42℃的热水,42~100℃的极热水及高于100℃的过热水七种。

2.颜色

地下水的颜色决定于水中化学成分及悬浮物,而纯水是无色的。

3.透明度

纯水是透明的,然而水中多含有一定数量的矿物质、有机质或胶体物质,从而使地下水透明度有很大不同,所含各种成分愈多,透明度愈差。

4.气味

一般地下水是无气味的。当地下水含有某些化学成分时,则有特殊气味,如:水中含硫化氢时,有臭蛋味;含亚铁盐很多时具铁腥味;含腐蚀性细菌时,有鱼腥味或霉臭味等。气味的强弱与温度有关,一般在低温下不易判别,而温度在40℃左右时气味最显著。

5.口味（味道）

纯水是无味的,地下水的味道取决于其溶解的化学成分。地下水的口味20~30℃时最为显著。

6.密度

质量密度的大小,决定于水中所溶解的盐分和其他物质的含量。水中溶解盐分越多,密度越大。

7.导电性

地下水的导电性主要取决于水中含有电解质的性质和含量。离子含量越多,离子价越高,水的导电性越强。水温对导电性也有影响。导电性通常以导电率K表示,一般地下淡水的K值为$33\times10^{-5}\sim33\times10^{-3}$S/cm。其中S为西门子。

8.放射性

地下水放射性决定于水中放射性物质含量。地下水中常见的放射性物

质有镭、铀、锶、氡及氢、氧同位素。一般地下淡水 ^{226}Ra 的含量 $< 3.7\times$
$10^{-2}Bq/L$，矿泉水和深井水 ^{226}Ra 的含量为 $3.7\times10^{-2} \sim 3.7\times10^{-1}Bq/L$，其中 Bq
为贝可。

（二）地下水的化学成分

地下水在流动和储存过程中，与周围岩土不断发生化学作用，使岩土中
可溶成分以离子或化合物状态进入地下水，形成地下水的主要化学成分。
目前在地下水中已发现的化学元素有 60 多种，但它们在地下水中的含量很
不均衡，这主要是由它们在地壳中分布的广泛程度和它们的溶解度决定的。
在地壳中分布广、溶解度高的成分在地下水中含量较高。因此，地下水的化
学成分主要取决于与地下水相接触的岩土成分及其性质。此外，气候条件
和地下水径流、补给条件对地下水化学成分也有较大影响。

地下水中化学成分以离子、化合物和气体三种状态出现。

四、地下水的特性

（一）分布广泛性

表层水通常只在特定的水文网区域内，而表层水的分布则受到自然、水
文等因素的影响，呈现出一定的时间、空间变化特征，但相对于地表水，它具
有更大的区域分布，属于"面"型，能够在空间上弥补地表水分配不均匀的缺
陷。总体上讲，地下水源工程投资少，见效快，可以实现分散开发，也可以实
现就地开发。例如，在发生重大干旱的时候，自然资源部和水利部都会组织
有关部门展开"抗旱找水打井"的工作，为抗旱保苗、解决人畜饮水困难问题
提供了地下水源保证。

（二）可恢复性

地下水是一种具有一定客观性的资源，它的水量和水质都是随时在变
化的，它的供给和使用是动态的。在一年中，枯水期以采掘为主；从年际上
来看，在旱季，地下水的消耗量通常超过了供给量，但在丰水季节，降雨和地
表径流的补充既能满足枯水年的消耗量，又能补充枯水年的缺损。所以，地
下水是一种能够持续进行补给和再生的资源，它具备可恢复性。

（三）水量、水质的稳定性

相对于地表水，地下水长期埋在地下，受到气候因子的改变和人类的活
动的影响比较少，所以它的水质比较干净，水量比较稳定，具有很高的供水

保障;特别是在包气带的保护下,该地区的地下水位相对稳定,且具有良好的生态环境效应,是一种很好的人类和动物饮水来源。然而,如果地下水遭到了污染,它所带来的危害以及对其进行处理的难度都要远大于地表水,所以,对地下水进行的保护尤为重要。

(四)有限性

尽管地下水是一种可以恢复的可再生资源,但如果在没有得到适当的补偿的情况下,就会造成水资源的短缺,从而造成资源量的下降,乃至耗尽,同时还会引起一系列的生态和环境问题。因此,地下水并不是"取之不尽、用之不竭"的,必须将消耗与涵养有机地结合起来,对地下水进行科学的开采并进行有效的保护,这样就可以实现地下水良性循环、永续利用[①]。

五、地下水功能

地下水的功能主要有资源、生态和环境三大方面,包括资源功能、生态环境因子、灾害因子、地质营力与信息载体等五种功能。

(一)地下水具有资源功能

地下水是水资源重要的组成部分,由于其水质良好、分布广泛、变化稳定、便于利用而成为理想的供水水源,有时是唯一的供水水源。在我国半干旱与干旱区的华北、西北和东北地区,地下水是人类生活饮用水和工农业用水的主要水源。

此外当地下水中富集某些盐类与元素时,可成为有工业价值的液体矿产,称为工业矿水。当地下水含有某些特殊的组分,具有某些特殊的性质,从而具有一定的医疗价值和保健作用时被称为矿泉水。矿水及矿泉水分别是建立矿泉疗养地和生产瓶装矿泉水的必要资源。地球含有地下热能资源,热水、热蒸汽为载热流体,可用于发电、建立温室等,地下热能的利用也是目前的主要研究课题之一。

(二)地下水是主要的生态环境因子

在进行地下水开发利用的同时,人们越来越认识到地下水在开发利用中会对生态环境产生的影响越来越大。地下水是生态环境系统中一个敏感的子系统,是极其重要的生态环境因子,地下水的变化往往会影响生态环境系统的天然平衡状态。

---

①邱晨.地下水资源管理与保护探讨[J].黑龙江环境通报,2023(3):105-107.

（三）地下水是一种灾害因子

多年对地下水开发利用的研究表明,地下水开发利用不当,也会使地下水成为灾害因子。20世纪50年代末期,华北地区拦蓄降水和地表水,只灌不排,使地下水位抬升,蒸发加强,土壤积盐,造成土壤次生盐渍化。在干旱和半干旱的平原、盆地中地下水位浅藏地区,也会发育原生的土壤盐渍化。湿润地区的平原和盆地,由于天然和人为的原因造成地下水位过浅,会产生原生或次生的土壤沼泽化。过量开采地下水使浅层地下水位持续下降,会疏干已有的沼泽,使原有的景观遭到破坏。在干旱地区地下水位大幅下降,会使表土干燥,黏结力降低,原来的绿洲就会变成沙漠。而在滨海地带或有地下咸水的地方,过量开采地下水,使海水或咸水入侵地下淡水,减少了可利用的地下水资源。松散沉积层的地下水被过量开采,水位大幅度下降后,会因为静水压力减小、黏性土层压密释水而导致地面沉降,我国上海、江苏省苏锡常地区因长期过量开采地下水均导致了地面沉降问题。此外水质恶化、水质污染、地方病、矿坑突水、滑坡、岩溶塌陷、渗透变形均与地下水有关。

（四）地下水是一种地质营力

地下水是一种重要的地质营力,是热量及化学组分的传输者和应力的传递者。地下水作为一种良好的溶剂,在岩石圈化学组分的传输中起到很大作用。在地下水的作用下,地壳乃至与地幔中的组分迁移,易于在地下水的排泄带、不同组分地下水的接触带形成矿床。地下水系统在油气二次迁移形成油气藏的过程中起着关键的作用。因此,水在参与岩浆作用、变质作用、岩石圈的形成与改造,乃至于在地球演变中均起到重要的作用。

（五）地下水具有信息载体功能

地下水也可以作为一种信息载体。作为应力的传递者,井孔中地下水位的异常变动,常反映了地壳的应力变化,因而可以作为预报地震的辅助标志;可以根据水化学异常晕圈定或追索隐伏近地表矿体;也可以根据岩石中地下水流动的痕迹去恢复古水文地质条件;地下水及其沉淀物的化学成分也可以提供来自地球深部的悠久地质年代的信息。

此外,利用地下水及其赋存介质（如含水层介质）储能（冷热水）、利用地下水极弱渗透性储存废料的试验也正在进行,利用包气带与饱水带进行渗滤循环以改善水质的试验已获得了成功[①]。

第二节 地下水的运动

一、地下水的垂向结构

(一)地下水垂向层次结构的基本模式

如前所述,地下水流系统空间上的立体性,是地下水与地表水之间存在的主要差异之一。而地下水垂向的层次结构,则是地下水空间立体性的具体表征。在典型水文地质条件下,地下水垂向层次结构的基本模式自地表面起至地下某一深度出现不透水基岩为止,可区分为包气带和饱和水带两大部分。其中,包气带又可进一步区分为土壤水带、中间过渡带及毛细水带等三个亚带;饱和水带则可区分为潜水带和承压水带两个亚带。从储水形式来看,与包气带相对应的是存在结合水(包括吸湿水和薄膜水)和毛管水;与饱和水带相对应的是重力水(包括潜水和承压水)。

以上是地下水层次结构的基本模式,在具体的水文地质条件下,各地区地下水的实际层次结构不尽一致。有的层次可能充分发展,有的则不发育。例如:在严重干旱的沙漠地区,包气带很厚,饱和水带深埋在地下,甚至基本不存在;反之,在多雨的湿润地区,尤其是在地下水排泄不畅的低洼易涝地带,包气带往往很薄,地下潜水面甚至出露地表,所以地下水层次结构也不明显。至于像承压水带的存在,要求有特定的储水构造和承压条件,而这种构造和承压条件并非处处都具备,所以承压水的分布受到很大的限制。但是,上述地下水层次结构在地区上的差异性,并不否定地下水垂向层次结构的总体规律性。这一层次结构对于人们认识和把握地下水性质具有重要意义,并成为按埋藏条件进行地下水分类的基本依据。

(二)地下水不同层次的力学结构

地下水在垂向上的层次结构,还表现为在不同层次上的地下水所受到的作用力也存在明显的差别,形成不同的力学性质,如包气带中的吸湿水和

---

①王宇,唐春安.工程水文地质学基础[M].北京:冶金工业出版社,2021.

薄膜水,均受分子吸力的作用而结合在岩土颗粒的表面。通常,岩土颗粒越细小,其颗粒的比表面积越大,分子吸附力也越大,吸湿水和薄膜水的含量便越多。其中,吸湿水又称强结合水,水分子与岩土颗粒表面之间的分子吸引力可达几千甚至上万个大气压,因此它不受重力的影响,不能自由移动,密度大于$1g/cm^3$,不溶解盐类,无导电性,也不能被植物根系所吸收。

1.薄膜水

薄膜水又称弱结合水,它们受分子力的作用,但薄膜水与岩土颗粒之间的吸附力要比吸湿水弱得多,并随着薄膜的加厚,分子力的作用不断减弱,直至向自由水过渡。所以薄膜水的性质也介于自由水和吸湿水之间,能溶解盐类,但溶解力低。薄膜水还可以由薄膜厚的颗粒表面向薄膜水层薄的颗粒表面移动,直到两者薄膜厚度相当时为止,而且其外层的水可被植物根系所吸收。当外力大于结合水本身的抗剪强度(指能抵抗剪应力破坏的极限能力)时,薄膜水不仅能运动,还可传递静水压力。

2.毛管水

当岩土中的空隙小于1mm时,空隙之间彼此连通,就像毛细管一样,当这些细小空隙储存液态水时,就形成了毛管水。如果毛管水是从地下水面上升上来的,称为毛管上升水;如果与地下水面没有关系,水源来自地面渗入而形成的毛管水,则称为悬着毛管水。毛管水受重力和负的静水压力作用,其水分是连续的,并可以把饱和水带与包气带连起来。毛管水可以传递静水压力,并能被植物根系所吸收。

3.重力水

当含水层中空隙被水充满时,地下水分将在重力作用下在岩土孔隙中发生渗透移动,形成渗透重力水。饱和水带中的地下水正是在重力作用下由高处向低处运动,并传递静水压力。

综上所述,地下水在垂向上不仅形成结合水、毛细水与重力水等不同的层次结构,而且各层次上所受到的作用力也存在差异,形成垂向力学结构。

二、线性渗透定律——达西定律

地下水的运动形式分为两种:层流运动和紊流运动。由于受到介质的阻滞,地下水在岩石空隙中的运动速度比地表水慢得多,除了在宽大裂隙或空洞中具有较大速度而成为紊流外,一般都为层流。地下水的这种运动称为渗透。

渗透系数 $k(\text{m/d})$，用以衡量岩石的渗透能力。

在岩层空隙中渗流时，水的质点有秩序、互不混杂地流动，称作层流运动；水的质点无秩序的、互相混杂的流动，称作紊流运动。

一般认为，地下水的平均渗透速度小于 1000m/d 时，可视为层流运动。只有在大裂隙、大溶洞中或水位高差极大的情况下，地下水的渗透才出现紊流运动。

地下水在具狭小空隙的岩土中流动，且其流速较低时，符合达西定律：

$$Q = kA\frac{\left(H_1 - H_2\right)}{L} = kAI$$

由水力学可知

$$Q = Av$$

所以达西定律也可以表达为另一种形式：

$$v = kI$$

式中：Q——水的流量；

A——水流截面面积；

H_1,H_2——上下游水位高度；

L——流水长度；

k——渗透系数，单位水力梯度时的渗透速度；

I——水力梯度；

v——渗透速度。

水在砂土中流动时，达西公式是正确的。但是在某些黏土中，这个公式就不正确。

三、非线性渗透定律

地下水在较大的空隙中运动，且其流速相当大时，呈紊流运动，此时渗流服从谢才定律：

$$v = kI^{\frac{1}{2}}$$

式中各符号意义同前[1]。

---

[1]何宏斌. 工程地质[M]. 成都:西南交通大学出版社,2018.

第三节　不同含水介质中的地下水

一、孔隙水

在孔隙含水层中储存和运动的地下水称孔隙水。孔隙含水层多为松散沉积物,主要是第四纪沉积物。少数孔隙度较高、孔隙较大的基岩,如某些胶结程度不好的碎屑沉积岩,也能成为孔隙含水层。

根据孔隙含水层埋藏条件的不同,可以有孔隙-上层滞水,孔隙-潜水和孔隙-承压水三种基本类型,常见情况是孔隙-潜水型。

就含水层性质来说,岩土的孔隙性对孔隙水影响最大。例如,岩土颗粒粗大而均匀,就使孔隙较大,透水性好,因此孔隙水水量大,流速快,水质好。其次,岩土的成因和成分以及颗粒的胶结情况对孔隙水也有较大影响。所以在研究孔隙水时,必须对含水层岩土的颗粒大小、形状、均匀程度、排列方式、胶结情况及岩土的成因和岩性进行详细研究。

二、裂隙水

在裂隙含水层中储存和运动的地下水称裂隙水。这种水的含水层主要由裂隙岩石构成。裂隙水运动复杂,水量、水质变化较大,主要与裂隙成因及发育情况有关。岩石中的裂隙按成因有风化的、成岩的及构造的三大类,因而裂隙水就分为风化裂隙水、成岩裂隙水和构造裂隙水三种基本类型。

(一)风化裂隙水

岩石由于风化作用形成的裂隙具有以下特点:沿地表分布广泛,无一定方向,密集而均匀,延伸不远,互相连通,发育程度随深度而减弱,一般深 20~50m,最大可超过100多 m。因此风化裂隙水常埋藏于地表浅处,含水层厚度不大,水平方向透水性均匀,垂直方向透水性随深度而减弱,逐渐过渡到不透水的未风化岩石。风化裂隙水多为裂隙-潜水型,少量的为裂隙-上层滞水型和裂隙-承压水型。

风化裂隙水多靠大气降水补给,有明显的季节性。一般来说,由于山区地形起伏大、沟谷发育,径流和排泄条件好,不利于风化裂隙水的储存,所以除了雨季短时期外,水量不大。

（二）成岩裂隙水

成岩裂隙是在岩石形成过程中由于冷凝、固结、干缩而形成的,如玄武岩中的柱状节理,页岩中的某些干缩节理等。成岩裂隙的特点是:垂直岩层层面分布,延伸不远,不切层,在同一层中发育均匀,彼此连通。因此成岩裂隙水多具层状分布特点。

当成岩裂隙岩层出露于地表,接受大气降水或地表水补给时,则形成裂隙－潜水型地下水;当成岩裂隙岩层被隔水层覆盖时,则形成裂隙－承压水类型地下水。由于同一岩体中不同层位岩层的成岩裂隙发育程度不同,成岩裂隙水的分布范围不一定和岩体的分布范围完全一致,成岩裂隙水的分布特点、水量大小及水质好坏主要取决于成岩裂隙的发育程度、岩石性质和补给条件。

我国西南地区分布大面积二叠系峨眉山玄武岩,自四川西部一直向南延伸到云南中部,其中某些地区成岩裂隙很发育,含有丰富的成岩裂隙水,泉流量一般为 $0.1 \sim 0.6$ L/s。

（三）构造裂隙水

由于地壳的构造运动在岩石中形成的各种断层和节理,统称构造裂隙。不同的构造裂隙所含的构造裂隙水特征也不同。在压性、扭性或压扭性的构造裂隙中,裂隙多为密闭型,透水性差,含水量小,可以起隔水作用,逆断层、逆掩断层及密闭节理属于此类。在张性或张扭性构造裂隙中,裂隙多为张开型,透水性好,蓄水量大,起良好的含水和过水作用,正断层和某些平移断层及张开节理属于此类。

构造裂隙多具一定的方向性,沿某一方向很发育,延伸很远;沿另一方向可能很不发育。例如,沿褶皱轴部、断裂带附近裂隙都很发育。因此,根据构造裂隙的成因和分布,构造裂隙水也有脉状分布、带状分布和层状分布等形式。

综上所述,裂隙水的分布、补给、径流、排泄、水量及水质特征受裂隙的成因、性质及发育程度的控制,只有很好地研究裂隙的发生、发展规律,才能更好地掌握裂隙水的规律。

三、岩溶水

岩溶水是指埋藏在可溶岩裂隙、溶洞及暗河中的地下水。根据埋藏条件的不同,可以形成上层滞水、潜水、承压水。

由于岩溶空隙空间的形态和分布极不均匀,导致岩溶水分布极为复杂,既可呈脉状、树枝状的地下水系分布,也可呈带状、网状的含水带或含水层分布。大气降水和地表水是岩溶水的主要补给来源。岩溶水随深度不同,有不同的径流排泄特征,分述如下。

(一)垂直循环带

位于地面以下包气带内,水沿垂直裂隙及垂直洞穴下渗,可以形成季节性的上层滞水,常以季节性泉水形式出露地表。

(二)季节循环带

介于地下潜水最高水位与最低水位之间,高水位地下水以水平运动为主,低水位以垂直运动为主,可发育间歇性暗河。

(三)水平循环带

位于最低地下水位之下,常年充满地下水,地下水做水平运动,多向河谷排泄,多形成水平溶洞或暗河。

(四)深部循环带

位于地下深处,与当地地表水无关,地下水交替运动缓慢。

除上述岩溶水分布的一般特征外,由于岩溶地区侵蚀基准面的变化,原有的岩溶地下水通道被淤积、堵塞,原地下溶洞、地下河段中的水被封闭其中,形成岩溶地区特有的地下水窖、水库。

因此,岩溶水具有空间分布不均匀、流量大、动态变化强烈、补给迅速、排泄集中等特点。水量丰富的岩溶水既是理想的供水水源,又是洞室涌水的主要威胁[1]。

第四节 地下水资源评价

当下,随着全球人口的不断增加,各类工业、生活用水的总量也在不断增加。地下水资源作为自然界整体水资源总量中占比非常高的水源种类,

---

①谢强,郭永春,李娅.土木工程地质[M].成都:西南交通大学出版社,2021.

其自身的安全性和稳定性对自然界和各生物的生存和发展具有至关重要的作用。因此,在水资源的安全问题日益严峻的现状下,地下水资源评价的作用就显得尤为重要。

伴随着人类生产和生活对水资源需求的增加,各国对于自然界地下水资源的开采程度也随之不断地提高。由于人类不加节制和约束地开采了大量的地下水资源,随之而产生了很多的地下水资源安全问题。比如,首先,某一地区地下水开采过量,就会导致本地区水环境出现严峻的水位下降的现象,包括水位下降漏斗的出现,地下水位大幅度下降的问题。区域水资源总量的减少,也会引起该区域整体水资源开采补给不平衡问题的出现,从而对该区域生物人类生产生活产生重大的不良影响。其次,除了水位下降漏斗的出现和地下水资源总量减少、区域水资源开采补给平衡打破的问题之外,水资源的过度开采还会导致当地的土地由于含水层水量的减少,从而出现土壤的过于疏松干燥,固化程度不够,进一步引起地面下降、地域土地整体骨架出现明显变形的严重问题。再次,当地下水资源过度开采,整个区域水资源平衡被打破,生态平衡被打破,水资源中各类物质含量出现改变。这些地下水资源开采所引起的问题,都可能对人类生产生活产生重大的不良影响。因此,及时地对当地整体地下水资源整体状况进行勘测,并且进行地下水资源物质含量检验,对人类生存和生产生活用水安全显得尤为重要。

综上所述,地下水资源的及时性检测和评价工作的重要性不言而喻。在日常的地下水资源评价工作的过程中,任何细小问题的出现,都可能对整体地下水资源评价工作的准确性产生至关重要的影响。因此,及时地发现工作过程中可能出现的不确定因素,就可以在日常作业中进行及时地规避,从而提高整体作业的准确度。

一、地下水资源现状

在气候逐渐变暖和人类生产活动规模不断扩大的背景下,全球约 2/3 的地区面临着水资源不足的问题。而地下水作为一种可利用水资源,在人们生产生活中扮演的角色也越来越重要。如美国、巴基斯坦和印度等国家灌溉水的 50% 以上均来自地下水;欧盟各国的居民生活用水主要由地下水供给。由于气候、地质条件不同,地下水禀赋也不尽相同,但其水质相对地表水较好,因此不断地被人们开采利用。如美国和日本等国家虽然地表水资源相对较丰富,但由于地下水资源水质优于地表水资源,两国的地下水开采量也达到全国总用水量的 20% 以上；法国总用水量的 1/3 来自地下水；以色列的日常用水量中，大约有 75% 来自地下水。从全球平均角度分析，全球地下水资源的开采量在 20 世纪 80 年代达到 5500 亿 m³/a，而到 20 世纪末期，这一数据高达 7500 亿 m³/a。近年来，西亚和亚欧大陆西北区域灌溉井的数量以每年 100 万余眼的幅度增加，致使地下水的开采量远大于补给量，且这种开采与补给不平衡的区域面积在逐年增大；也门的高平原地区，地下水的开采量超过了其地下水补给量的 400%，造成了一系列的生态环境问题，且由于水资源短缺，农业生产年经济损失达上亿美元。南亚地区的地下水资源问题也很突出，如在印度南部山区，由于地下水的开采，单井出水量逐渐减少，含水层逐渐变干，该区域农业收成的近 1/4 受到了严重威胁，这已影响到该地区不断增长的人口对水资源的需求，进而限制了该地区的经济发展。北美地区地下水的开采强度也非常高，如墨西哥的地下含水层几乎全部处于强过量开采状态，P. Castellazzi 等对当地一个灌区进行调查后发现，该灌区的地下水水位平均下降速度高达 1.79 ~ 3.30m/a，致使当地农业活动的正常进行受到了严重的冲击。综上，国外很多地区均存在着地下水开采量和补给量极度不平衡的问题，使得水资源匮乏问题愈发突出，极大地制约着区域社会经济可持续发展的进程。

我国亦是水资源短缺的国家。综合全国各地的情况，我国地下水供给量可达全国总用水量的 10% ~ 15%，特别是在 2000 年以后，随着人口数量剧增和工农业生产规模快速扩大，我国对地下水资源的开采量达到了 1091 亿 m³/a。更为严峻的是，我国各地对地下水开采利用量仍然在逐年递增，致使我国多数城市对地下水的开采量已经接近或达到地下水资源承载力极限，甚至有些城市地下水的开发已经严重超出地下水资源的承载力。据有关资料报道，目前我国共有 164 片地下水超采区，总面积达 18.13 万 km²，其中严重超采区面积 7.70 万 km²。华北平原作为地下水支撑农业高产的重要粮食产区之一，地下水长期过量开采，区域地下水位持续下降，形成了世界上最大的地下水降落漏斗，引起了国际社会的广泛关注。刘敏等研究认为华北平原 66.7% 的地区为地下水超采区，其中 57.2% 的地市均位于超采未超载区，9.5% 的地市位于超采超载区。石锦丽对河北省邢台市 1964—2000 年的水资源开采利用量进行了统计分析，结果表明经过 36 年的发展，邢台市区人口数量累计增加约 42.7 万，致使生活取用岩溶水量从 200 万 m³/a 上升到1500万m³/a,造成了邢台百泉断流的严重环境生态问题。地下水超采不仅造成局部地下水位下降,改变了地下水的天然流场,进而影响地下水资源的质量,还会引发一系列环境生态负效应,如地面沉降、塌陷、裂缝、海水入侵、生态环境持续恶化等,这些现象在我国各地都有不同程度的发生,尤其北方部分地区更加严重。江苏沿海地区1985—2016年累积沉降量大于200mm的区域近1.4万km²,响水—灌河口的沉降中心连续3年沉降速率超过40mm/a,是江苏省目前地面沉降最严重的地区。新疆博州平原区地下水超采引起地下水位持续下降、降落漏斗逐年扩大、泉眼消失、湿地萎缩、艾比湖湖面减小、水质变差等一系列环境问题。甘肃省河西走廊地区,水资源极度匮乏,地表水资源可利用量远远达不到当地生产生活的基本需水量要求,为了维持正常的生产活动,当地的地下水资源被大量攫取,致使有些地方出现了"绿洲变荒漠"的严重生态问题,进而加剧了土地荒漠化扩展速度,对当地居民的生活也构成了严重的威胁。与此同时,在我国某些地区由于工业"三废"的不达标排放,农业生产中农药、有机化肥使用量大幅度增加,也导致了地下水的污染程度日趋严重,呈现出由点到面、由浅到深、由城市到农村的扩展态势。另外,我国西北280万km²的干旱地区,大气降水稀少且蒸发量大,区域水资源的分布及利用极度不平衡,很多地方的水资源严重不足,工农业生产一直受到水资源的严重制约,经济发展缓慢,群众脱贫困难,对地下水资源的过度开采利用所导致的环境问题也显得尤为突出。因此,进行地下水资源评价对干旱地区生态环境保护和经济可持续发展具有更加重要的现实意义。

二、地下水资源定义及地下水资源评价重要性

地下水资源,顾名思义就是存在于地表以下的,并且可以被人类所开采和利用的自然水资源。地下水资源的形成并不是一蹴而就的,而是在从过去到现在,乃至将来的时间长河里,始终伴随着地质年代的更替,由各类雨雪冰雹等自然降水不断下落并渗入地下以及各类存在于地表的河流江海等水资源的不断下渗而形成的。因此,区域地下水资源的总量和丰富程度与当地的气候和地质构成等因素具有密切的关系。

从整体来说,地下水资源是从属于地球水资源的一个重要部分。地下水资源作为地球水环境密不可分的一个分支,同时也与地球整体的水循环密切相关,其与地表的水资源、大气的水资源同时作为地球水循环的一部

分,具有密不可分、相互影响的重要关系。除此之外,地下水资源除了提供水资源的特点外,其普遍还具有一定的位于地表之下、面积广阔的自然储存空间。

从个体来说,地下水资源是人类生产生活水资源应用的重要来源,在人类各类水资源采补总量中占有很大的比重。人类对地下水资源的开采和应用最早可以追溯到 18 世纪末至 19 世纪初,伴随着工业革命的开始,钻井和开采技术的进步、工农业、城市的迅速出现和发展,人类对于水资源的需求量也随之迅速增加。直至今天,地下水资源仍然作为人类生产生活最常用、最便利、应用总量最多的水资源种类存在,对人类各类生产生活发挥着重要的作用。

综上所述,地下水资源对地球、人类、自然界、地质结构的重要程度不言而喻。当下,从面对之前由于对地下水资源不加节制地开采所导致的各类问题,以及其安全性对地球生态、人类生产生活的密切影响出发,如何确定地下水资源是否适合开采,开采多少以及水资源内各类化学物质含量的安全性,都是现下进行地下水资源评价的重要作业目标。

三、地下水资源评价的定义

在一定的经济技术开采条件下,论证水位不超过允许范围、水量不发生减少、水质不恶化、水温符合标准的最大开采量,同时还对水位、水质、水温的变化情况做出预测[①]。

水文地质勘察必须进行地下水资源评价,评价内容包括对地下水资源量评价、地下水质量评价及其预测[②]。

四、地下水资源评价的要求

(1)地下水资源评价应具备下列资料:①勘察区地质、水文地质条件及水文地质参数;②勘察区的水文、气象长期观测资料;③地下水动态的长期观测资料;④勘察区地下水水质调查、分析资料;⑤勘察区地下水的开采利用现状及规划;⑥勘察区的环境水文地质资料。

(2)地下水资源的分类分级应按《地下水资源储量分类分级》GB/T 15218-2021 的有关规定执行。

---

①水利部水资源司,南京水利科学研究院.21世纪初期中国地下水资源开发利用[M]. 北京:中国水利水电出版社,2004.

②金光炎. 地下水文学初步与地下水资源评价[M]. 南京:东南大学出版社,2009.

（3）地下水资源评价地域,应以覆盖较为完整的或独立的水文地质单元,或不小于地下水开采的影响区域;并对拟开采含水层、有补给关系的其他含水层及地表水体一并进行水量和水质的综合评价[①]。

五、地下水资源评价方法

地下水系统是一个包括地质环境、地下水动力学和地下水化学子集的综合系统。由于各地的资源禀赋、地质构造、人口分布、社会经济活动的差异,对区域地下水资源评价所采用的方法也各不相同,且在不断地更新和发展。指标体系法是一种常用的可持续开发利用评价方法,美国、澳大利亚学者考虑天然指标、政策及管理问题建立的指标体系模型（GRA-AHP 模型）对有关地区地下水资源的可持续性功能进行了评价,评价结果具有一定的针对性和时效性。熵权-密切值法是多目标决策方案的一种优选方法,其基本思想是找出尽可能接近"最优点"而远离"最劣点"的决策点,该方法已在国内外水质评价工作中得到广泛应用,取得了较为理想的结果。此外,水量均衡法、潜力指数法、长期动态分析法、单因子评价法、综合质量评价法、物元分析法、灰色理论法、模糊评价法等方法也被各国学者广泛应用到地下水质量评价中,各方法优缺点并存。

20 世纪 90 年代后期,随着数学以及计算机技术的不断发展,国外学者开始探索将数学原理与计算机模拟相结合的方式用于地下水资源评价中,如遗传算法、人工神经网络方法及基于运筹学原理的评价方法等。数值模拟的方法主要是关于随机变量的随机地下水管理模型和具有非线性约束的非线性实用性地下水管理模型的建模和求解技术。由于计算机模型可以将地下水系统的数值模拟模型和优化模型有机耦合,因此受到了众多学者的青睐。M. Daniel 等运用带约束条件的微分动态规划（DDP）成功地实现了多级水库的优化控制,进而为地下水的评价工作提供了新的思路。人工神经网络是由人工神经元经广泛的连接而形成的大规模自适应非线性动力学系统,由于其具有良好的非线性映射功能和自学习功能等特点,为建立大型地下水系统非线性预测和管理模型提供了一条新途径。如 M. Saeedi 等提出的采用误差反向传播算法的 BP（back-propagation network）网络模型已在地下水评价工作中得到了广泛的应用。另外,D. Machiwal 等采用的多元统计分析和基于 GIS 的地质统计建模技术,能更好地描述地下水质量问题;

---

①何宏斌. 工程地质[M]. 成都:西南交通大学出版社,2018.

S. Javadi 等利用 K-均值聚类分析法对含水层的脆弱性进行了分类评价,并提出了相对应的保护措施。

我国的地下水资源评价研究在 20 世纪 80 年代后逐渐得到国家和各科研单位的重视。国务院分别于 1986 年和 2002 年对全国地下水资源量进行了综合评价,在此期间我国主要运用的是流域水量均衡法。流域水量均衡法是基于某一区域某一时间内地下水的水平衡理论的评价方法,在评价过程中所需含水层参数较少,可结合试验参数进行评价。近年来,我国的科学技术快速发展,在地下水评价工作中结合了计算机技术和数值模拟技术。数值模拟法可以利用实验参数(给水度、渗透系数、降水入渗补给系数等)对形状复杂、边界条件复杂的水文地质单元进行研究。如刘诚在分析新疆博州平原区水文地质条件的基础上,建立了博州平原区水文地质概念模型和地下水流数学模型,进一步利用地下水模型软件 Processing Modflow 建立了平原区地下水数值模拟模型,并利用地下水位长期监测资料对模型参数进行了识别验证,使模型具有较好的模拟仿真度。此外,还可结合数值模型,模拟动态条件下各个计算单元的各种补给量和排泄量变化,故此方法目前在我国应用广泛,且取得了较为丰硕的成果。如谢新民等根据华北地区地下水补给、排放规律,参考"四水"转化原理,提出了二元耦合模型,有效改善了地下水资源的运算过程,提高了模拟结果的精确度。在我国的地下水评价工作中,各学者还灵活运用了 BP 神经网络、SD 模型、DRASTIC 模型、GIS 系统等技术,且评价成果显著[1]。

六、地下水资源评价常用技术手段

随着人类地下水资源用量的增加以及科学技术的不断发展,到目前为止常用的地下水资源评价常用的技术手段从原理和实践的角度来看,大致可以分为以下 3 点。

(一)水量平衡法

水量平衡法是伴随着人类对于水循环观念的认知和逐渐深入的研究而产生,其与能量平衡定律相同,从"平衡"的角度出发,进行的水资源总体水量平衡的评价作业。目前,对一定范围和区域内的地下水资源状况和水体总量的评价,都必须在水量平衡的基础上展开。采用水量平衡法进行地下

---

[1] 胡广录,张克海. 地下水资源评价综述[J]. 水资源开发与管理,2020(11):34-39.

水资源评价的优势就在于其作业技术和方法较为简单、概念和原理更为清楚明晰、在各类水文地质条件和自然天气状况下,所受影响更小、适应性更强。

在采用水量平衡法进行地下水资源评价作业时,以区域内地下水系统的天然边界作为划分的依据,确定一定的均衡区。为了提高采用水量平衡法评价地下水资源的准确性和精确度,在进行实际的计算时,可以依据区域内各类水文和地质条件的差异,将所划均衡区再分为各类级别的子区。通常分为一级区和二级区,若区域过大,在一级、二级区之下,还可以再进行更细致的次一级均衡区划分,从而以确保得出数据的精确度。在完成均衡区划分并得到相应数据后,采用先分别对各子区给水度、降水入渗系数以及地下水存在深度、地下水蒸发和蒸腾总量等均衡要素数据进行计算和整理,再进行求和的方式,从而得出最精确、细致的区域内整体地下水资源均衡区各类要素数据。除均衡区确定和均衡要素的计算和分析外,均衡时段的选择对水量平衡法的应用也非常重要。均衡时段的选择在通常情况下,最短时间、最基本的选择应该为确切的水文年。如想得到更加细致和精确的结果,则应选定平水年、枯水年以及丰水年等多个均衡时段,综合考虑,才可以得到最全面、准确的地下水资源评价数据,从而使后期的计算和分析工作更为精确,参考性更具有建设性意义。

水量平衡法作为水资源评价的重要方法,其在地下水系统的评价计算中,具有专门的计算公式。在进行实际勘测运算的过程中,则可通过对此公式的进一步变化,根据其各运算要素的变化,进一步进行公式延展,进行地下水资源各系数运算,进一步进行评价。

(二)建立水文地质模型

目前,伴随着 GIS 集成技术的成熟,在进行地下水资源评价时,可以采用通过应用 GIS 集成技术,利用数据充足的地理信息系统,建立明晰的地下水模型。通过地理信息系统与地下水模型的结合应用,就可以采用更加直观的图表形式,对区域内地下水整体情况进行更加直观的演示和模拟。并且,GIS 技术具有精确的空间分析以及数据管理能力,可以为日常的地下水资源评价作业提供更加迅速的数据提供和模拟再现,从而提高地下水资源评价作业的整体效率和准确度。

目前,GIS 技术在地下水资源评价作业中的作用主要体现在以下 3 个方面:①提供数据管理和模型建立技术的支持,通过嵌入式集成的方法,在地下水资源的模拟软件中开发并应用部分 GIS 技术功能,从而达成快速的数据管理和获取输出目的,从而提高地下水资源评价作业效率;②通过信息交互的方式达成与地下水资源模型的松散集成,是最简单、最现实的应用手段;③通过一定的高级编程语言和技术,建立一个超大数据库,从而使地下水资源模型直接与 GIS 系统相结合。通过这种完整的数据及模型的整合,虽然技术要求更高,但是对于地下水资源评价作业来说,更加具有精确性和高效性。

（三）开采实验法

除以上两种方法外,开采实验法也是进行地下水资源评价的常用方法之一。比起前两种技术应用和划分更为精密、技术要求更为严格的方法外,开采实验法则更具有直观和易操作性。开采实验法通常包括开采抽水法、实验外推法、补偿疏干法等操作进行地下水资源评价。开采实验法在对一些地质条件较为复杂又迫切需要进行水资源评价的中小型地下水系统进行水资源评价时,具有不可或缺、及时性的优势。

七、地下水资源评价中的不确定因素

（一）自然客观因素

在进行地下水资源评价作业中,自然气候的变化随机性及水文地质结构分布的不均衡性都会对地下水资源评价作业产生一定的影响。自然气候和水文地质结构在时间和空间上的随机性和不均一性作为地下水资源评价中一个重要的不确定性因素主要体现在以下方面:①自然气候对水资源评价作业的影响体现在降水量的随机性增加或地下水蒸发量的突然性提高或降低。地下水水位短暂的、不常见的随机性变化,在进行区域地下水资源评价作业中的影响是非常重要的,数据的准确性和精确性也会受到影响。②水文地质对地下水资源评价作业的不确定性影响主要体现在区域内水文地质结构的不均衡性和随机性。在选择代表性区域地下水水层样本时,其区域内地下水的水质、水位以及各类地质参数都是随机的、不确定的,甚至在不同的时间范围内,各类参数也是不同的。因此,水文地质条件下时间和空间作为随机的变量,也是地下水资源评价作业过程中不可忽视的不确定因素。

（二）人为主观因素

1.研究者自身能力的差异

地下水资源评价工作的作业主体，就是参与评价作业的工作人员，工作人员自身的理论知识和技术水平对于地下水资源评价作业具有决定性的影响。而作业人员自身能力作为地下水资源评价中的不确定因素主要体现于，作业人员的个人理论基础深厚，技术能力过关，则可以使地下水资源评价的数据精确度、完成及时度都得到很大的提高。反之，则会影响地下水资源评价的整体工作效率。

2.资料技术的限制

在进行地下水资源评价的作业全流程中，前期的资料搜寻、中期的技术作业、后期的数据运算和模型建立等各作业环节，其每个环节出现的限制和失误都可能造成整体地下水资源评价作业的失误。这种资料技术的限制和影响，具有不可预测性，从而就可能成为地下水资源评价中的不确定因素。

（三）模型建立影响

地下水资源评价作业，不论采用任何评价和勘测手段，都离不开对于地下水资源模型的建立。模型建立作为地下水资源评价中的不确定因素，主要表现在以下3个方面。

1.模型建设过于简化

模型的建立是后期进行各参数运算和水资源采补预测的重要参照物，虽然概化了各类水文地质参数的模型更便于采用简易的数学公式得出结果。但是，过于简化的模型，则有可能会导致后期的评价中水层各参数出现不确定性误判，从而影响整个地下水资源评价结果。

2.前期资料准备不足

区域地下水系统特点了解不完整、各类水文地质参数分析错误导致建立了错误的地下水资源模型，从而影响了整个地下水资源评价的结果。

3.参数计算过程中产生误差

计算的准确性和精确度不足，也会导致整个地下水资源评价结果的错误。而这种错误也是不可预见的，因此也作为模型建立和地下水资源评价中的不确定因素存在。

（四）目标参数误差影响

与上面3种不确定性因素相比，目标参数误差所产生的对地下水资源评价的不确定性影响更为明显。其不确定性影响主要体现在:①区域和水样的随机抽选,是否可以代表整个地下水系统和区域的地下水资源状况。②参数测量过程中,仪器的精确性和技术的完善度都可能使参数测量结果产生不确定性误差,从而造成此区域内地下水资源评价数据的错误。

综上所述,水量平衡法、建立水文地质模型、开采实验法等地下水资源评价常用的技术手段,都离不开精良的仪器、精确的数据支持。在进行地下水资源评价作业中,对于气候变化、水文地质结构空间时间的随机性的自然客观因素,研究者本身技术以及技术手段的限制的主观因素,模型建立中的随机性问题以及目标参数等不可预见的各种误差对地下水资源评价的不确定性影响,作业者和研究人员必须及时地明确和规避,确保地下水资源评价工作的结果数据更精确,从而建立更加具有参考意义的地下水资源模型,从而为后期的地下水补采和观测工作提供更加准确且有建设意义的参考依据[1]。

八、工程地质特征对地下水资源评价的影响

地下水资源是人类生存和发展不可或缺的重要水资源之一,对于保障水源供应、维持生态平衡和支持经济发展具有重要意义。地下水资源评价是为了科学合理地利用和管理地下水资源,以确保其可持续利用。在地下水资源评价中,工程地质特征作为影响地下水的重要因素之一,具有不可忽视的影响。工程地质特征包括地质构造、地下水储层的岩性、裂隙特征和渗透性等,它们与地下水之间存在着复杂的相互作用关系。地质构造对地下水的运移和分布起着重要的制约作用,不同的构造形式会导致地下水的富集或分散。地下水位与地表地貌的关系密切,地表地貌的起伏和坡度会影响地下水的上升或下降。此外,地下水质量与地下水运移过程中的工程地质特征也有着紧密的联系。以下旨在通过分析工程地质特征对地下水资源评价的影响,深入理解工程地质与地下水资源之间的关系,为地下水资源的合理利用和管理提供科学依据。

(一)工程地质特征的定义和分类

1.定义

工程地质特征是指地球表层及其下部的地质条件和特点,包括地质构

---

①赵清虎. 地下水资源评价中的不确定因素分析[J]. 中文科技期刊数据库(全文版)自然科学,2022(8):268-271.

造、地层岩性、裂隙特征、渗透性等。这些特征对于工程建设和地下水资源评价具有重要的影响。地质构造反映了地壳的运动和变形历史,直接影响地下水的分布和流动;地层岩性描述了地下水储层的物理和化学特性,决定了地下水的储存和供给能力;裂隙特征指地下岩石中的裂隙系统,对地下水的储存和运移具有显著影响;渗透性是指地层或岩体中水分传递的能力,对地下水资源的开采和利用具有重要意义。

2.分类

根据性质,可以将工程地质特征分为静态特征和动态特征。静态特征主要指地下地质构造、地层岩性和裂隙特征,它们是在长时间尺度下形成的,对地下水资源评价和工程建设具有长期稳定的影响。动态特征主要指地下水位、地下水质量和地下水流动速度等,它们是随时间和季节变化的,对地下水资源评价和工程设计具有短期变动的影响。

根据影响因素,可以将工程地质特征分为内部特征和外部特征。内部特征主要指地质构造、地层岩性和裂隙特征等,它们是由地质体内部的构造和组成因素决定的。外部特征主要指地表地貌、水文地质条件和降水等因素,它们是由地质体周围的外部环境和地表过程所引起的。

(二)工程地质特征对地下水资源评价的重要性

1.地下水储层特征

工程地质特征直接影响地下水储层的形成、储存和供给能力。地下水储层的岩性、裂隙系统和渗透性等特征决定了地下水的储量、流动性和可利用性。通过分析地下水储层的工程地质特征,可以评价地下水资源的潜力和可持续利用性,为合理规划和管理地下水资源提供科学依据。

2.地下水运移特征

工程地质特征对地下水的运移和分布起着重要的控制作用。地质构造、地层岩性和裂隙特征等影响地下水的流动路径和速度,决定地下水的补给和衰减过程。准确了解和评估工程地质特征,可以揭示地下水流动的规律和路径,为地下水资源的管理和保护提供基础数据。

3.地下水质量特征

工程地质特征与地下水质量之间存在着紧密的联系。地层岩性和裂隙特征会影响地下水的物理、化学特性以及污染物的迁移和转化过程。通过分析工程地质特征,可以预测和评价地下水的水质状况,为地下水污染防治和保护提供科学依据。

（三）工程地质特征对地下水资源评价的影响机制

1.地下水储层的岩性

地下水储层的岩性直接决定了地下水的储存能力。不同岩性具有不同的孔隙度和孔隙结构特征，例如，砂岩通常具有较高的孔隙度，而页岩则孔隙度较低。岩性特征影响地下水储层中的孔隙体积和连通性，决定了地下水的储存容量和可供给程度。

地下水储层的岩性对地下水的渗透性和渗透能力产生影响。渗透性是指岩石或土壤中水分传递的能力，它取决于岩性的孔隙度、孔隙连通性和孔隙尺寸分布等因素。渗透性的差异影响地下水的渗流速度和渗透能力，进而影响地下水资源的开采和利用效率。

地下水储层的岩性还会影响地下水的质量特征。不同岩性的矿物成分和化学性质不同，可能影响地下水的溶解性和污染物迁移的程度。例如，岩石中含有可溶解的矿物，地下水通过与这些矿物接触后可能发生水质变化。

2.地下水储层的裂隙特征

裂隙是指地下岩石或土壤中存在的开裂或断裂的痕迹或空间，对地下水的储存、运移和供给等过程产生显著影响，从而影响地下水资源的评价。裂隙是地下储层中重要的储存空间，能够存储和承载大量地下水。裂隙的存在增加了地下水储层的有效储层容量，提高了地下水资源的储存能力。此外，裂隙的连通性对储层内地下水的供给能力起着关键作用，裂隙网络的发育程度直接影响地下水的补给速度和供水量。与此同时，裂隙网络提供了通道和路径，促进地下水的渗透和运移。裂隙的存在改变了地下岩石或土壤的渗透性，使地下水能够更快地通过岩体或土层传递。裂隙的尺寸、分布和连通性影响地下水流动的速度和方向，从而影响地下水资源的开采和利用效率。

3.地下水储层的渗透性

渗透性是指地下岩石或土壤对水分传递的能力，它对地下水的储存、补给和利用过程起着重要的控制作用，进而影响地下水资源的评价。

（1）渗透性特征直接决定了地下水在地下储层中的流动能力。不同岩性和土壤类型具有不同的渗透性，例如，砂岩通常具有较高的渗透性，而黏土具有较低的渗透性。渗透性的差异影响地下水在储层中的流动速度和方向,决定了地下水的补给和衰减过程,从而影响地下水资源的可供给程度和可利用性。

(2)渗透性特征对地下水的储存容量和持水能力产生影响。渗透性较高的岩石或土壤具有较大的孔隙度和孔隙连通性,能够储存更多的地下水。而渗透性较低的岩石或土壤则储水能力较差,地下水的储量相对较少。因此,对地下水资源进行评价时,了解地下水储层的渗透性特征至关重要,可以准确评估地下水资源的潜力和可持续性。

(3)渗透性特征还与地下水的补给和衰减过程有关。渗透性较高的岩石或土壤能够更快地补给地下水,而渗透性较低的岩石或土壤则使地下水补给过程缓慢。同样,渗透性较高的岩石或土壤有利于地下水的自然衰减和排泄,而渗透性较低的岩石或土壤则可能导致地下水的滞留和积聚,增加了地下水资源的管理难度。

(四)工程地质特征对地下水资源评价的具体影响

1.地质构造对地下水运移的影响

地质构造是指地壳中的断裂、褶皱和断层等构造性变形,对地下水的运移和分布产生显著影响,进而影响地下水资源的评价。地质构造对地下水运移路径和速度产生直接影响。地质构造中的断裂和断层会形成地下水运移的通道或障碍,改变地下水的流动路径。断裂带往往具有较高的渗透性,成为地下水流动的主要通道,而断层则可能阻断地下水的运移。地质构造的存在导致地下水流动具有明显的非均质性,不同构造单元中的地下水运移速度可能存在明显差异。

地质构造对地下水补给和衰减过程产生影响。在构造变形的作用下,地壳中的地层和岩石可能出现抬升、下沉或倾斜等现象,从而影响地下水的补给和衰减。抬升的区域可能形成水源区,为地下水补给提供来源,而下沉的区域则可能出现地下水的聚集和积蓄。地质构造还会影响地下水补给的方式,例如构造接触带可能形成地下水的渗漏补给。

地质构造对地下水质量特征也有一定影响。断裂和断层等地质构造常常作为水和污染物迁移的通道,影响地下水的水质状况。在构造带中,可能发生物质交换和化学反应,从而引起地下水中溶解物质的变化。此外,地质构造的活动性也可能导致地下水与地层中的矿物质接触,产生地下水的溶解性污染。

2.地下水位与地表地貌的关系

地下水位与地表地貌的关系反映了地下水的分布情况。地下水位的高低与地表地貌的起伏相关联。在地下水丰富的地区,地下水位较高,往往与地表地貌的低洼区域相对应。相反,地下水位较低的地区通常与地表地貌的凸起区域相关。通过观察地下水位与地表地貌之间的关系,可以推测地下水资源的分布范围和潜在供水能力。

地下水位与地表地貌的关系直接影响地下水的补给和排泄过程。地下水位高的地区往往具有更强的补给能力,因为地下水受到降雨、河流和湖泊等水体的补给。这些地区的地下水可以通过渗透和地下水流向地表地貌的低洼区域。相反,地下水位较低的地区可能会发生地下水排泄,地下水向河流、湖泊或海洋流失。

此外,地下水位与地表地貌的关系还对地下水的开采和利用提供重要参考。在地下水位较高的地区,抽取地下水可能相对容易,因为地下水处于相对饱和状态。相反,地下水位较低的地区可能需要更深的抽水井或更大的抽水功率来获取地下水资源。

3.地下水质量与地下水运移的关联

地下水质量受到地下水运移过程的影响。地下水运移过程中,地下水与地下岩石或土壤发生物理、化学和生物反应,这些过程对地下水质量产生影响。地下水的运移速度、方向和路径决定了地下水与不同地质构造、岩石或土壤的接触程度。因此,地下水运移特征直接影响地下水中溶解物质的浓度变化、污染物的迁移和水质的稳定性。

地下水质量的空间分布受到地下水运移的控制。地下水运移过程中的地下水流速、流向和流动路径决定了地下水质量在空间上的分布格局。例如,在地下水运移中经过含有污染源的区域,地下水可能受到污染物的污染,并在运移过程中将污染物传输到周围区域。另一方面,地下水流经含有溶解物质的地层,也会发生物质交换和溶解作用,从而影响地下水的化学组成。

地下水质量与地下水运移速度之间存在着相互关系。地下水运移速度越快,地下水与固体相互作用的时间较短,溶解物质的浓度变化可能较小;而地下水运移速度较慢的地区,地下水与固体相互作用的时间较长,溶解物质的浓度变化可能较大。因此,地下水运移速度直接或间接地影响地下水质量的空间分布和水质的稳定性。

（五）工程地质特征对地下水资源评价的对策

1.合理规划和设计地下水开发项目

在进行地下水资源评价时,通过分析地下水位、地下水补给条件、地下水质量等工程地质特征,可以确定地下水资源的分布范围和潜在供水能力。这些信息对于合理规划地下水开发项目的位置和规模具有指导意义。例如,位于地下水位较高且补给条件良好的区域可能适合开展大规模地下水开发项目,而位于地下水位较低或补给条件较差的区域可能需要采取节约用水和管理措施。与此同时,通过分析地下水中的溶解物质和污染物含量,可以评估地下水的适用性和可持续性。这些信息对于设计地下水开发项目的水质保护措施至关重要。合理规划和设计地下水开发项目时,需要考虑地下水质量保护区域的设立,制订水质监测和管理计划,确保地下水资源的可持续利用和保护。

2.加强地质勘察和监测工作

地质勘察和监测工作可以提供更准确、全面的工程地质特征数据,进而为地下水资源评价提供更可靠的基础。通过进行地下水位观测、地下水化学分析、地下岩石和土壤采样等工作,可以获取地下水位、水质、地质构造、地层性质以及岩石裂隙等工程地质特征的数据。这些数据有助于了解地下水资源的储集情况、质量状况以及地质构造对地下水运移的影响,为地下水资源评价提供更全面的信息。

另外,加强地质监测工作可以实时跟踪地下水资源的变化。通过建立地下水位监测站网、水质监测网络以及地下水流动模型等手段,可以实时监测地下水位的变化、水质的演化以及地下水流动的情况。这些监测数据可以帮助评估地下水资源的可持续性和稳定性,及时发现地下水资源的变化趋势和问题,为地下水资源的合理开发和管理提供科学依据。

3.建立健全的地下水资源管理制度

建立健全的地下水资源管理制度可以确立权责清晰的管理体系。通过明确政府、相关部门和利益相关方的责任与职责,制定法律法规和政策文件,可以建立一套行之有效的管理体系。这包括制定合理的地下水开发准入制度、资源补偿机制、抽水许可制度等,以确保地下水资源的合理利用和管理。

同时,建立健全的地下水资源管理制度可以推动科学决策和规划。通过制定地下水资源管理规划和发展策略,基于工程地质特征评价的结果,可以制定合理的地下水开发和保护目标,明确资源利用的方向和重点。这有助于优化地下水开发项目的布局和规模,合理配置地下水资源,减少资源浪费和环境影响。

工程地质特征对地下水资源评价具有重要影响,包括地下水储层的岩性、裂隙特征和渗透性。这些特征直接影响地下水的分布、质量和可利用性,决定地下水开发项目的可行性和效果。而且地下水储层的岩性影响地下水的储存能力和供水能力,不同岩性具有不同的水文地质特征。裂隙特征对地下水运移和储存具有重要影响,影响地下水的渗透性和补给能力。此外,渗透性是评价地下水资源丰度和可利用性的重要指标,与地下水的补给、运移和开采密切相关[①]。

九、地下水资源污染防治现状与对策

（一）地下水资源污染防治现状

1.管理责任模糊

明确责任分工是促进一项工作高效开展的重要保障,地下水污染防治工作迫在眉睫,各个部门也应该充分落实各自的责任,保护地下水,避免地下水污染。但是在实际工作中发现,我国政府等多个管理部门在对地下水污染防治方面并没有明确工作管理职责,在地下水污染防治中存在管理权限交叉、责任划分不合理等问题,难以使各个部门发挥各自优势,形成高效的综合协调机制,降低了地下水污染防治工作的效率,并且多头管理往往会增加地下水污染防治的难度。为此,在今后的地下水污染防治工作中各部门应该落实管理责任,不断提高各部门综合协调水平,为地下水污染防治工作提出切实可行的解决方案。

2.水污染防治法有待进一步完善

地下水污染防治工作已经成为各个部门需要落实的工作,因为我国是一个水资源紧缺的国家,要想促进社会经济发展,人类能够长足生活必须保护地下水资源。基于此,我国也采取了一系列的防治措施,比如在法律方面进一步完善等,取得了显著的效果,但是在当下通过对水污染防治法的研究

①王贤峰,黄小平.工程地质特征对地下水资源评价的影响分析[J].中文科技期刊数据库(引文版)工程技术,2023(7):170-173.

可以发现,我国部分法律还需要进一步健全。比如立法目标模糊,不管出台怎样的法律法规,都应该有一个清晰的目标和明确目标,这样才能发挥制度的优越性,为实现目标而采取措施。对于地下水污染防治工作来说也是如此,要想保障地下水的质量,做好水污染防治,就必须在法律制定方面明确目标,然而通过对当前水污染防治法相关法条的分析可以发现,在立法目标上存在一定的模糊性,这就导致部分法律内容难以在地下水污染防治工作中得到有效落实。

3.缺乏对违法企业的惩罚力度

地下水污染不仅与人们不合理的生产劳动有关系,同时也与部分违法企业的生产有密切联系。比如部分化工生产企业为了降低成本,往往会违反法律规定向地下排放污水,这也增加了地下水污染防治的难度。针对这些问题,我国只有通过加大违法企业的处罚力度,才能够对违法企业进行一定的教育,使其转变观念,减少向地下排放污水的情况发生。虽然在我国法律中对违法企业提出了一系列惩罚措施,但是通过对惩罚措施进行研究可以发现,我国对违法企业的惩罚力度明显不够,不能对违法企业起到更好的教育效果,使部分违法企业往往会为了追求经济利益冒着违法犯罪的风险向地下排放污水。

4.地下水环境监管能力需进一步提升

加强地下水监管能够有效地发现地下水污染存在的问题,同时也可以针对水污染防治情况提出切实可行的措施,但是在当前我国在地下水污染监管方面还存在明显不足,制约了地下水污染防治工作的开展。比如我国地下水监测网络建设水平有待进一步提升,虽然各个地区、各个管理部门都在开展地下水监管监测工作,但是往往会出现重复建设的问题,并且在实际地下水污染防治监管工作中对于地下水的监测频率、项目等方面也存在较大的差异性,部分监管部门无法充分利用信息技术获得更加准确、及时的监测数据,这也降低了对地下水污染防治的监管水平。

5.地下水污染防治技术水平不高

随着城市化进程的不断加快,地下水污染状况也更加严重,通常情况下地质水文条件十分复杂,这也增加了地下水污染防治的工作难度。为此,不少地区开始加强对地下水污染防治技术的应用,但是在实际工作中,对于地下水污染防治技术的采用一方面需要花费更多的防治成本,并且地下水质恢复需要很长的一个时间周期,这也就无法保障地下水污染防治的效率。另外,我国在地下水污染防治技术方面还有待进一步加强和完善,因为我国地下水污染防治工作还处于起步阶段,在部分技术研发方面还与其他国家存在较大的差距,同时相关部门也无法利用相关技术优势提高地下水污染防治水平,从而加剧了地下水污染情况。

（二）地下水资源污染防治对策

1.完善地下水污染防治制度体系

针对当前我国地下水污染防治形势越来越严峻的情况,我国需要进一步完善地下水污染防治相关政策内容,通过法律以及政策的规范对地下水污染防治工作进行有效管理,缓解水污染现状。

（1）进一步明确地下水污染防治制度体系的目标,为后续的地下水污染防治工作指明方向。比如我国可以将"一保、二建、三协同、四落实"作为近段时期的地下水污染防治目标。一保,主要侧重于保护地下水饮用水环境安全。二建,侧重建立地下水污染防治法律标准体系、建立健全全国地下水环境监测体系。三协同,侧重协同地表水与地下水、土壤与地下水以及区域与场地污染防治。四落实,主要落实各项地下水污染防治重点任务,比如开展调查报告、防渗改造、修复试点以及封井回填工作等。

（2）不断更新地下水污染防治制度体系。社会在发展,时代在进步,地下水污染现状也在不断发生变化,这就需要相关部门应该进一步保障水污染防治制度体系的先进性,根据地下水污染现状不断对制度体系做出调整,保障制度体系与当前地下水污染防治工作相适应,这样才能够让制度体系内容在地下水污染防治工作中得到落实,也可以为地下水污染防治部门提供政策引导。比如河南省水污染防治条例主要对水污染防治的监督管理、水污染防治措施、饮用水水源、地下水和其他特殊水体保护、水环境监控和应急处置法律责任等方面进行了规范,用法治呵护每一滴净水,为水污染防治提供更有力的武器,它结合了河南省的实际,对维护地区地下水安全起到了强有力的作用。

2.进一步落实各部门职责

职责清晰是保障地下水污染防治效果的有效举措,针对当前我国在地下水污染防治中各部门权责不清的问题,我国应该进一步明确各部门的地下水污染防治职责,提高地下水污染防治管理效率。

我国应该加强地下水污染防治管理机构建设。地下水污染防治工作的顺利开展离不开管理机构的全权负责,因此,我国应该加强对地下水污染防治管理机构建设,建立专门的管理部门,专门负责为地下水污染防治工作制定计划,审议有关防治地下水污染等公害的综合性措施,这样可以有效地对整个地下水污染防治工作进行统筹,同时也可以协调不同部门的职责,督促各部门顺利开展地下水污染防治管理工作。

我国应该统筹协调不同部门的职责,明确各部门职责,促使各个部门都可以在地下水污染防治工作方面发挥作用,通过对不同部门明确职责,可以进一步保护地下水资源,让人们用上更加干净卫生的饮用水。

3.加大对违法企业的惩罚力度

地下水污染防治是人们义不容辞的责任,作为企业在地下水污染防治中也承担着重大的责任,针对当前部分违法企业地下水污染的行为,我国应该进一步加大对违法企业的惩罚力度,起到警示教育作用。

(1)我国应该针对违法排污企业提高罚金。比如在现行的法律中在饮用水水源保护区内设置排污口的可以处10万元以上50万元以下的罚款,为了对更多的违法企业进行约束和教育,我国可以提高罚金的金额,比如从原来的10万元以上50万元以下提高到20万元以上100万元以下,这样越来越多的企业开始被高额的罚金所影响,减少地下水污染行为。

(2)充分发挥环保局牵头责任,联合各级政府以及地方有关部门对造成地下水污染的违法企业加大执法频度和执法力度,严厉打击地下水污染行为,环保局、公安局应该将整治情况等及时向上级每周报告一次。

(3)企业应该树立地下水保护意识。落实到日常工作中,企业应该加强对地下水保护的宣传教育工作,定期开展地下水保护培训活动,让企业各个部门的管理者都可以认识到地下水保护是企业义不容辞的责任。在今后的地下水资源污染防治工作中也可以做出自身的贡献,并且减少对污水的排放,更好地保护人们赖以生存的地下水资源。

4.提高地下水环境监管能力

加强地下水环境监管可以更好地对当前地下水污染防治状况进行分析,也可以及时发现地下水环境的问题,并提出切实可行的解决方案。因此,我国应该不断提高地下水环境监管能力,让地下水资源得到有效的控制,避免地下水污染状况的发生。

（1）我国应该加强国家地下水监测工程建设。比如在"十三五"期间，我国的地下水监测工程建设工作已通过竣工验收，在地下水监测工程中包括专业监测站点 20 469 个，其中水利部 10 298 个，自然资源部 10 171 个等，覆盖了全国 31 个省区市，形成了四级监测中心，所以我国应进一步加强国家地下水监测工程建设，加大在监测工程方面的投入力度，为地区地下水环境监测提供必要的物质支持。

（2）我国应该加强对信息技术的应用，不断提升地下水环境监管信息化能力。落实到具体工作中，我国可以加强地下水环境监管信息平台建设，通过运用大数据、互联网等技术对地下水环境监管信息进行整合，同时做好数据的管理与分析，为各个部门的地下水污染防治工作以及水环境监管工作提供重要的数据支持，也为后续的地下水污染防治工作提供发展思路。

（3）我国应该加强地下水环境监管队伍建设，建立一支专业化的水环境监管人才队伍。比如相关部门可以加强水环境监管人才培训，组织开展多种教育专题活动，围绕地下水环境监管等工作展开讲解，丰富地下水环境监管人员的知识储备，让地下水环境监管人员能够掌握更多地下水环境监管的知识，同时加强对现代地下水环境监管系统的应用，逐步提高地下水环境监管能力。

5.提高地下水污染防治技术水平

针对当前我国地下水污染防治技术水平有待提升的问题，我国应该采取积极的措施，不断提高地下水污染防治技术水平。

（1）我国可以加强在地下水污染防治技术方面的投资力度，为地下水污染防治技术研发以及应用提供必要的资金支持，促使技术研发人员有更多的时间和精力用于技术研究工作，创新地下水污染防治技术，让该技术在地下水污染防治工作中发挥作用。

（2）我国应该不断借鉴其他国家的技术研发经验。与我国相比较，国外一些国家在水污染防治技术研发方面具有显著的优势，而且有很多值得借鉴的经验，因此我国技术人员应该树立更加开放的思想，结合我国地下水污染防治现状以及实际情况，加强对其他国家地下水污染防治技术的学习，查缺补漏，改进我国地下水污染防治技术，对我国的技术进行优化升级，破解我国在地下水污染防治技术方面的难题。

综上所述，地下水资源在促进地区经济建设与发展方面发挥着重要作用,近年来我国也逐渐意识到地下水资源的重要性,开始加强水污染调查、评估以及修复工作,从而提升了地下水资源污染防治能力。但是我国地下水污染防治工作开展时间相对较短,经验不足,所以在地下水污染防治工作方面还存在诸多问题,需要引起相关部门的关注和重视。

十、地下水资源管理与保护

地下水是水资源的主要构成部分,也是我国北部和很多城市的主要水源,其合理的开采和使用对于国家的社会、经济、生态环境等都有着非常重大的意义。在过去的数十年中,伴随着社会的快速发展,地下水资源的开发越来越多,地下水的污染也越来越严重,有些地区因为没有对地下水资源进行科学的开发和管理,导致了区域内的地下水位下降,水源地枯竭,从而引发了一系列的生态和环境问题,这对地下水资源的可持续开发和使用造成了严重的威胁,同时也限制了整个社会的全面、协调和可持续发展。所以,要在供水安全、生态安全以及社会协调发展的层次上,实行对地下水的管理和保护策略。

(一)地下水资源管理保护现状

改革开放以来,我国的经济得到了飞速的发展,在发展进程中,我国耗费了大量的能源和资源,同时也给环境带来了损害,现在我国的环境污染和能源资源短缺问题已经十分突出。

然而,还有许多人认为我们国家幅员辽阔,资源丰富,资源取之不尽,用之不竭,对环境污染毫不在意,这是一种错误的思想。我们国家幅员辽阔,但人均拥有能源、资源的数量极低,并且我们的环境一经污染,就难以得到有效的恢复,尽管在短时间之内,我们还感受不到环境污染对我们造成的严重危害,但长期来看,我们一定会品尝到破坏环境的苦果。

目前人们日益加强对水资源的保护,因为水资源一旦被污染,人们饮用不到干净水,那么人们就会面临灭顶之灾。1988年,《中华人民共和国水法》正式发布,该法专门用于水资源的保护与管理,这为水资源的保护提供了一个良好的基础。我国还颁布了《中华人民共和国水污染防治法》,以保障我国居民的饮水安全,有关法律的出台,能够有效防止地下水污染问题的发生,对地下水资源的保护提供了有力的法律保证,然而,目前我国的环境污染防治工作仍存在着一些问题,因此,必须要有一个强大的司法保障机制来支持这些问题的解决,并对这些问题进行集中的、系统的、全面的研究,促使我国的保护制度能够更为完善。

(二)地下水资源保护与管理过程中面临的问题

1.缺乏行之有效的地下水资源管理和保护机制

目前,尽管《中华人民共和国水法》《中华人民共和国水污染防治法》相继出台,为地下水资源的管理保护提供了合法的基础,但是关于地下水资源管理保护的专门的法律体系还没有建立起来,在司法过程中,关于管理保护的规定还不够完善,仍然存在一些问题,而且对地下水的保护评价也不够准确,缺少有效的管理控制机制。尽管有关部门在管理保护的问题上有法可依,但是,《中华人民共和国水法》《中华人民共和国水污染防治法》仅仅给出了一个概括性的界定,却没有具体说明如何管理保护,这就要求有关部门根据现实情况,制定出一套完善、合理、有效的管理保护机制。

2.权责不清,管理混乱

地下水资源的管理项目很多,因此对其进行保护和管理的需求也很多,这就需要在实际工作中,对其进行集中管理、控制。但是,目前我国的地下水资源保护和管理机构数量也很多,这就造成了地下水资源的保护与管理工作的效率很低下,因为没有将各个方面的权力与职责进行清晰化,所以在利益面前,各个部门都会相互争夺,一旦发生了问题,各个部门就会相互推卸责任,没有一个人愿意负起责任。

(三)加强地下水资源管理与保护的对策

1.加强监督管理

①建立协调机制,明晰水、环境、资源等相关部门的职责和权利,强化各部门之间的协同和相互作用,提升地下水资源的治理效能,健全地下水治理和保障体系。②要确定各个区域的地下水资源的开采和保护的目的,并要科学地制订相应的管理体制。③要加强监测,建立健全监测与保护评价体系。要将地下水资源管理保护工作纳入政府经济社会发展评价体系,根据实际,完善目标考核、干部问责等配套机制。通过对这些考核问责制度进行严格执行,可以明显提高有关部门的责任意识,有效地完成地下水资源管理保护工作。

2.强化标准化管理

①严格执行供水许可制度。要规范地下水取水工程的施工审批,严控

深层承压水的开发,实行地热水和矿泉水开发的取水许可证制度。在已超过一定限度的地区,必须严格控制新开发的地下水井数。对于禁止开采的地区,即便已经打好井口,也必须在限定时间内关闭。②完善采水源地的注册系统。要对该地区的各种采水井进行准确的登记,实行地下水资源的有偿利用。有些取水井因为建造的年代比较久远,所以没有完备的取水许可手续,需要开展一项清理和整治工作,完善相关的证件等。

3.完善监测体系

分析监测数据,可以为我们提供大量的数据,对改善和完善地下水的管理和保护具有重要意义。①在实施过程中,应加大资金投入,科学布置监测站,以此为基础,对地下水的水量、水位等情况进行全方位的监测。②健全管理决策体系,以现代信息技术为基础,实现对地下水资源的动态收集和监测,提升监测能力和水质预警能力。③加快预警预测系统的建设,综合考虑地下水的分布情况和水资源的总量,科学设定地下水水位和水质的预警线。④目前地下水监测工作由水利部门、自然资源部门、生态环境部门等共同负责,为了确保地下水监测数据的完整性,需要建立地下水资源数据库,对地下水监测、取水监测等各项数据进行统一录入和管理。有关部门可以以数据库为基础,迅速实现对地下水资源的基本信息的共享,从而提高地下水资源管理和保护工作的科学性。

4.加强基础研究

(1)要做好调研和评估的准备。要开展水文地质调查和地下水资源评价等工作,有效掌握地下水资源的分布特征和补给条件等,并根据所获得的信息,科学制订开发利用和管理和保护工作方案。

(2)要做好计划和安排。要对地表水和地下水进行统一的规划、管理和开发,坚持先地表、后地下的原则,对地区的水资源进行统一的调配和管理,确保地下水资源的合理开发和利用。

(3)要做好专题调研。要通过专家、学者等的努力,对地下水开采引起的生态效应等进行深入的探讨,着重对深层承压水开采、地下水补给周期等课题进行探讨,将其运用到地下水资源的管理和保护工作中,提升其管理和保护的层次。

(4)要加大对环境的保护力度。与地表水相比,地下水污染的处理更加困难,不但需要投入大量的资金和资源,还很难对污染物的传输和传播进行有效的控制。鉴于此,应把防治地下水污染工作放在首位。要加强对污染源的治理。要全面实施地下水涵养保护制度,加强水源区林地和植物的保护,对城镇污染和农业水源污染进行综合治理,对引起污染的工厂和矿山进行清理和整治,对引起污染的废弃物进行处置,从根本上解决污染问题。

综上所述,在对地下水资源保护与地下水管理展开集中分析的过程中,要建立健全地下水资源管理体系,在对资源进行保护的前提下,努力实现环境与经济的均衡发展,为地下水管理项目的可持续发展奠定坚实的基础[①]。

第五节 地下水对工程的影响

一、地下水的地质作用

地下水对岩层的破坏和建造作用称为地下水的地质作用。地下水在流动过程中对流经的岩石可产生破坏作用,并把破坏的产物从一地搬运到另一地,在适宜的条件下再沉积下来。因此,地下水的地质作用包括剥蚀作用、搬运作用和沉积作用。

(一)剥蚀作用

地下水的剥蚀作用是在地下进行的,所以又称为潜蚀作用。按作用的方式分为机械潜蚀作用与化学溶蚀作用。

1.机械潜蚀作用

机械潜蚀作用是指地下水在流动过程中,对土、石的冲刷破坏作用。地下水在土、石中渗透,水体分散,流速缓慢,动能很小,机械冲刷力量微弱,只能将松散堆积物中颗粒细小的粉砂、泥土物质冲走,使其结构变松,孔隙扩大。但经过长时间的冲刷作用,也可以形成地下空洞,甚至引起地面陷落,出现落水洞和洼地。这种现象常见于黄土发育地区。疏松的钙质粉砂岩也易受到冲刷破坏。地下水充满松散沉积物的孔隙时,水可润滑、削弱,以至破坏颗粒间的结合力,产生流沙现象;或浸润黏土物质,使之具有可塑性,引起黏土体积膨胀,导致土层蠕动和变形。

地下水中的地下河的地质作用与地表河流相似,具有很大的动力,其机

---

①邱晨.地下水资源管理与保护探讨[J].黑龙江环境通报,2023(3):105-107.

械侵蚀作用可视为冲刷。

2.化学溶蚀作用

化学溶蚀作用是指地下水可溶解可溶性岩石所产生的破坏作用,又称岩溶作用。化学作用是地下水地质作用的主要形式。地下水中普遍含有一定数量的二氧化碳,这种水是一种较强的溶剂,它能溶解碳酸盐岩,使碳酸盐变为溶于水的重碳酸盐,随水流失。碳酸盐岩中常发育裂隙,更易遭受溶蚀,岩石中的裂隙逐渐扩大成溶隙或洞穴。在碳酸盐岩地区,岩溶作用可产生一系列如溶沟、石芽、溶洼、溶柱、落水洞、溶洞、暗河、地下湖和石林等岩溶地貌。在钙质或硫酸盐含量较高的黏土岩中,岩溶作用可产生土洞、土林等地貌。近年研究发现,红层边坡、隧道的破坏与地下水的溶蚀作用有极为密切的关系。

(二)搬运作用

地下水将其剥蚀产物沿垂直或水平运动方向进行搬运,称为搬运作用。由于流速缓慢,地下水的机械搬运力较小,一般只能携带粉砂、细砂前进。只有流动在较大洞穴中的地下河,才具有较大的机械动力,能搬运数量较多、粒径较大的砂和砾石,并在搬运过程中稍具分选作用和磨圆作用,这些特征类似于地表河流。

地下水主要进行化学搬运。化学搬运的溶质成分取决于地下水流经地区的岩石性质和风化状况,通常以重碳酸盐为主,氯化物、硫酸盐、氢氧化物较少。搬运物呈真溶液或胶体溶液状态。化学搬运的能力与温度和压力有关,随地下水温度增高和承受压力加大而增大。地下水化学搬运物除少数沉积在包气带的中、下部外,大部分搬运至饱和带,最后输入河流、湖泊和海洋。全世界河流每年运入海洋的23.4亿t溶解物质中大部分来源于地下水。

(三)沉积作用

沉积作用包括机械沉积作用和化学沉积作用,以化学沉积作用为主。

地下河流到平缓、开阔的洞穴中,水动力减小,在这些洞穴中形成砾石、砂和粉砂等堆积。由于水动力较小,地下河机械沉积物具有粒细、量少、分选性与磨圆性差的特征,沉积物中可能混杂有溶蚀崩落作用产生的呈角砾状的崩积物。

含有溶解物质的地下水在运移中,由于温度、压力变化,可发生化学沉积。例如,由于温度升高或压力降低,二氧化碳逸出,重碳酸钙分解而发生沉淀;或由于水温骤降或水分蒸发,水中溶解物质达到过饱和而发生沉淀。

地下水中溶质在粒间孔隙内沉淀,可把松散堆积物胶结成致密的坚硬岩石。常见的起胶结作用的物质有铁质(氧化铁或氢氧化铁)、钙质(碳酸钙)和硅质(二氧化硅)等。

地下水中溶质在岩石裂隙内沉淀或结晶,构成脉体。如由碳酸钙组成的方解石脉,由二氧化硅组成的石英脉。含铁、锰的沉淀物在裂隙面上呈柏叶状,称假化石。

饱含重碳酸钙的地下水,沿岩石的裂隙或断层流入溶洞,压力降低,二氧化碳逸出,水分蒸发,碳酸钙沉淀。沉淀物呈锥状、柱状,横切面具圈层构造,称为溶洞滴石,包括石钟乳石、石笋和石柱。

含有溶质的地下水流出地表,在泉口处沉淀形成的化学堆积物,称为泉华。泉华疏松多孔。成分为碳酸钙的称钙华或石灰华,成分为二氧化硅的称硅华。

二、地下水超采的危害

工程建设施工中应控制地下水的抽取,若无序和过度地抽采地下水,就会造成施工工地和邻近建筑物的下沉和损毁,给施工造成重大损失。目前,有部分施工单位在深基础施工时,不顾周围建筑物状况,过度抽采地下水,造成周围建筑物下沉开裂,引起不必要的纠纷和损失。这也是施工技术人员专业水平和素质低下的表现。

开发地下水,在我国许多地区是开源抗旱的重要措施,特别是随着人口膨胀与工农业发展,水资源短缺日益严重,人们对地下水寄予了更多的希望。然而就在各种现代化手段被用来抽取地下水时,超采地下水所导致的多种人为灾害却不期而至了。

所谓超采地下水是指地下水开采量长期超过地下水的补给量,地下水位进入非稳定性恶性下降的情况,它会引起一系列灾害性后果。

(1)由于过量开采地下水,我国北京、上海、天津等许多大、中城市出现了地面沉降,如北京东郊约 $600km^2$ 的区域累计沉降量达 550 多 mm。这不仅导致了高层建筑的倾斜,而且加重了城市防洪、防潮、排涝的负担。

(2)在沿海地区,超采地下水会破坏地下淡水与海水的压力平衡,使海水内侵,造成机井报废、人畜饮水困难、土壤盐碱化、地下水质恶化等。

(3)在岩溶区,开采地下水过量会造成地表塌陷,引起房屋开裂倒塌、地下管道弯裂、中断交通与电力供应等一系列灾难。

(4)改变自然景观。北京地区多处历史名泉已因地下水位严重下降而枯竭。新疆吐鲁番地区的沙漠中有 600 万亩(1 亩≈666.67m²)绿洲,其中有百万亩良田,因过量开采地下水,已使良田周围靠地下水涵养的草场出现枯死现象,长此以往,绿洲还能在沙漠中长存吗?

(5)超采地下水还可能加重地震灾害。

三、地下水对土木工程的影响

地下水对土木工程的影响分为两个方面:①地下水与建(构)筑物发生物理化学作用,改变建(构)筑物的物理力学性质,即直接作用。②含有地下水的岩土体与地下水之间的物理化学作用,改变了建(构)筑物的岩土环境,直接或间接影响到建(构)筑物的物理力学性质。岩土体和水共存于地下空间时,水在岩土体孔、裂隙中的流动,将对岩土体造成侵蚀、冲刷、涌水、淤积、附加的静动水压力等物理作用。水中含有的溶蚀、腐蚀性成分,会对岩土体产生溶蚀、腐蚀等化学作用。与此同时,岩土体本身具有的孔(裂)隙特征,也会改变地下水的渗流状态,影响地下水的水力学性质。岩土体含有的可溶性矿物成分,会通过溶解等作用溶解于地下水中,从而改变地下水的化学组成。这种地下水与岩土体的相互作用称为水岩相互作用。在前面章节中,介绍过地下水的地质作用和力学效应。在本节中,主要介绍地下水对土木工程的某些特殊的不良影响,主要有地下水对建筑材料的腐蚀、降低地下水导致的地面沉降、地下水流动诱发的流砂和潜蚀、地下水对地下建筑物的浮托作用等。

(一)地下水对混凝土的侵蚀性

土木工程建筑物,如房屋桥梁基础、地下洞室衬砌和边坡支挡建筑物等,都要长期与地下水相接触,地下水中各种化学成分与建筑物中的混凝土产生化学反应,使混凝土中某些物质被溶蚀,强度降低,结构遭到破坏;或者在混凝土中生成某些新的化合物,这些新化合物生成时体积膨胀,使混凝土开裂破坏。

地下水对混凝土的侵蚀有以下几种类型。

1.溶出侵蚀

硅酸盐水泥遇水硬化,生成氢氧化钙 [Ca(OH)₂]、水化硅酸钙(2CaO·

$SiO_2 \cdot 12H_2O$)、水化铝酸钙（$2CaO \cdot Al_2O_3 \cdot 6H_2O$）等。地下水在流动过程中对上述生成物中的$Ca(OH)_2$及$CaO$成分不断溶解带走，结果使混凝土强度下降。这种溶解作用不仅和混凝土的密度、厚度有关，而且和地下水中HCO_3^-的含量关系很大，因为水中HCO_3^-与混凝土中$Ca(OH)_2$化合生成$CaCO_3$沉淀。$CaCO_3$不溶于水，既可充填混凝土空隙，又可在混凝土表面形成一个保护层，防止$Ca(OH)_2$溶出，因此HCO_3^-含量愈高，水的侵蚀性愈弱，当HCO_3^-含量低于2mg/L或暂时硬度小于3度时，地下水具有溶出侵蚀性。

2.碳酸侵蚀

几乎所有的水中都含有以分子形式存在的CO_2，常称游离CO_2。水中CO_2与混凝土中$CaCO_3$的化学反应是一种可逆反应。当CO_2含量过多时，反应向右进行，使$CaCO_3$不断被溶解；当CO_2含量过少，或水中HCO_3^-含量过高时，反应向左进行，析出固体的$CaCO_3$。只有当CO_2与HCO_3^-的含量达到平衡时，化学反应停止进行，此时所需的CO_2含量称平衡CO_2。若游离CO_2含量超过平衡CO_2所需含量，则超出的部分称侵蚀性CO_2，它使混凝土中$CaCO_3$被溶解，直到形成新的平衡为止。可见，侵蚀性CO_2愈多，对混凝土侵蚀性愈强。当地下水流量、流速都较大时，CO_2容易不断得到补充，平衡不易建立，侵蚀作用不断进行。

3.硫酸盐侵蚀

水中SO_4^{2-}含量超过一定数值时，对混凝土造成侵蚀破坏。一般SO_4^{2-}含量超过250mg/L时，就可能与混凝土中的$Ca(OH)_2$作用生成石膏。石膏在吸收2分子结晶水、生成二水石膏（$CaSO_4 \cdot 2H_2O$）的过程中，体积膨胀到原来的1.5倍。SO_4^{2-}、石膏还可以与混凝土中的水化铝酸钙作用，生成水化硫铝酸钙结晶，其中含有多达31分子的结晶水，又使新生成物增大到原来体积的2.2倍。

水化硫铝酸钙的形成使混凝土严重溃裂，现场称之为水泥细菌。

当使用含水化铝酸钙极少的抗酸水泥时，可大大提高抗硫酸盐侵蚀的能力，当SO_4^{2-}含量低于3000mg/L时，都不具有硫酸盐侵蚀性。

4.一般酸性侵蚀

地下水的pH较小时，酸性较强，这种水与混凝土中$Ca(OH)_2$作用生成$CaCl_2$、$CaSO_4$、$Ca(NO_3)_2$等各种钙盐，若生成物易溶于水，则混凝土被侵蚀。一般认为pH小于5.2时具有侵蚀性。

5.镁盐侵蚀

地下水中的镁盐（$MgCl_2$、$MgSO_4$等）与混凝土中的 $Ca(OH)_2$ 作用生成易溶于水的 $CaCl_2$ 及易产生硫酸盐侵蚀的 $CaSO_4$，使 $Ca(OH)_2$ 含量降低，引起混凝土中其他水化物的分解破坏。一般认为 Mg^{2+} 含量大于 1000mg/L 时有侵蚀性。通常地下水中 Mg^{2+} 的含量都低于此值。

地下水对混凝土的侵蚀性，除与水中各种化学成分的单独作用及相互影响有密切关系外，还与建筑物所处环境、使用的水泥品种等因素有关，必须综合考虑。

（二）地面沉降

地面沉降又称为地面下沉或地陷。它是在气候和人类工程活动影响下，由于地表松散地层固结压缩，导致地壳表面标高降低的一种局部的下降运动（或工程地质现象）。自然的地面沉降可因地质构造运动、地震等原因引起；此外，气候变化或人为抽水降水引起含水层水位下降，导致土层中孔隙水压力降低，颗粒间有效应力增加，地层压密超过一定限度，即表现出地面沉降，这种地面沉降较为常见。

城市的地面沉降大都是人类活动引起的。比如我国长三角地区、华北平原和汾渭盆地等地区，随着城市用水的增加或工程建设降水（比如建筑基坑、地铁开挖降水），抽取地下水的需求增加。当抽水时，在抽水井周围形成降水漏斗，在降水漏斗范围内的土层将发生沉降。由于土层的不均匀性和边界条件的复杂性，降水漏斗往往是不对称的，会使周围建筑物或地下管线产生不均匀沉降，甚至开裂。如果抽水井滤网和砂滤层的设计不合理或施工质量差，抽水时会将土层中的黏粒、粉粒甚至细砂等细小土颗粒随同地下水一起带出地面，使周围地面土层很快产生不均匀沉降，造成地面建筑物开裂下沉、道路和地下管线损坏等。据统计，我国至少有50多个城市存在大规模的地面沉降。前些年，天津市由于抽水使地面最大沉降速率高达262mm/a，最大沉降量达2.16m。

在沿海地区，地下水位下降除造成地表沉降外，由于海水倒灌还会恶化地下水质，严重影响生产生活。

人类活动引起地面沉降的防治是一个复杂的社会、经济、工程等诸方面相互影响的发展难题，需要统一协调、综合防治。

另外一种地面沉降是自然原因引发的，比如气候变化使降水减少，地下水的大气补给不足,造成地下水位降低,引发地面下沉。在某些特殊的地质构造地区,地面沉降可能突然发生,如我国广西地区地下岩溶发育,一旦地下水位下降、水压消失,地下径流会带走大量岩土颗粒,造成地表突然下沉甚至塌陷。

(三)流砂、潜蚀和管涌

在饱水的砂性土层中施工,由于地下水水力学状态的改变,土颗粒之间的有效应力等于零,土颗粒悬浮于水中,随水一起流出的现象称为流砂。

流砂是一种不良工程地质现象。在深基础和地下工程的施工中,轻微流砂增加了施工区域的泥泞程度。严重流砂使基坑底部成为流动状态,给施工带来很大困难,甚至影响邻近建筑物的安全。如果在沉井施工中产生严重流砂,沉井会突然下沉、倾斜,甚至发生重大事故。

水在土体空隙中渗流,将土中的细小颗粒和可溶成分带走的现象称为潜蚀。潜蚀作用使土体结构破坏、强度降低,随着时间的积累,沿着渗流通道,土层中将形成管状渗流通道,形成管涌。管涌加剧渗流破坏,导致边坡或堤坝变形失稳。

(四)托浮作用

地下水位以下的工程构筑物,会受到地下水的托浮作用。随着现代建筑对地下空间利用程度加大,大型地下室、地铁隧道、地下管网(廊)等地下建筑的规模和埋深都大为增加,浮力引起的作用日益显现。仅从浮力的角度考虑,地下建筑的底板多为板状构件。在高浮力作用下,底板可能出现鼓胀、开裂、渗水等问题。不论是作为建筑基础组成部分的地下室,还是地铁隧道、地下管网(廊)等,高浮力可能引起这些建筑物的开裂、折断、上浮、倾斜。因此,在地下水位较高的地区,抗浮设计已成为基础工程设计中重要的一环。

在抗浮设计中,计算水位是很重要的计算参数。在工程地质工作中,除了要查清平水期、丰水期的地下水位之外,还要考虑基坑开挖、地下工程结构类型、回填、场地地形改变等对地表、地下水径流条件的改变带来的水位变化,以保证建筑物的安全使用[1]。

---

[1] 谢强,郭永春,李娅. 土木工程地质[M]. 成都:西南交通大学出版社,2021.

第三章 工程地质的基本理论

第一节 岩石的种类和性状

地球呈旋转椭球体状,其赤道半径约为6378km,极地半径约为6357km,平均半径则约为6371km。地球的表面积约为5亿 km²,其中陆地占比为29.3%,海洋则占70.7%。地球的体积大约为1万亿 km³。根据地球物理测量数据,地球内部具有分层构造特点,可称为地球内部圈层构造,从地心至地表可分为地核、地幔和地壳三个圈层。

地心至地表以下2900km处为地核,主要由铁、镍等金属物质构成。据推测,地核中的压力可达3.6×10^5 MPa,温度为3000~5000 ℃,密度为16~18g/cm³。地表以下35 ~ 2900km范围内为地幔,也称中间层,主要由铁、镁硅酸盐物质组成。该层压力范围从几千兆帕至1.4×10^4 MPa,温度为1500~3000 ℃,密度为3.32~5.66g/cm³。

地壳是指地球表面由岩石组成的一层坚硬壳体。地壳厚度因地域而异,大陆地壳相对较厚,例如我国西藏高原地区地壳厚度可达70~80km。洋底地壳相对较薄,如太平洋西部马里亚纳海沟处地壳仅5~6km,全球平均地壳厚度为35km。人类工程活动大多在地壳表层进行,一般不超过1~3km深度。最深的金矿矿井超过4km,最深的科研钻孔深度达12.262km。

地壳,作为地球表面的固体壳层,由各类岩石构成。而这些岩石,则是由多种矿物组成的。矿物本身,则是由各种单质或化合物构成。在地壳中,已知的化学元素多达90余种。然而,它们在地壳中的含量和分布却颇为不均。其中,氧、硅、铝、铁、钙、钠、钾、镁、钛和氢这十种元素,其质量总和占据了地壳元素总质量的99.96%。在这十种元素中,氧、硅、铝三种元素的质量占比高达82.96%。在地壳中,这些元素大多以化合物的形式存在,仅有少数以单质元素的状态存在[1]。

---

①胡坤,夏雄. 土木工程地质[M]. 北京:北京理工大学出版社,2017.

矿物,作为一种天然产物,具备特定的物理属性和化学成分,是构成地壳的基本单元。大部分矿物以化合物的形式存在,如石英(SiO_2)、方解石($CaCO_3$)和正长石$[K(AlSi_3O_8)]$等;而少数矿物则由单一元素组成,如石墨(C)和天然硫(S)等。

岩石是由天然矿物或类似矿物的物质(如火山玻璃、生物遗骸、胶体等)构成的固态集合体。单矿岩是指主要由一种矿物组成的集合体,如石英岩(由石英构成)和石灰岩(由方解石构成);而多矿岩或复矿岩则是由多种矿物组成的集合体,例如花岗岩(由石英和正长石构成)。根据岩石的形成过程,地壳中的岩石可划分为三大类别:岩浆岩、沉积岩和变质岩。

一、主要造岩矿物

自然界中已知的矿物种类约为4000种,其中能够构成岩石的矿物被称为造岩矿物。在岩石中,一些频繁出现、对岩石性质具有显著影响且对鉴别岩石种类起关键作用的矿物被称为主要造岩矿物,共计约有30种。

(一)矿物的形态及主要物理性质

矿物的形态及主要物理性质是肉眼鉴别矿物的重要依据。

1.矿物的形态

1)结晶质矿物与非晶质矿物

绝大多数造岩矿物以固态形式存在,其中大部分为结晶质,少数为非晶质。

结晶质矿物的内部质点(原子、分子或离子)在三维空间中呈有规律的周期性排列,构建出空间结晶格子结构。因此,在特定条件下,各类结晶质矿物均具有固定且规则的几何形态,即矿物的固有形态特征,如岩盐(NaCl)的立方晶体格架即为典型例子。优良的固有形态晶体被称为自形晶或单晶体。然而,在自然界中,自形晶较为罕见。晶体生长过程中,受生长速度及周围自由空间环境制约,晶体发育不良,形成不规则的外形,称之为他形晶。岩石中的造岩矿物主要为粒状他形晶体的集合体。

非晶质矿物的内部质点排列无规律性,因此不具备规则几何形态。常见的非晶质矿物包括胶体类矿物,这类矿物由胶体溶液沉淀或干燥固化而成,例如,硅质胶体溶液沉淀凝聚形成的蛋白石($SiO_2 \cdot nH_2O$)。

2)单晶体矿物和矿物集合体的形态

(1)常见的单晶体矿物形态有如下种类。

片状、鳞片状——如云母、绿泥石等。

板状——如斜长石、板状石膏等。

柱状——如长柱状的角闪石和短柱状的辉石等。

立方体状——如岩盐、方铅矿、黄铁矿等。

菱面体状——如方解石等。

菱形十二面体状——如石榴子石等。

(2)常见的矿物集合体形态有如下种类。

粒状、块状、土状——矿物晶体在空间三个方向上呈现近似等长的他形集合体。当颗粒边界较为明显时,称为粒状,如橄榄石等;肉眼难以分辨颗粒边界的则称为块状,如石英等;疏松的块状可称为土状,如高岭土等。

鲕状、豆状、葡萄状、肾状——隐晶及胶态集合体呈现为具有同心结构的球形。其中,直径与鱼卵相当的称为鲕状,如鲕状灰岩中的方解石等;直径接近黄豆大小的称为豆状,如赤铁矿等;不规则的球状体可称为葡萄状与肾状。

纤维状——如石棉、纤维石膏等。

钟乳状——如方解石、褐铁矿等。

2.矿物的光学性质

1)颜色

矿物颜色的形成是由于矿物对波长介于 390～770nm 的白色可见光的不同波长光波的吸收、透射和反射,进而混合各种波长的可见光。矿物的颜色由其化学成分和内部结构所决定,例如,黄铁矿呈现浅铜黄色,橄榄石则为橄榄绿色。然而,由于矿物为天然产物,易于混入其他杂质,从而改变其固有颜色。例如,纯质石英本是无色透明的,但当含有各类杂质时,可能呈现乳白、紫红、烟黑等颜色。

矿物固有的颜色,又称自色,可作为鉴别矿物的特征;而由杂质引起的颜色,称为他色,不宜作为鉴别矿物的依据。

2)条痕

矿物粉末的颜色称为条痕,其鉴别方法通常是将矿物在白色无釉瓷板上进行擦划,并观察擦下的矿物粉末的颜色。矿物的条痕能够消除假色、减弱他色、突出自色。条痕的主要应用对象为有色矿物和低硬度矿物(硬度小于条痕板)。例如:角闪石呈黑绿色,条痕为淡绿色;辉石呈黑色,条痕为浅棕色;黄铁矿呈浅铜黄色,条痕为黑色等。

3)光泽

矿物表面反射光线的能力称光泽。

(1)按照反射率(R)的大小,矿物平坦晶面或解理面上的光泽分为4级:① 金属光泽:$R > 25\%$,反光强烈,光辉闪耀,如方铅矿、黄铁矿等。② 半金属光泽:$R = 25\% \sim 19\%$,反光较强,如磁铁矿等。③ 金刚光泽:$R = 19\% \sim 10\%$,如金刚石般的光泽,如金刚石等。④ 玻璃光泽:$R = 10\% \sim 4\%$,如玻璃般的光泽,如石英晶面、长石等。

(2)矿物不平坦的表面或矿物集合体表面上常见的特殊变异光泽有:① 油脂光泽:如同涂上一层油脂后的反光,主要出现于具玻璃光泽的浅色透明矿物的不平坦断口上,如石英断口上的光泽等。② 树脂光泽:如同松香般的光泽,主要出现于具金刚光泽的深色(黄、褐或棕色)透明矿物的不平坦断口上,如闪锌矿断口上的光泽等。③ 珍珠光泽:如同珍珠表面或贝壳内面出现的乳白色彩光,如白云母薄片等。④ 丝绢光泽:出现在纤维状集合体矿物表面的光泽,如石棉、绢云母、纤维石膏等。⑤ 蜡状光泽:描述透明矿物隐晶质和非晶质致密体的光泽,似蜡烛表面的光泽,如叶蜡石、蛋白石等。⑥ 土状光泽:描述粉末状和土状集合体的光泽,表面暗淡无光,如高岭石等。

4)透明度

矿物对可见光的透射程度有所差异。根据矿物在标准厚度为0.03 mm的岩石薄片中的透光性,矿物的透明度可分为三大类:透明、半透明及不透明。例如,石英、长石和角闪石等属于透明矿物,能允许绝大部分光线通过,其条痕呈无色、白色或浅色。辰砂和锡石等半透明矿物,透光能力较弱,仅允许部分光线透过,条痕表现为红色、褐色等彩色。金属矿物则为不透明矿物,基本不允许光线透过,条痕呈黑色或金属色,如黄铁矿、方铅矿、磁铁矿等。

3.矿物的力学性质

1)硬度

矿物的硬度体现了其对外力机械划痕和磨损的抵抗能力。为了衡量矿物的相对硬度,我们采用自然界中十种硬度由低至高的矿物作为标准,这一方法称为摩氏硬度计。在日常鉴定过程中,我们通常借助指甲(摩氏硬度2.5)和小刀(摩氏硬度5.5)来评估矿物的相对硬度。例如,石墨的硬度与滑石相当,可划分为1度;云母的硬度位于石膏和方解石之间,故为2~3度。

2)解理(劈开)

矿物的解理是指矿物晶体在外力敲击下,沿一定晶面方向裂开的性能。裂开的晶面一般平行成组出现,称解理(劈开)面。根据解理发育程度不同,可将解理分为:①极完全解理:矿物受力后极易裂成薄片,解理面平整而光滑,如云母、石墨等。②完全解理:矿物受力后易裂成光滑的平面或规则的解理块,解理面显著而平滑,如方解石、方铅矿、萤石等。③中等解理:矿物受力后常破裂成较小的不很平滑的平面,解理面不太连续,常呈阶梯状,且闪闪发亮,清晰可见,有断口。如辉石、角闪石等。④无解理:肉眼不易看到解理面,如橄榄石;或实际上没有解理面,如单晶体石英等。

3)断口

矿物在受到外力敲击时,可在任意方向上发生无规则的断裂破碎,其断裂表面被称为断口。断口的形态多种多样,如石英的贝壳状断口,以及其他如参差状断口、锯齿状断口和平坦状断口等。解理与断口的发育程度呈相反趋势:解理发达的矿物,断口不明显;而断口发达的矿物,解理则相对不发达。

4.其他特殊性质

某些矿物具备独特的物理化学特性,这些特性可作为鉴别矿物的简便且有效的方法。例如,云母薄片具有弹性;绿泥石和滑石薄片具有挠性;重晶石相对密度较大;方解石在滴加稀盐酸时会产生剧烈气泡;高岭石遇水会发生软化等。

(二)主要造岩矿物及其鉴定特征

1.石英(SiO_2)

石英单晶在发育良好状态下呈现六方锥体形态,通常以块状或粒状集合体形式存在。纯净透明的石英晶体被称为水晶,其颜色通常为白色、灰白色或乳白色,当含有杂质时,可呈现紫色、红色、烟色、茶色等。石英晶体的晶面具有玻璃光泽,断口或集合体呈现油脂光泽。石英晶体无解理,断口呈贝壳状。其硬度为7,相对密度为2.65。

2.长石

长石是一大族矿物,包括3个基本类型:钾长石[K(AlSi$_3$O$_8$)]、钠长石[Na(AlSi$_3$O$_8$)]、钙长石[Ca(Al$_2$Si$_2$O$_8$)]。钾长石中最常见的是正长石,钠长石和钙长石混熔组成斜长石。

1)正长石

单晶为短柱或厚板状,集合体为粒状或块状;在岩石中常呈肉红色、浅黄色、浅玫瑰色;有两组完全正交的解理面,粗糙状断口;玻璃光泽;硬度6;相对密度2.54~2.57。正长石风化后可变成黏土矿物,最终可变成铝土矿。

2)斜长石

单晶为板状或柱状,集合体粒状;白色或灰白色;有两组近正交的解理面(交角86°24′),粗糙状断口;玻璃光泽;硬度6~6.5;相对密度2.61~2.75。斜长石的风化产物多为黏土矿物。

3.云母

云母是含钾、铁、镁、铝等多种金属阳离子的铝硅酸盐矿物。按所含阳离子不同,主要有白云母和黑云母。

1)白云母[KAl$_2$(AlSi$_3$O$_{10}$)(OH)$_2$]

单晶呈板状、片状,薄片无色透明,有弹性,集合体片状、鳞片状,微细鳞片状集合体称绢云母;集合体浅黄色、浅绿色、浅灰色;一个方向解理极完全;玻璃光泽,解理面珍珠光泽;硬度2.5~3;相对密度2.76~3.12。

2)黑云母[K(Mg,Fe)$_3$(AlSi$_3$O$_{10}$)(F,OH)$_2$]

形态同白云母;富含铁的为黑云母,黑色;富含镁的为金云母,金黄色;硬度2.5~3;相对密度3.02~3.12。

4.普通角闪石{Ca$_2$Na(Mg,Fe)$_4$(Al,Fe)[(Si,Al)$_4$O$_{11}$]$_2$(OH)$_2$}

单晶呈长柱或针状,集合体呈粒状或块状;颜色暗绿色至黑色;玻璃光泽;有两组完全解理面(交角为56°和124°);硬度5~6;相对密度3.1~3.3。

5.普通辉石[Ca(Mg,Fe,Al)(Si,Al)$_2$O$_6$]

单晶呈短柱或粒状,集合体块状;黑褐色或黑色;玻璃光泽;有两组完全解理面(交角87°和93°);硬度5.5~6;相对密度3.23~3.56。

6.橄榄石[(Mg,Fe)$_2$(SiO$_4$)]

常呈粒状集合体;浅黄绿色至橄榄绿色;晶面玻璃光泽,断口油脂光泽;不完全解理,断口贝壳状;硬度6.5~7;相对密度3.3~3.5;性脆。

7.方解石($CaCO_3$)

单晶为菱形六面体,集合体为粒状或块状;无色透明者称冰洲石,一般为白色、灰色,含杂质者呈浅黄色、黄褐色、浅蓝色;玻璃光泽;三组完全解理面;硬度3;相对密度2.6~2.8;滴冷稀盐酸剧烈起泡。

8.白云石[$CaMg(CO_3)_2$]

晶粒形态同方解石;纯者白色,含杂质者呈浅黄色、灰褐色;玻璃光泽;三组完全解理面;但解理面多弯曲不平直;硬度3.5~4;相对密度2.8~2.9;滴热盐酸起泡,滴冷盐酸起泡不明显,滴紫红色镁试剂可变蓝色。

9.硬石膏($CaSO_4$)和石膏($CaSO_4 \cdot 2H_2O$)

硬石膏单晶呈板状、柱状,集合体有粒状、块状;纯者无色透明,一般为白色;玻璃光泽;有三组完全解理面;硬度3~3.5;相对密度2.8~3.0。硬石膏在大气压下,遇水生成石膏,同时体积膨胀约30%,对工程建筑有严重危害。

石膏单晶呈板、柱、片状,集合体有纤维状或块状;纯者无色透明,一般为白色,含杂质可为浅黄色、灰色、褐色;平面反光为玻璃光泽,纤维状反光为丝绢光泽;一组极完全解理;硬度2;相对密度2.30~2.37。

10.高岭石[$Al_2Si_2O_5(OH)_4$]

黏土矿物,三斜晶系,单晶极小,肉眼不可见,集合体多为土状或块状;纯者白色,含杂质可为浅红色、浅黄色、浅灰色、浅绿色;土状光泽;硬度1~2;相对密度2.58~2.61;干燥块体有粗糙感,易捏成碎末,吸水性强,潮湿时具有可塑性。

11.蒙脱石[$(Al,Mg)_2(Si_4O_{10})(OH)_2 \cdot nH_2O$]

黏土矿物,单斜晶系,单晶极小,肉眼不可见,显微晶体片状或絮状、毛毡状,集合体多为土状或块状;白色,有时为浅灰色、粉红色、浅绿色,光泽暗淡;硬度2~2.5;相对密度2~2.7;柔软,有滑感,加水膨胀,体积能增加几倍,并变成泥状,具有很强的吸附力及阳离子交换性能,是造成岩土膨胀的主要矿物。

12.黄铁矿(FeS_2)

单晶为立方体,集合体为粒状或块状;浅铜黄色;条痕黑色;强金属光泽;无解理;断口参差状;硬度6~6.5;相对密度4.9~5.2。黄铁矿是地壳中分布广泛的硫化物,是制取硫酸的主要原料,岩石中的黄铁矿易氧化分解成铁的氧化物和硫酸,从而对混凝土和钢筋混凝土结构物产生腐蚀。

13.滑石$\left[\mathrm{Mg}_3(\mathrm{Si}_4\mathrm{O}_{10})(\mathrm{OH})_2\right]$

单晶少见,常为致密块状、片状或鳞片状集合体;纯者白色,含杂质时常呈浅黄色、浅绿色、浅褐色;晶面呈珍珠光泽或玻璃光泽,断口为蜡状光泽;有一组极完全解理面;硬度1;相对密度2.7~2.8;薄片透明或半透明;薄片无弹性而有挠性;有滑感。

14.绿泥石$\{(\mathrm{Mg},\mathrm{Al},\mathrm{Fe})_6\left[(\mathrm{Si},\mathrm{Al})_4\mathrm{O}_{10}\right](\mathrm{OH})_8\}$

绿泥石是一族种类较多的矿物,是很复杂的铝硅酸盐化合物。多呈片状或鳞片状集合体;暗绿色;解理面上为珍珠光泽;有一组极完全解理面;硬度2~2.5;相对密度2.60~2.85;薄片有挠性。绿泥石与滑石、云母类矿物的特征有许多相似之处,工程性质较差。

二、岩浆岩

(一)岩浆岩的形成过程

1.岩浆和岩浆作用

岩浆,一种主要成分为硅酸盐的熔融体,富含挥发性物质,存在于上地幔和地壳深处。在高温(700~1300℃)和高压(高达数千兆帕)的环境下,岩浆保持相对平衡的状态。然而,受地壳运动的影响,这种平衡状态被打破,岩浆开始沿着地壳的薄弱和开裂地带向地表方向运动,这一过程被称为岩浆作用。

当岩浆上升但未达地表,而是在地壳中冷却凝固,我们称之为岩浆侵入作用。反之,若岩浆成功上升并冲出地表,在地面上冷却凝固,我们则称之为岩浆喷出作用,抑或称火山作用。

2.岩浆岩及其产状

1)岩浆岩的形成

在岩浆作用的后期,冷却凝固的岩浆形成的岩石被称为岩浆岩。侵入作用产生的侵入岩,根据其形成的深度不同,可分为深成侵入岩和浅成侵入岩。其中,深成侵入岩形成于离地表较深的(大于3 km)部位,而浅成侵入岩则形成于离地表较浅的部位。另外,喷出作用产生的岩石称为喷出岩或火山岩。

2)岩浆岩的产状

指岩浆岩的形态、大小及其与周围岩体间的相互关系。因此,岩浆岩的产状既与岩浆性质密切相关,也受周围岩体及环境的控制。常见岩浆岩产状有以下4种。

(1)岩基和岩株:属深成侵入岩产状。岩基规模最大,基底埋藏深,多为花岗岩;岩株规模次之,形状不规则,宏观呈树枝状。

(2)岩盘和岩床:属浅成侵入岩产状。岩盘形成透镜体或倒扣的盘子状岩体,多为黏性较大的酸性岩浆形成;岩床形成厚板状岩体,多为黏性较小的基性岩浆形成。

(3)岩墙和岩脉:属规模较小的浅成侵入岩产状。岩浆沿近垂直的围岩裂隙侵入,形成的岩体称岩墙,长数十米至数千米,宽数米至数十米;岩浆侵入围岩各种断层和裂隙,形成脉状岩体,称脉岩或岩脉,长数厘米至数十米,宽数毫米至数米。

(4)火山颈:火山喷发时,岩浆在火山口通道里冷凝形成的岩体,呈近直立的不规则圆柱形岩体,属于介于浅成侵入岩与喷出岩之间的产状。

(5)岩钟和岩流:属喷出岩的产状。岩钟是黏性大的酸性岩浆在喷出火山口后,于火山口周围冷凝而成的钟状或锥状岩体,又称火山锥;岩流是黏性小的基性岩浆在喷出火山口后,迅速向地表较低处边流动边冷凝而成的岩体,它在一定地表面范围内覆盖一定的厚度,也称岩被。

(二)岩浆岩的地质特性

岩石的地质特性简称岩性,包括岩石的结构、构造和矿物成分,它们都是由岩石形成过程所决定的,又是鉴定岩石的特征。

1.岩浆岩的结构

岩浆岩的结构指岩石中矿物的结晶程度、晶(颗)粒大小、晶(颗)粒形态及晶(颗)粒之间的相互关系。

常见的岩浆岩结构有以下4种。

1)全晶粒状结构

矿物全部结晶,肉眼可见晶粒,晶粒大小均匀。按晶粒大小又可分为粗粒(>5mm)、中粒(1~5mm)、细粒(<1mm)。全晶粗粒和全晶中粒为深成岩结构;全晶细粒常为浅成岩结构。

2)斑状及似斑状结构

岩石中所有矿物颗粒可分为大小截然不同的两群,大的称为斑晶,小的称为基质,其中没有中等大小的颗粒。如果基质为隐晶质或玻璃质,则称斑状结构;如果基质为显晶质,则称似斑状结构。斑状结构是浅成或喷出岩结构,似斑状结构又称结晶斑状结构,是深成岩结构。

3)隐晶质结构

全结晶,晶粒极细小,肉眼不可分辨,是喷出岩结构。

4)非晶质结构

全部不结晶,是喷出岩的结构,也称火山玻璃。

2.岩浆岩的构造

岩浆岩的构造指岩浆岩中矿物集合体在空间的排列与充填方式所反映出来的岩石外貌特征。

常见的岩浆岩构造有以下4种。

1)块状构造

岩石中矿物均匀分布,无定向排列现象,呈均匀的块体。它是绝大多数岩浆岩常见的构造,侵入岩一般是块状构造,部分喷出岩也是块状构造。

2)流纹状构造

岩石中柱状、针状矿物、拉长的气孔、不同颜色的条带,相互平行、定向排列,形成流纹状构造。它是喷出岩构造,是酸性喷出岩流纹岩的特有构造。

3)气孔状构造

岩浆喷出地面迅速冷凝过程中,岩浆中所含气体或挥发性物质从岩浆中逸出后,在岩石中形成的大小不一的气孔,称气孔状构造。它是喷出岩构造。

4)杏仁状构造

具有气孔状构造的岩石,若后期在其气孔中充填沉淀了某些次生物质(如石英、方解石等),则称杏仁状构造,也是喷出岩构造。

3.岩浆岩的矿物成分

岩浆岩中最常见的主要矿物有石英、正长石、斜长石、黑云母、角闪石、辉石、橄榄石等。根据岩石所含主要矿物成分确定岩石类型和名称。主要矿物约占岩石中矿物的90%。

（三）常见岩浆岩的鉴定特征

（1）花岗岩：灰白色、肉红色；全晶粒状结构；块状构造；主要矿物为石英、正长石和斜长石，有时含少量黑云母和角闪石。

（2）花岗斑岩：也称斑状花岗岩，一般为灰红色、浅红色；似斑状结构，斑晶多为石英或正长石粗大晶粒，基质多为细小石英和长石晶粒；块状构造；矿物成分与花岗岩相同。

（3）流纹岩：多浅红色、浅灰色或灰紫色；隐晶质结构，常含少量石英细小晶粒；流纹状构造，常见有被拉长的细小气孔。

（4）正长岩：浅灰色或肉红色；全晶粒状结构；块状构造；主要矿物为正长石及斜长石。

（5）正长斑岩：颜色和矿物成分与正长岩相同；斑状结构，斑晶多为粗大正长石晶粒，基质为微晶或隐晶长石晶体；块状构造。

（6）粗面岩：灰色或浅红色；斑状或隐晶质结构，正长石微晶大致呈定向或半定向排列；块状构造；因断裂面多粗糙不平而得名。

（7）闪长岩：灰色或灰绿色；全晶粒状结构；块状构造；主要矿物成分为角闪石和斜长石。

（8）闪长玢岩：灰绿色、灰褐色；斑状结构，斑晶主要是板状白色斜长石粗大晶粒，基质为黑绿色隐晶质；块状构造；矿物成分同闪长岩。

（9）安山岩：有灰、棕、绿等颜色；斑状结构，基质中斜长石微晶呈杂乱—半定向排列，其间有较多的玻璃质或隐晶质充填；块状构造；矿物成分同闪长岩。

（10）凝灰岩：分布最广的火山碎屑岩，灰白色、灰绿色、灰紫色、褐黑色，火山碎屑、玻屑呈不规则状，不规则层状构造，在一定条件下可转化为含蒙脱石的黏土。

（11）辉长岩：深灰色、黑绿色至黑色；全晶粒状结构；斜长石和辉石的自形程度相近，均呈现半自形—它形粒状；块状构造；主要矿物为斜长石及辉石。

（12）辉绿岩：多灰绿色至黑绿色；隐晶质结构，自形晶斜长石之间形成近三角形空隙，其中充填单个的它形辉石颗粒，也称"辉绿结构"；块状构造；矿物成分同辉长岩。

（13）玄武岩：灰黑色、黑绿色至黑色；隐晶质结构；块状、气孔状、杏仁状构造；矿物成分同辉长岩。

（14）橄榄岩：橄榄绿色或黄绿色；全晶粒状结构；块状构造；主要矿物为橄榄石和少量辉石。

（15）辉岩：灰黑色、黑绿色至黑色；全晶粒状结构；块状构造；主要矿物为辉石和少量橄榄石。

（16）黑曜岩：浅红色、灰褐色及黑色；几乎全部为玻璃质组成的非晶质结构；块状构造或流纹状构造，为酸性玻璃质火山岩。

（17）浮岩：灰白色、灰黄色；为岩浆中泡沫物质在地表迅速冷凝而生成，非晶质结构；气孔状构造。

三、沉积岩

（一）沉积岩的形成过程

沉积岩是地球表面最多见的岩石，从体积上看，沉积岩只占地壳岩石总体积的7.9%，但从分布面积看，沉积岩却占陆地总面积的75%。

沉积岩是在地表或接近地表的常温、常压条件下，由原岩（早期形成的岩浆岩、沉积岩和变质岩）经过以下4个作用过程而形成的。

1.原岩风化破碎作用

原岩经过风化作用，成为各种松散破碎物质。这些松散破碎物质被称为松散沉积物，是构成新的沉积岩的主要物质来源。此外，在特定环境和条件下，大量生物遗体堆积而成的物质也是沉积物的一部分。风化破碎物质可分为3类：①大小不等的岩石或矿物碎屑，称碎屑沉积物，大者为体积可达 $10m^3$ 的巨块岩石，小者为粒度仅为 0.075～0.005mm 的粉状颗粒。②颗粒粒径小于0.005mm 的黏粒，称黏土沉积物。③以离子或胶体分子形式存在于水中的化学成分，例如 K^+、Na^+、Ca^{2+}、Mg^{2+} 等溶于水中，形成真溶液；而 Al、Fe、Si 等元素的氧化物、氢氧化物难溶于水，它们的细小分子质点分散到水中，形成胶体溶液。这两种溶液中的化学成分统称为化学沉积物。

2.沉积物的搬运作用

原岩风化破碎产物除少部分残留在原地外，大部分都要被搬运一定距离。搬运的动力有流水、风力、重力和冰川等。搬运方式则有机械（物理）式和化学式两种。

1)机械式搬运

主要搬运对象是碎屑和黏土沉积物。以风力或流水搬运为例,在运动过程中,又有三种不同运动方式:悬浮、跳跃和滚动,根据沉积物大小、重量与搬运力大小来决定。沉积物在搬运过程中,相互碰撞和磨蚀,沉积物原有棱角逐渐消失,成为卵圆或滚圆形。碎块、颗粒圆滑的程度称磨圆度,搬运距离愈长磨圆度愈高。

2)化学式搬运

以真溶液或胶体溶液方式的搬运,主要搬运化学沉积物。这种搬运方式可以搬运很远距离,直至进入海洋。

3.沉积物的沉积作用

1)碎屑和黏土沉积物的沉积

当搬运动力(如流水)逐渐减小时,被搬运的沉积物按其大小、形状和相对密度不同,先后停止运动而沉积下来。大的比小的先沉积、球状比片状的先沉积、重的比轻的先沉积。在同一地段上的沉积物,其颗粒大小均匀程度称分选性。大小均匀的分选性好,大小悬殊的分选性差。

2)化学沉积物的沉积

真溶液中离子的沉淀和重新结晶与溶液中的pH、温度和压力等许多因素有关,但最终取决于溶液的溶解度和离子浓度之间的关系:浓度超过溶解度时,多余的离子就会重新结晶析出而沉淀。

胶体物质的重新凝聚和沉积,主要由于带正电荷的正胶体物质(如 Fe_2O_3、Al_2O_3 等)与带负电荷的负胶体物体(如 SiO_2、MnO_2 等)相遇,电价中和而凝聚;此外,胶体溶液逐渐脱水干燥,也会使其中的胶体物质凝聚沉积。

4.成岩作用

松散沉积物经过下述4种成岩作用中的一种或几种后,形成新的坚硬、完整的岩石——沉积岩。

1)压固脱水作用

沉积物不断沉积,厚度逐渐加大。先沉积在下面的沉积物,承受着上覆愈来愈厚的新沉积物及水体的巨大压力,使下部沉积物孔隙减小、水分排出、密度增大,最后形成致密坚硬的岩石,称为压固脱水作用。

2)胶结作用

各种松散的碎屑沉积物被不同的胶结物胶结,形成坚固、完整的岩石。

最常见的胶结物有硅质、钙质、铁质和泥质。

3）重新结晶作用

非晶质胶体溶液陈化、脱水，转化为结晶物质；溶液中微小晶体在一定条件下能长成粗大晶体。这两种现象都可称为重新结晶作用，从而形成隐晶或细晶的沉积岩。

4）新矿物的生成

沉积物在向沉积岩转化的过程中，除了体积、密度上的变化外，同时还生成与新环境相适应的稳定矿物，例如方解石、燧石、白云石、黏土矿物等新的沉积岩矿物。

由以上沉积岩形成过程可知，沉积岩的产状均为层状。

（二）沉积岩的地质特性

1.沉积岩的结构

沉积岩的结构是指组成岩石的矿物的颗粒形态、大小和连接形式。沉积岩结构常见的有以下3种。

1）碎屑状结构

由碎屑物质和胶结物组成的一种结构。按碎屑大小又可细分为：①砾状结构：碎屑颗粒粒径大于2mm。根据碎屑形状，磨圆度差的称角砾状，磨圆度好的称圆砾状或砾状。②砂状结构：颗粒粒径为0.005～2mm。0.5～2mm为粗砂结构；0.25～0.5mm为中砂结构；0.075～0.25mm为细砂结构；0.005～0.075mm为粉砂结构。

2）泥状结构

粒径小于0.005mm的黏土颗粒形成的结构。

3）化学结构和生物化学结构

离子或胶体物质从溶液中沉淀或凝聚出来时，经结晶或重新结晶作用形成的是化学结构。化学结构中常见的有结晶粒状（包括显晶和隐晶两种）结构和同生砾状结构（包括鲕状、豆状、竹叶状等）。生物化学结构是由生物遗体及其碎片组成的化学结构，例如贝壳状、珊瑚状等结构。

2.沉积岩的构造

沉积岩的构造指组成岩石的成分的空间分布和排列方式。

1）层理构造

层理是指岩层中物质的成分、颗粒大小、形状和颜色在垂直方向发生改变时产生的纹理。野外观察到的沉积岩都是成层产出的,在地质特性上与相邻层不同的沉积层称为一个岩层。岩层可以是一个单层,也可以是一组层。分隔不同岩层的界面称层面,层面标志着沉积作用的短暂停顿或间断。因此,岩体中的层面往往成为其软弱面。上、下层面之间的一个岩层,在一定范围内,生成条件基本一致。它可以帮助确定该岩层的沉积环境,划分地层层序,进行不同地区岩层层位对比。上、下层面间垂直距离是该岩层的厚度。岩层厚度划分为以下 5 种:巨厚层(> 1.0m);厚层 (0.5 ~ 1m);中厚层 (0.1 ~ 0.5m);薄层(0.001 ~ 0.1m);微层(纹层)(< 0.001m)。夹在两厚层中间的薄层称夹层。若夹层顺层延伸不远一侧渐薄至消失,称尖灭;两侧尖灭称透镜体。

由于沉积环境和条件不同,有下列 3 种层理构造形态。

(1)水平层理:层理与层面平行,层理面平直,是在稳定和流速很低的水中沉积而成的。

(2)斜交层理:又可分为单斜层理和交错层理,不同的层理面与层面斜交成一定角度。单斜层理是沉积物单向运动时受流水或风的推力而形成的;交错层理则是由于流体运动方向交替变换而形成的。

(3)波状层理:层理面呈波状起伏,其总方向与层面大致平行。波状层理又可分为平行波状层理和斜交波状层理。波状层理是在流体发生波动的情况下形成的。

在室内鉴定手标本时,当标本是采自厚层、均质沉积岩中的一小块时,肉眼不能分辨其层理,此时可称为块状构造。碎屑岩和化学岩中的手标本,非层理构造,即块状构造。黏土岩中薄板或薄片状的层理又称页理。

2)层面构造及结核

(1)层面构造:在沉积岩岩层面上往往保留有反映沉积岩形成时流体运动、自然条件变化遗留下来的痕迹,称层面构造。常见的层面构造有波痕、雨痕、泥裂等。风或流水在未固结的沉积物表面上运动留下的痕迹,岩石固化后保留在岩层面上,称为波痕。雨痕和雹痕是沉积物层面受雨、雹打击留下的痕迹,固结石化后而形成。黏土沉积物层面失水干缩开裂,裂缝中常被后来泥沙充填,黏土固结成岩后在黏土岩层面上保留下来称泥裂。

(2)结核:沉积岩中常含有与该沉积岩成分不同的圆球状或不规则形状的无机物包裹体,称结核。通常是沉积物或岩石中某些成分,在地下水活动与交代作用下的结果。常见的结核有碳酸盐、硅质、磷酸盐质、锰质及石膏质结核。

3）生物构造及化石

（1）生物构造：在沉积岩沉积过程中，由于生物遗体、生物活动痕迹和生态特征埋藏于沉积物中，经固结成岩作用在沉积岩中保留下来，这种构造称为生物构造，如珊瑚礁、虫迹等。

（2）化石：是埋藏在沉积物中的古代生物遗体或遗迹，随沉积物成岩也石化成岩石一部分，但其形态却保留下来。化石是沉积岩显著的构造特征，是研究地质发展历史和划分地质年代的重要依据。

3. 沉积岩的矿物成分

经过沉积岩4个形成作用过程后，原岩中许多矿物已风化、分解、消失，只有石英、长石等少数矿物保存下来；此外，也常见较为坚硬的原岩碎屑。

在沉积物向沉积岩转化过程中，除了体积上的变化外，同时也生成了与新环境相适应的稳定矿物。在沉积岩形成过程中产生的新矿物有方解石、白云石、黄铁矿、海绿石、黏土矿物、磷灰石、石膏、重晶石、蛋白石和燧石等，这些新矿物被称为沉积矿物，是沉积岩中最常见的矿物成分。

（三）常见沉积岩的鉴定特征

1. 碎屑岩类

碎屑岩由碎屑和胶结物两部分组成。碎屑岩名称一般也分两部分，前面是胶结物成分，后面是碎屑的大小和形状。碎屑岩的构造（层理或块状构造）一般不含在岩石名称之内。

1）角砾岩和砾岩

碎屑粒径大于 2mm 以上，棱角明显者为角砾岩；磨圆度较好者为砾岩。定名时常在前面加上胶结物，例如可定名为硅质角砾岩、硅质砾岩、铁质钙质角砾岩、铁质钙质砾岩等。

2）砂岩

按分类表中砂状结构的粒径大小，砂岩可分为粗、中、细、粉四种。定名时常在前面加上胶结物，例如可定名为硅质粗砂岩、钙质泥质中砂岩、铁质细砂岩、泥质粉砂岩等。有时，在砂岩定名中还加上砂粒成分的内容，例如长石砂岩、石英砂岩、岩屑砂岩等。还需要说明的是，天然沉积的砂粒，其粒径虽有一定分选性，但仍然难免大小粒径混杂在一起。例如中砂的粒径范围是 0.25 ~ 0.5mm,只要该砂岩中中砂粒含量超过全部砂粒 50% 以上,即可定为中砂岩。

碎屑岩中的胶结物的成分和胶结方式,对碎屑岩的工程性质有重要影响。

胶结方式有以下 3 种。

(1)基底式胶结:碎屑颗粒之间互不接触,散布于胶结物中。这种胶结方式胶结紧密,岩石强度由胶结物成分控制,硅质最强,铁质、钙质次之,碳质较弱,泥质最差。

(2)孔隙式胶结:颗粒之间接触,胶结物充满颗粒间孔隙。这是一种最常见的胶结方式,它的工程性质受颗粒成分、形状及胶结物成分影响,差异较大。

(3)接触式胶结:颗粒之间接触,胶结物只在颗粒接触处才有,而颗粒孔隙中未被胶结物充满。这种胶结方式最差,强度低、孔隙度大、透水性强。

2.黏土岩类

泥状结构;颗粒成分为黏土矿物,常含其他化学成分,如硅、钙、铁、碳等;页理构造发育的称页岩,块状构造的称泥岩。

3.化学岩及生物化学岩

化学结构及生物化学结构;手标本观察其构造可为层理或块状;矿物成分是此类岩石定名的主要依据。常见岩石有以下 4 种。

1)石灰岩

主要矿物为方解石,有时含少量白云石或粉砂粒、黏土矿物等。纯石灰岩为浅灰白色,含杂质后可为灰黑色至黑色,硬度 3 ~ 4,性脆,遇稀盐酸剧烈起泡。普通化学结构的称普通石灰岩;同生砾状结构的有豆状石灰岩、鲕状石灰岩和竹叶状石灰岩;生物化学结构的有介壳状石灰岩、珊瑚石灰岩等。

2)白云岩

主要矿物为白云石,有时含少量方解石和其他杂质。白云岩一般比石灰岩颜色稍浅,多灰白色;硬度 4 ~ 4.5;遇冷盐酸不易起泡,滴镁试剂由紫色变蓝色。

3)泥灰岩

主要矿物有方解石和含量高达 25% ~ 50% 的黏土矿物两种。泥灰岩是黏土岩与石灰岩间的一种过渡类型岩石,颜色有浅灰色、浅黄色、浅红等;手标本多块状构造;点稀盐酸起泡后,表面残留下黏土物质。

4)燧石岩

由燧石组成的岩石,性硬而脆;颜色多样,灰黑色较多。在沉积岩中,少量燧石呈结核;局部较多可呈夹层;数量较大的燧石沉积成相当厚度的燧石岩。

四、变质岩

(一)变质岩的形成过程

1.变质岩及其产状

岩浆岩和沉积岩都有特定的结构、构造和矿物成分。在漫长的地质历史进程中,这些先期生成的岩石(原岩)在地壳中复杂的高温、高压和化学液体等变质因素作用下,会改变原有的结构、构造或矿物成分特征,转变为新的岩石。引起原岩性质发生改变的因素称变质因素,在变质因素作用下使原岩性质改变的过程称变质作用,新生成的岩石称为变质岩。

变质作用基本上是原岩在保持固体状态下、在原位进行的,因此,变质岩的产状大都为与原岩接近的残余产状。由岩浆岩变质形成的变质岩称正变质岩;由沉积岩变质形成的变质岩称副变质岩。正变质岩产状保留岩浆岩产状,副变质岩产状则保留沉积岩的层状。

变质岩在地球表面分布面积占陆地面积1/5。岩石生成年代愈老,变质程度愈深,该年代岩石中变质岩相对密度愈大。例如寒武纪前古老的地壳基底大都由变质岩组成。

2.变质因素

引起变质作用的主要因素有以下3个方面。

1)温度

高温是引起岩石变质最基本、最积极的因素。促使岩石温度增高的原因有3种:①地下岩浆侵入地壳带来的热量。②随地下深度增加而增大的地热,一般认为自地表常温带以下,深度每增加33 m,温度提高1℃。③地壳中放射性元素蜕变释放出的热量。高温使原岩中元素的化学活泼性增大,使原岩中矿物重新结晶,隐晶变显晶、细晶变粗晶,从而改变原结构,并产生新的变质矿物。

2)压力

作用在岩石上的压力分为以下2种。

(1)静压力:类似于静水压力,主要是由上覆岩石和水体重量产生的,随深度而增大。静压力使岩石体积受到压缩而变小、相对密度变大,内部结构改变从而形成新矿物。

(2)动压力:也称定向压力,是由地壳运动而产生的。由于地壳各处地壳运动的强烈程度和运动方向都不同,故岩石所受动压力的性质、大小和方向也各不相同。在动压力作用下,原岩中各种矿物发生不同程度变形甚至破碎。在最大压力方向上,矿物被压融,与最大压力垂直的方向是变形和重结晶生长的有利空间。在动压力作用下,原岩中的针状、片状矿物的长轴方向发生转动,转向与压力垂直方向平行排列;在较高动压力作用下,原岩中的粒状矿物压融变形成长条状,长轴沿与压力垂直方向平行排列。由动压力引起的岩石中矿物沿与压力垂直方向平行排列的构造称片理构造,是变质岩最重要的构造特征。

3)化学活泼性流体

这种流体在变质过程中起溶剂作用。化学活泼性流体包括水蒸气,O_2、CO_2,含 B、S 等元素的气体和液体。这些流体是岩浆分化后期产物,它们与周围原岩中的矿物接触,发生化学交替或分解作用,形成新矿物,从而改变了原岩中的矿物成分。

3.变质作用

在自然界中,原岩变质很少只受单一变质因素的作用,多受两种以上变质因素的综合作用,但在某个局部地区内,以某一种变质因素起主要作用,其他变质因素起辅助作用。根据起主要作用的变质因素的不同,可将变质作用划分为以下5种类型。

1)动力变质作用

地壳运动过程中原岩受高压影响而变质的作用,主要使原岩结构压密、碎裂和定向排列。

2)接触变质作用

岩浆侵入过程中原岩(围岩)受高温影响而变质的作用,又称热力变质作用,主要使原岩熔融并重结晶。当伴随有成分改变时,也称接触交代变质作用。

3)交代变质作用

原岩受化学活泼性流体因素影响,在固态条件下发生物质交换而变质的作用,又称汽化热液变质作用,主要使原岩化学、矿物成分发生改变。

4)区域变质作用

在一个范围较大的区域内,例如数百或数千平方千米范围内,由于强烈的地壳运动和岩浆活动,高温、高压和化学活泼性流体三种因素综合作用,区域内岩石普遍变质,称区域变质作用。

5)混合岩化作用

在区域变质基础上,地壳深部热液和局部重熔岩浆渗透、交代、贯入变质岩中,形成混合岩,这种作用称混合岩化作用。混合岩化作用既是区域变质作用进一步深化的结果,也是变质作用向岩浆作用的过渡。

(二)变质岩的地质特性

1.变质岩的结构

1)变余结构

变质程度较浅,岩石变质轻微,仍保留原岩中某些结构特征。例如变余花岗结构、变余砾状结构、变余砂状结构、变余泥状结构等。

2)变晶结构

变质程度较深,岩石中矿物重新结晶较好,基本为显晶,是多数变质岩的结构特征。还可进一步细分为粒状变晶结构、不等粒变晶结构、片状变晶结构、鳞片状变晶结构等。

3)交代结构

矿物或矿物集合体被另外一种矿物或矿物集合体所取代形成的一种结构。矿物之间的取代常常引起物质成分的变化和结构的重新组合。

4)压碎结构

在较高压力作用下,原岩褶皱、扭曲、碎裂而形成的结构。若原岩碎裂成块状称碎裂结构;若压力极大,原岩破碎成细微颗粒称糜棱结构。

2.变质岩的构造

1)片理构造

岩石中矿物呈定向平行排列的构造称片理构造。它是多数变质岩区别于岩浆岩和沉积岩的重要特征。根据所含矿物及变质程度不同又分为以下4种主要构造形式。

（1）片麻状构造：一种深度变质的构造，由深、浅两种颜色的矿物定向平行排列而成。浅色矿物多为粒状石英或长石，深色矿物多为针状角闪石或片状黑云母等。在变质程度很深的岩石中，不同颜色、不同形状、不同成分的矿物相对集中地平行排列，形成彼此相间、近于平行排列的条带，称条带状构造；在片麻状和条带状岩石中，若局部夹杂晶粒粗大的石英、长石呈眼球状时，则称眼球状构造。

（2）片状构造：全晶质，以某一种针状或片状矿物为主的定向平行排列构造。片状构造也是一种深度变质的构造。

（3）千枚状构造：岩石中矿物基本重新结晶，并有定向平行排列现象。但由于变质程度较浅，矿物颗粒细小，肉眼辨认困难，仅能在天然剥离面（片理面）上看到片状、针状矿物的丝绢光泽。

（4）板状构造：变质程度最浅的一种构造。泥质、粉砂质岩石受一定挤压后，沿与压力垂直的方向形成密集而平坦的破裂面，岩石极易沿此裂面（也是片理面）剥成薄板，故称板状构造。矿物颗粒极细，只能在显微镜下在板状剥离面上见到一些矿物雏晶。

2）块状构造

块状构造是指由一种或几种粒状矿物组成、矿物颗粒分布均匀、无定向排列的构造。

3.变质岩的矿物成分

原岩在变质过程中，既能保留部分原有矿物，也能生成一些变质岩特有的新矿物。前者如岩浆岩中的石英、长石、角闪石、黑云母等和沉积岩中的方解石、白云石、黏土矿物等；后者如绢云母、红柱石、硅灰石、石榴子石、滑石、十字石、阳起石、蛇纹石、石墨等。它们是变质岩区别于岩浆岩和沉积岩的又一重要特征。

（三）常见变质岩的鉴定特征

（1）板岩：常见颜色为深灰色、黑色；变余结构，常见变余泥状结构或致密隐晶结构；板状构造，可揭开较大的板片；黏土及其他肉眼难辨矿物。

（2）千枚岩：通常为灰色、绿色、棕红色及黑色；变余结构，或显微鳞片状变晶结构；千枚状构造，揭开面较小且有起伏；肉眼可辨的主要矿物为绢云母、黏土矿物及新生细小的石英、绿泥石、角闪石矿物颗粒。

（3）片岩类：全晶质，变晶结构；片状构造，故取名片岩；岩石的颜色及定名均取决于主要矿物成分,例如云母片岩、角闪石片岩、绿泥石片岩、石墨片岩等。

(4)片麻岩类:变晶结构;片麻状构造;浅色矿物多粒状,主要是石英、长石;深色矿物多针状或片状,主要是角闪石、黑云母等,有时含少量变质矿物如石榴子石等。片麻岩进一步定名也取决于主要矿物成分,例如花岗片麻岩、闪长片麻岩、黑云母斜长片麻岩等。

(5)混合岩:变晶结构,由基体和脉体组成;条带状、肠状、眼球状构造;矿物成分主要为石英、长石和暗色矿物。

(6)大理岩:由石灰岩、白云岩经接触变质或区域变质重结晶作用而成。纯质大理岩为白色,我国建材界称之"汉白玉"。若含杂质时,大理岩可为灰白色、浅红色、淡绿色,甚至黑色;等粒变晶结构;块状构造。

(7)石英岩:由石英砂岩或其他硅质岩经重结晶作用而成。纯质石英岩为暗白色,硬度高,有油脂光泽;含杂质后可为灰白色、蔷薇色或褐色等;等粒变晶结构;块状构造。

(8)夕卡岩:常见由石灰岩经接触交代变质而成。常为暗绿色、暗棕色和浅灰色;细粒至中、粗粒不等粒结构;主要为块状构造;主要矿物为石榴子石、辉石、方解石。

(9)云英岩:由花岗岩经交代变质而成。常为灰白色、浅灰色;等粒变晶结构;致密块状构造;主要矿物为石英和白云母。

(10)蛇纹岩:由富含镁的超基性岩经交代变质而成。常为暗绿色或黑绿色,风化后则呈现黄绿色或灰白色;隐晶质结构;块状构造;主要矿物为蛇纹石,常含少量石棉、滑石、磁铁矿等矿物。

(11)构造角砾岩:是断层破碎带中的产物,也称断层角砾岩。原岩受极大压力而破碎后,经胶结作用而成。一般为角砾结构;块状构造;碎屑大小形状不均,粒径可由数毫米到数米;胶结物多为细、粉粒岩屑或后期充填的物质。

(12)糜棱岩:高压作用将原岩挤压碾磨成粉末状细屑,又在高压作用下重新结合成致密坚硬的岩石,称糜棱岩。具典型的糜棱结构;块状构造;矿物成分基本与围岩相同,有时含新生变质矿物绢云母、绿泥石、滑石等。糜棱岩也是断层破碎带中的产物。

第二节 地质作用与地形地貌

一、地壳

地壳作为地球最上层的固态圈层,其界限位于莫霍界面,厚度分布极具不均衡性。其中,大陆地壳最厚的区域(如我国青藏高原)厚度超过65km,而海洋地壳最薄处仅为5km。

(一)地壳的表面形态

地壳表面的高低差异显著,大体上可划分为陆地和海洋两大区域。陆地总面积约为1.49亿km²,占地壳表面积的29.2%;海洋面积则约为3.61亿km²,占地壳表面积的70.8%。海陆分布并不均衡,陆地主要集中在北半球,占据北半球总面积的39%,而南半球的陆地面积仅占19%。陆地最高点位于我国西藏的珠穆朗玛峰,海拔高度为8844.43m;海洋最深处的马里亚纳群岛附近海沟,深度达11 033m。

陆地地形根据起伏高度的不同,可划分为山地、丘陵、高原、平原和盆地。海底地形同样存在起伏变化,部分地区地形相当复杂。依据海水深度和地形特征,海底地形可划分为海岸带(滨海带)、浅海带(陆棚或大陆架)、半深海带(大陆坡)、深海带(洋床或洋盆)、深海沟和海岭等。

(二)地壳的结构

根据地壳组成物质的差异,将地壳分为两层。

1.花岗岩质层

花岗岩质层在地壳上部呈不连续分布,厚度介于0~22km之间。在陆地上的厚度较大,而在海洋区域则相对较薄或缺失。由于其化学成分主要以硅和铝为主,因此也被称为硅铝层。该层密度较低,平均值为2.7g/cm³,压力较小,放射性较高。

2.玄武岩质层

玄武岩质层为花岗岩质层下方连续分布的一层,其界限以莫霍面为基准,深度介于20~80km之间,具体深度因地域而异,平均值为33km。该层的化学成分主要包括硅、铝,同时铁、镁元素相对较为丰富,因此得名硅镁层。

其密度较大,约为 $2.9g/cm^3$,压力可达 $9.119\ 25 \times 10^8 Pa$,温度保持在 $1000°C$ 以上。

地壳的物质成分在垂直和水平方向上均存在显著差异。在垂直方向上,陆地和海洋地区具有明显的区别:陆地表面主要由厚重的花岗岩质地层构成,而海洋地区则以玄武岩质地层为主。在水平方向上,太平洋底部及部分内陆海底仅有硅镁层,而无硅铝层。据此,地壳可划分为大陆地壳和海洋地壳两类。

地壳厚度在高山与高原地区可达 $50\sim60km$,天山南部甚至超过 $80km$;平原地区一般为 $35\sim40km$,而大洋地区最薄,通常仅 $4\sim7km$。地壳厚度与地表高度成正相关,尤其硅铝层厚度更为明显。高地壳部分的质量过剩通过增加地壳厚度和减少地幔厚度得以平衡。在地表低洼地区,情况恰好相反。因此,在某一特定深度以上,上覆岩石对地幔的压力处处相等,达到一种均衡状态,地质学家称之为"地壳均衡原理"。

对高原及褶皱山区进行重力测量发现,这些地区并未因高出一般地区而重力值增加,反而普遍较低。这证实山脉具有"根"的存在,且"根"的密度较小,主要由硅铝层构成。因此,在重力尚未完全均衡补偿时,便会产生重力负异常现象。

（三）地壳的物质成分

在地质学领域,地壳由多种岩石构成,其固态物质被称为岩石。以花岗岩为例,这是一种地壳的主要组成岩石类型,其成分包括石英、长石等矿物。深入来看,矿物是由多种化学元素组成的化合物,如石英由硅和氧两种元素构成,长石则包含硅、铝、氧、钾、钙等元素。这表明,构成地壳的基本元素是化学元素。因此,对地壳物质的研究需关注其化学元素、矿物和岩石,以及它们之间的相互关系。

地壳内含有周期表中所有元素。这些元素在地壳中的分布状况可通过其在地壳中的平均质量百分比(即克拉克值)进行描述。地壳主要成分的9种化学元素,其总质量占比达到98.13%,其余90多种元素仅占1.87%,这表明元素在地壳中的分布具有明显的不均衡性。

在工业领域,除铁和铝外,其他如铜、铅、锌、锡、钼等金属元素在地壳中的含量相对较低。然而,在自然界各种地质作用的影响下,这些元素可相对集中分布,当其在局部地区含量达到工业开采标准时,便形成矿产。然而,部分元素如铟、铪、锗、镓等难以富集,以分散状态存在于岩石和矿物中,故称为分散元素。

地壳中的化学元素大多以化合物的形式存在,其中以含氧化合物最为常见。硅和铝的氧化物在地壳中分布最为广泛,占总量的约75%,其余元素约占25%。

矿物在地壳中形成有规律的集合体,我们称之为岩石。构成地壳的岩石主要可分为:火山岩(火成岩)、沉积岩和变质岩。

二、地质作用

(一)地质作用的概念

自然界中,自微小的砂砾至巨大的太阳,从原生生物至人类,无不在持续变动之中。自地球诞生伊始,变化便未曾停歇,现今我们所见的地球,仅为变动与发展过程中的一个环节。由自然力量引发的地质作用,导致地壳物质成分、构造和地表形态的运动、变迁与发展,在地壳形成过程中普遍存在。部分地质作用进行迅速,易于察觉,如火山爆发、地震、山体滑坡、泥石流等。然而,更多地质作用进行得极为缓慢,如地壳升降运动,即使在剧烈变动的地区,每年上升幅度亦仅几毫米,但经年累月,地壳巨变往往由此而生。诸如喜马拉雅山脉地区,数千万年前曾是汪洋一片,因地壳持续上升,方形成今日之壮观景象,成为世界屋脊。

(二)地球的能量系统

地球并非一个封闭体系,其在宇宙中的运动以及能量与物质的交换恒久不断。能量与物质之间密切相关,地球系统的能量获取或损耗总是伴随着物质的获得或丧失。地质作用的本质皆以能量为基础,地球的能量体系涵盖太阳能、放射能、物理能及其他能源。

太阳能作为地球从太阳辐射中获取的能量来源,尽管地球所获得的太阳能仅占太阳辐射能的$1/(22 \times 10^8)$,但平均每秒钟地球仍可获得1.8×10^{17}J的太阳能。

太阳辐射促进植物及依赖光合作用繁殖的藻类生物繁荣生长,共同构建生物链基石。在特定条件下,太阳能经生物界参与转化为煤与石油储备。太阳能亦推动大气环流产生风能,并促使水蒸气上升形成潜在水能。因此,太阳能堪称地球生物活动(涵盖人类)的核心能源。

放射能源于地球内的放射性物质在核裂变过程中所释放的能量。在地球形成的初期,短半衰期的放射性元素繁多,这些放射性同位素多数已裂变为稳定元素。据此推断,地球诞生之初,其温度较高,整个地表可能均为岩浆覆盖。尽管时至今日,地球仍含有丰富的长半衰期放射性元素,且放射性物质总量庞大,因此,地球由放射性物质所产生的能量仍相当可观,高达 1.2×10^{14} J/s。

物理能主要源自地球的旋转动能(涵盖自转与公转)以及引力能。在一定时间尺度内,地球旋转能基本保持在特定总量范围内。地球公转能量在太阳系中达到平衡,仅在与其他天体相互作用时发生变动。因此,对地球物质运动与平衡的影响,要么表现为长周期作用,要么体现为灾难性后果。

据地球的自转速度计算,现今地球自转的总能量约为 2.14×10^{29} J,这样巨大的能量哪怕有亿分之一的变化,其能量变化就相当于 34 000 次 8 级地震的能量变化,势必引起地球的剧烈变动。

地球的重力场由地球物质产生的万有引力和自转离心力共同构成。重力能是一种势能,只有在重力场中物质发生位移时,才会产生能量的变化。地球在圈层分异的早期获得的重力能为主,而现今地球基本已按照物质密度进行分层。因此,在现今地质作用中,重力能的变化已不再起主导作用。

引潮力,源于太阳与月亮对地球的共同引力作用。鉴于地球的自转以及太阳、月亮与地球之间的相对位置呈周期性变化,引潮力亦随之呈现周期性波动。在地球表面,引潮力最显著的表现为海水潮汐的变化,其能量输出约为 1.4×10^{12} J/s。

除此之外,地球的能量体系中还包括化学能、结晶能、生物能等其他能量形态,在地球演化过程中发挥了相应的作用。

由于岩石圈主要由刚性岩石组成,热导率很低,根据地壳的平均热流值计算,地壳的平均散热量为 1.8×10^{13} J/s,因此仍有大量热能在地球内部积聚,构成了地球内动力地质作用的能量基础。地球内部的能量在积累到一定程度之后就会转化成物质运动的形式释放出来,这就导致火山、地震、变质作用和构造运动等内动力地质作用的发生。

(三)地质作用的形式

能量地质作用的发生离不开能量的转化,然而,并非所有地球的能量都会被转化为地质作用的形式。能够诱导地质作用发生的力,源自能量的转化,我们称之为营力。地球内部的放射性能、动能、重力能、化学能、结晶能等能量来源,被称为地球的内能。以内能作为营力的地质作用,我们称之为内动力地质作用。这类作用主要影响地球的内圈,并最终在地壳上显现。而源自地球外部的能量,我们称之为外能。由外能产生的地质作用,我们称之为外动力地质作用。这类作用主要作用于地球的外圈和表层系统。

1.外动力地质作用

外动力地质作用,源于地球外部能量的驱动。主要源自太阳的辐射热能和月球的引力作用,它们推动大气圈、水圈、生物圈的物质循环运动,孕育出河流、地下水、海洋、湖泊、冰川、风等地质营力,进而塑造了多样的地质作用。在太阳辐射能的作用下,海洋表面的水蒸发,升入陆地上空,随后通过大气降水回到地面,部分水分渗入地下,最终以地表水或地下水的形式回归海洋。月球引力导致潮汐的涨落,从而影响海平面的升降。

根据地质营力的差异,外动力地质作用可分为五大类,包括风化作用、剥蚀作用、搬运作用、沉积作用以及成岩作用。这些作用主要发生在地表,其过程使得地表形态和物质组成不断遭受破坏,同时又塑造出新的地表特征和物质组成。外动力地质作用的过程通常遵循风化、剥蚀、搬运、沉积、硬结成岩的顺序进行。

外动力地质作用是一种复杂的地质过程,其一方面通过风化和剥蚀作用,持续地对露出地面的岩石进行破坏;另一方面,它将高处剥蚀下来的风化产物,通过流水等介质搬运至低洼地区,并沉积下来,进而形成新的岩石。总体而言,外动力地质作用的主要趋势是削减地壳表面隆起的部分,填补地壳表面低洼的部分,从而不断地改变地壳的形态。

外动力地质作用的主要影响因素为气候和地形。在潮湿气候区,由于水量充沛,风化作用深入,使得河流、湖泊和地下水的地质作用均十分活跃。干旱气候区以物理风化和风的地质作用为主导。而在冰冻气候区,冰川的地质作用占据主导地位。值得注意的是,即便是在相同的地质营力下,其在不同气候区所发挥的作用也存在差异,例如湖泊的地质营力在干旱气候区和潮湿气候区表现出的特点就有显著区别。

此外,地形条件对外动力地质作用的方式和强度产生影响。一般而言,大陆地区以剥蚀作用为主,而海洋区域则以沉积作用为主。由于山区地形陡峭,地面流水的流速较快,剥蚀作用强烈。而在平原地区,沉积作用则占据主导地位。

2.内动力地质作用

内动力地质作用源自地球内部的多种能量,如地球自转能、重力能以及放射性元素衰变产生的热能。这类地质作用涵盖地壳运动、岩浆作用、变质作用以及地震作用。

1)地壳运动

地壳运动,亦称地质运动,系指地球内动力引发的地壳岩石发生变形、位移(如弯曲、错断等)的机械运动。这些留在岩层中的变形、位移现象被称为地质构造或构造形迹。地壳运动孕育出各类地质构造,因此在一定程度上,地壳运动被赋予了构造运动的称谓。根据地壳运动的方向,可将其划分为水平运动和垂直运动两种类型。

(1)水平运动:地壳或岩石圈块体沿水平方向移动的现象,表现为相邻块体的分离、相聚、剪切与错开。这种运动导致岩层发生褶皱和断裂,进而形成裂谷、盆地和褶皱山系。我国的横断山脉、喜马拉雅山、天山、祁连山等均为褶皱山系。

(2)垂直运动:地壳或岩石圈相邻区块或同一块体的不同部分出现差异性上升或下降,从而导致部分地区上升形成山岳、高原,而其他地区下降,形成湖泊、海洋和盆地。古人表述的"沧海桑田"即为对地壳垂直运动的直观描绘。

地壳运动在特定地区的方向随着时间的流逝不断演变,有时以水平运动为主导,有时则以垂直运动为主导,而且水平运动与垂直运动的方向也会发生交替变化。构造运动在不同地区之间往往存在因果关系,一个地区的块体水平挤压可能导致另一个地区的上升或下降,反之亦然。

2)岩浆作用

地壳内部的岩浆,受地壳运动影响,向外部压力降低的方向迁移,上升侵入地壳或喷出地表,随后冷却固化,形成岩石。这一全过程被称为岩浆作用。岩浆作用不仅生成岩浆岩,还导致围岩发生变质现象,并引发地形变迁。

3)地震作用

地震通常是由于地壳运动导致地球内部能量长期累积,当其达到临界值并突然释放,从而引发地壳特定范围的快速震动。根据地震成因的不同,可将其划分为构造地震、火山地震、陷落地震和激发地震等类型。

4)变质作用

变质作用是指在高温、高压和化学活动性气体的岩浆作用或构造作用下,使原有固体岩石(如火成岩、沉积岩或早期变质岩)在成分和结构构造方面发生改变,从而形成新类型岩石的改造过程。经过变质作用产生的新岩石被称为变质岩。

各种内动力地质作用之间存在密切关联。地壳运动可能导致地壳内部产生断裂,进而诱发地震,并为岩浆活动提供通道。同时,地壳运动与岩浆活动均有可能导致变质作用的产生。因此,在地内动力地质作用过程中,地壳运动往往发挥着主导作用。

内动力地质作用与外动力地质作用密切相关,相互影响。内动力地质作用主要表现为塑造地壳表层的基本构造形态和地壳表面的大型高低起伏。相反,外动力地质作用则破坏内动力地质作用所产生的地形和产物,以"削高填低"的方式,形成新的沉积物,进而塑造地表形态。当地壳上升时,遭受剥蚀;当地壳下降时,则接受沉积。内、外动力地质作用在对立统一的发展过程中,共同推动地壳的持续运动、变化和发展[1]。

三、地形地貌

地貌是指地质作用在地壳表面形成的各类不同成因、类型和规模的起伏形态。它涵盖了地表形态的全部外貌特征,并运用地质动力学的观点,深入分析和研究这些形态的成因与发展。地貌条件与工程建设之间存在密切关联。

地壳表面各类地貌持续不断地演变与发展,其驱动力源于内、外力地质作用。内力地质作用奠定地壳表面基本地势,对地貌生成与发展具有决定性影响;外力地质作用则针对内力地质作用所产生的基础地貌形态,持续进行塑造与修饰,使之趋于复杂。在地质构造中,各类地质破碎带往往是外力作用表现最为剧烈之地;岩石性质的差异导致抗风化能力的差异,进而塑造出截然不同的地貌;气候条件的影响亦不容忽视,干旱区域易于形成风沙地貌,高寒地带则常见冰川地貌。

---

①张广兴,张乾青. 工程地质[M]. 重庆:重庆大学出版社,2020.

（一）地貌的分级和分类

1.地貌分级

不同等级的地貌其成因不同,形成的主导因素也不同。地貌等级一般可分为以下4级。

1）巨型地貌

巨型地貌为大陆与海洋,大的内海及大的山系都是巨型地貌。巨型地貌几乎完全是由内力作用形成的,所以又称大地构造地貌。

2）大型地貌

大型地貌有山脉、高原、山间盆地等。其基本也是由内力作用形成的。

3）中型地貌

中型地貌包括河谷以及河谷之间的分水岭等。其主要是外力地质作用造成的。

4）小型地貌

小型地貌包括残丘、阶地、沙丘、小的侵蚀沟等。其基本是受外力地质作用所控制。

2.地貌分类

地貌的分类依据其绝对高度、相对高度以及地面的平均坡度等形态特征。山地属于地质学范畴,其地表形态以海拔500m以上和相对高差200m以上为特征。根据山的高度,可将山地划分为高山、中山和低山。海拔3500m以上的称为高山,1000~3500m的称为中山,低于1000m的称为低山。

丘陵的地貌特征为海拔200m以上,500m以下,相对高度一般不超过200m,地势起伏较小,坡度较缓,地面崎岖不平。丘陵由连绵不断的低矮山丘组成。

高原的海拔高度一般在500m以上,面积广大,地形开阔,周边以明显的陡坡为界,是大面积隆起地区。与平原的主要区别在于海拔较高,是在长期连续的大面积地壳抬升运动中形成的。

平原是海拔较低且平坦的地貌,通常海拔在0~500m,主要分布在沿海地区。海拔0~200m的称为低平原,200~500m的称为高平原。平原的主要特征是地势低平,起伏和缓,相对高度一般不超过50m,坡度在5°以下。

洼地是指近似封闭的比周围地面低洼的地形,包括两种情况:①陆地上的局部低洼部分,因排水不良,中心部分常积水成湖泊、沼泽或盐沼;②位于海平面以下的内陆盆地,其主要特征是四周高、中部低。

(二)常见地貌特征

1.山岭地貌

1)山岭地貌的形态要素

山岭地貌,独具特色,其显著特征包括山顶、山坡和山脚等形态要素。山顶作为山岭地貌的最高点,其形态多样,若呈长条状延伸,则称之为山脊。在山顶较低的鞍部,称之为垭口。山顶的形状与其岩性和地质构造等因素紧密相连,可能呈现出尖顶、圆顶或平顶等形态。

山坡作为山岭地貌的关键组成部分,其形状包括直线形、凹形、凸形以及复合形等,这些形状的形成受新构造运动、岩性、岩体结构以及坡面剥蚀和堆积演化过程等多重因素影响。

山脚是山坡与周围平地的交汇处,由于坡面剥蚀和坡脚堆积,山脚在地貌上通常并不显著。其地带性过渡带主要由流水地貌和重力地貌构成,如坡积群、冲积堆、洪积扇、岩堆和滑坡体等。

2)垭口

山区公路勘测过程中,常面临选择过岭垭口与展线山坡的挑战。山岭垭口是在山岭地质构造基础上,受外力剥蚀作用形成的。其主要可分为以下3类。

(1)构造型垭口:由构造破碎带或软弱岩层经外力剥蚀形成的垭口。可分为以下3种。

A.断层破碎带型垭口:工程地质条件较差。由于岩体破碎,隧道方案不适宜,路堑开挖需控制深度或考虑边坡防护,以防崩塌。

B.背斜张裂带型垭口:尽管构造裂隙发育、岩层破碎,但工程地质条件较断层破碎带型优越。这是因为两侧岩层外倾,有利于排水和边坡稳定,可采用较陡的边坡。

C.单斜软弱型垭口:主要由页岩、千枚岩等易风化的软弱岩层构成。因其岩性松软、风化严重、稳定性差,不宜深挖,否则需缓坡或防护。

(2)剥蚀型垭口:以外力强烈剥蚀为主导因素形成,其形态特征与山体地质结构无明显联系。特点是松散覆盖层薄,基岩多半裸露。垭口肥瘦和形态主要取决于岩性、气候及外力切割程度等因素。石灰岩等构成的溶蚀性垭口亦属此种,开挖路堑或隧道需注意溶洞的不利影响。

(3)剥蚀－堆积型垭口:在山体地质构造基础上,以剥蚀和堆积作用为主导因素形成。其开挖稳定条件取决于堆积层的地质特征和水文地质条件。特点是外形浑缓、宽厚,堆积厚度较大,有时还发育湿地或高地沼泽,水文地质条件较差。因此,不宜降低过岭标高,多以低填或浅挖的形式通过。

3)山坡

山坡的形态特征是其对新构造运动、地质构造以及外力地质条件综合反应的结果,对公路建设条件具有显著影响。山坡的外部形态主要包括高度、坡度以及纵向轮廓等方面。根据纵向轮廓和坡度的特点,可以将山坡的外形概括为以下2种类型。

(1)按山坡的纵向轮廓分以下4类。

A.直线形坡。直线形坡可分为单一岩性坡、单斜岩层坡与松软破碎坡三种。单一岩性坡由长期强烈的冲刷剥蚀形成,其稳定性一般较高;单斜岩层坡一侧陡峭,不利于布线,一侧缓坡,系顺倾向边坡,易发生滑坡;松软破碎坡则在气候干旱时,经过强物理风化剥蚀和堆积形成,其稳定性相对较差。

B.凸形坡。凸形坡的上部呈现平缓态势,而下部则急剧倾斜。随着坡度的逐渐增大,下部甚至变为垂直状态,坡脚边界清晰可见。这种现象是由新构造运动导致的加速上升和河流强烈下切所共同作用的结果。其稳定性取决于岩体结构,一旦山坡发生变形,极易引发大规模崩塌。

C.凹形坡。在凹形坡中,上部坡度陡峭,下部则急剧变得平缓,其坡脚边界模糊不清。这类地貌形态通常是由于新构造运动导致的上升速度减缓或坡顶破坏引发的坡脚堆积所致。值得注意的是,凹形坡往往是古滑坡的滑动面或崩塌体的附着面,因此其稳定性相对较差。

D.阶梯形坡。阶梯形坡可分为两类:软硬互层坡和滑坡台阶坡。软硬互层坡由软硬岩层的风化差异形成,其稳定性通常较高。滑坡台阶坡是由滑坡台阶构成的次生阶梯状斜坡,主要分布在山坡中下部。受坡脚冲刷、不合理切坡或地震等因素影响,滑坡台阶坡可能引发古滑坡的复活,从而威胁建筑物的稳定性。

(2)按山坡的纵向坡度分类。在地形坡度方面,小于15°的坡度被视为微坡,16°~30°为缓坡,31°~70°为陡坡,超过70°则为垂直坡。当山坡坡度较缓且稳定性较高时,对建筑物建设有利。然而,在平缓山坡的某些凹陷区域,由于较大的坡积物或重力堆积物分布,坡面径流易于在此处汇集。一旦开挖揭示下伏基岩接触面,若遇到不良的水文地质条件,堆积物沿基岩顶面滑动的风险便随之增加。

2.平原地貌

平原地貌是在地壳升降运动微弱或长期稳定的条件下,经过外力作用的充分夷平或补平而形成的。根据高程差异,平原可以划分为高原、高平原、低平原和洼地四种类型。依据成因,平原可以分为构造平原、剥蚀平原和堆积平原三类。

1)构造平原

构造平原的主要成因源于地壳构造运动,其特征为地形面与岩层面吻合,堆积物厚度相对较薄。构造平原可分为海成平原与大陆拗曲平原两类。海成平原是由于地壳缓升,海水逐步退却而形成,其地形面与岩层面基本保持一致,表层堆积物主要为泥沙和淤泥。然而,海成平原的工程地质条件并不理想,整体呈现略微向海洋倾斜的趋势。大陆拗曲平原则是由于地壳沉降导致岩层拗曲而形成,岩层倾角较大,平原表面呈现出凸凹不平的起伏地貌,表层堆积物与下伏基岩关系密切,矿物成分相似。由于基岩埋藏较浅,构造平原的地下水一般埋藏较浅。在干旱半干旱地区,若排水不畅,易导致盐渍化现象。而在多雨冰冻地区,则可能引发道路冻胀和翻浆问题。

2)剥蚀平原

剥蚀平原是在地壳上升幅度较小的背景下,历经外部力量长期剥蚀和夷平作用而形成的。其显著特征在于地形面与岩层面存在不一致性,表层堆积物厚度较薄,基岩常常裸露于地表,仅在低洼地带偶尔覆盖有较厚的残积物、坡积物、洪积物等。剥蚀平原可分为河成、海成、风力及冰川四种类型。值得注意的是,由于形成后地壳运动趋于活跃,剥蚀作用再次加剧导致其破坏,因此分布面积通常较小。然而,工程地质条件一般较为优良。

3)堆积平原

堆积平原是在地壳缓慢且稳定下降的条件下,经过各类外部力量作用下的沉积物堆积而形成的。其显著特征为地形宽广、地势缓和,并无显著起伏,且常常覆盖有厚度较大的松散沉积物。根据成因,堆积平原可分为5种类型,包括河流冲积平原、山前洪积冲积平原、湖积平原、风积平原以及冰积平原。河流冲积平原以其开阔平坦的地形、良好的工程建设条件,以及对公路选线的优势而备受关注。

3.河谷地貌

1)河谷地貌的形态要素

河谷是在流域地质构造基础上,经过河流长期侵蚀、搬运和堆积作用而逐渐形成的地貌。在山区公路建设中,河谷作为一种有利的地貌类型,通常成为争取利用的目标。典型的河谷地貌特征包括谷底、河床、谷坡、谷缘以及坡麓等形态要素。

2)河谷地貌的类型

河谷地貌的演化阶段可分为以下3类:首先是未成形河谷,亦称"V"形河谷,该阶段为山区河谷发育的初期,以垂直侵蚀为主要特征;其次是河漫滩河谷,其断面呈"U"形,这是河谷经过河流侵蚀,谷底拓宽发展的结果;最后是成形河谷,这是河流历经漫长地质时期演变而成,具有复杂形态,阶地的存在为其显著特征。

3)河流阶地

河流阶地是在地壳构造运动与河流侵蚀、堆积作用的共同作用下形成的。在河漫滩河谷形成之后,由于地壳上升或侵蚀基准面相对下降,导致原有河床或河漫滩遭受下切,未受下切的部分因而高出洪水位,进而形成阶地。鉴于构造运动和河流地质过程的复杂性,河流阶地呈现出多样化的类型。通常可将其划分为以下3种类型。

(1)侵蚀阶地。主要由河流侵蚀作用塑造而成,其主要成分为基础岩石,因此又被称为基岩阶地。这类阶地主要分布在山区河谷地带,由于水流速度快,侵蚀力强,沉积物厚度较小,甚至在河床中直接暴露出基础岩石。当后期河流强烈下切时,河谷底部抬升,形成阶地。因此,在侵蚀阶地上,冲积物的分布较少,即使原先存在薄层冲积物,也在阶地形成后的长期侵蚀过程中,可能被彻底冲刷。阶地面上通常仅有一些坡积物,这类阶地是河流侵蚀削平的基础面,因此被称为侵蚀阶地。

(2)堆积阶地。又称冲积阶地或沉积阶地,其主要构成成分源于河流冲积物。阶地形成过程大致可分为两个阶段:首先是河流侧向侵蚀,拓宽谷地,同时伴有大量堆积物,进而形成宽广的河漫滩;随后,河流强烈下切侵蚀,形成阶地。值得注意的是,一般来说,河流下切侵蚀的深度不会超过冲积层的厚度,因此,整个阶地主要由松散的冲积物构成。

（3）基座阶地。基座阶地的形成经历了地质过程中的地壳相对稳定、下降和再度上升阶段。在这一过程中，阶地面主要由两种物质构成，上部为河流冲积物，下部则为基岩或其他类型的沉积物。河流的下切侵蚀作用深远，其深度超过了原有冲积物的厚度，直至触及基岩内部。在基座阶地形成之后，新一轮的河流侵蚀-堆积作用可能因气候或构造原因而导致河谷中堆积了较厚的冲积物，其高度超过了阶地基座，并将基座覆盖，从而形成覆盖基座阶地。

阶地等级可能存在多级，其分布顺序由下向上、由新至老，自河漫滩起始，向上依次分为一级阶地、二级阶地等。每一级阶地均由阶地面与阶地斜坡构成。在通常情况下，阶地面有利于线路布局，然而，在少占农田或受地形约束的情况下，亦可在阶地斜坡上进行线路布局。值得注意的是，并非所有河流或河段均存在阶地。

由此可见，河谷地貌表现为山岭地带向分水岭两侧的平原逐渐倾斜的带状谷地。河流长期的侵蚀与堆积作用使得形成的河谷普遍存在不同规模的阶地。这种地貌一方面减轻了山谷坡脚地形的曲折程度与纵向起伏，有利于路线的平面与纵面设计，从而降低工程量；另一方面，阶地地形避免了山坡变形和洪水侵袭的风险，有利于保障路基稳定。因此，在一般情况下，阶地是河谷地貌中规划路线的理想位置。在考虑过岭标高的基础上，一级和二级阶地是布局路线的首选地段[1]。

第三节　地质构造

现代地质学理论指出，地壳可划分为众多刚性板块，这些板块持续地进行相对运动。正是这种地壳运动，引发了海陆变化，产生了各类地质构造，塑造了山脉、高原、平原、丘陵、盆地等基本构造形态。地质构造的规模或大或小，皆为地壳运动的产物，是地壳运动在地层和岩体中引发的持久性变形。这些地质构造经受了漫长复杂的地质过程，均为地质历史的结晶。地质构造对岩层和岩体的原始工程地质特性产生了重大改变，影响了岩体的稳定性，增强了岩石的渗透性，为地下水的活动及富集提供了有利条件。因

①白建光. 工程地质[M]. 北京:北京理工大学出版社,2017.

此,研究地质构造不仅具有阐述和探讨地壳运动发生与发展规律的理论价值,而且在指导工程地质、水文地质、地震预测预报以及地下水资源开发利用等实践领域具有至关重要的意义。

一、地质年代

(一)地质年代的确定方法

地质历史,简称地史,是指地壳发展演变的过程。据科学估算,地球的年龄至少为46亿年。在其漫长的地质历史中,地壳经历了诸多剧烈的构造运动、岩浆活动、海陆变迁、剥蚀和沉积作用等地质事件,从而形成了各种不同的地质体。探究地质事件的发生及地质体的形成时代和顺序对于科学研究具有重要意义。

1.地质年代的定义

地层的地质年代可分为绝对地质年代和相对地质年代两类。绝对地质年代指的是地层从形成至今的实际年数,通常用"距今多少年以前"来表示,主要依据岩石中放射性元素的蜕变进行测定。绝对地质年代能明确岩层形成的时间,但无法反映岩层形成的地质过程。相对地质年代则描述了地层形成的先后顺序和相对新老关系,取决于岩石地层单位与相邻已知岩石地层单位的相对层位关系。相对地质年代不包含"年"的时间概念,但能说明岩层形成的顺序及其相对的新老关系。在地质工作中,相对地质年代的应用较为广泛。

地质年代和地层单位的划分主要依据地壳运动和生物演变。地壳经历大规模构造变动后,自然地理条件将发生显著改变,生物也将随之演变以适应新环境,从而形成地壳发展历史的阶段性。通常将地壳形成后的发展历程划分为5个大阶段,称为"代",每个代又分为多个"纪"。纪内根据生物发展和地质状况的不同,进一步划分为若干个"世"和"期",以及更细分的段落。这些阶段统称为地质年代。每个地质年代都对应相应的地层。

2.绝对地质年代的确定

确定绝对地质年代的方法主要依赖于放射性同位素的蜕变规律,通过分析岩石和矿物的年龄来实现。这一原理基于放射性元素具有恒定的衰变常数(λ),即每年每克母体同位素生成的子体同位素的克数是固定的。同时,矿物中放射性同位素蜕变后剩余的母体同位素含量(N)与生成的子体同位素含量(D)可以被测量。根据公式计算,可以得出放射性同位素的年龄(t),这个年龄即为相应地质体的存在年龄。

目前测定同位素年龄广泛采用的方法有钾-氩法($K^{40} \rightarrow Ar^{40}$)、铷-锶法($Rb^{87} \rightarrow Sr^{87}$)、铀-铅法($U^{235} \rightarrow Pb^{207}$)和碳-氮法($C^{14} \rightarrow N^{14}$)。其中,前三者主要用以测定较古老岩石的地质年龄,而碳-氮法专用于测定最新的地质事件和地质体的年龄。

3.相对地质年代的确定

确定相对地质年代的常用方法有地层层序法、生物层序法、岩性对比法和地层接触关系法等。

1)地层层序法

地层是指在特定地质年代内形成的层状岩石,其相对年代可通过地层层序法进行确定。在未受到构造运动影响的情况下,层状岩层通常呈水平状态。原始地层具有下部古老、上部新颖的特征,因此可以运用地层层序法来判断其相对地质年代。然而,在构造运动发生时,地层层序可能会发生逆转,导致古老岩层覆盖在新颖岩层之上。在这种情况下,需要借助沉积岩的泥裂、波痕、递变层理、交错层等原生构造来辨别岩层的顶部和底部,从而确定其新老关系。

2)生物层序法

在地质历史长河中,曾出现的生物被称作古生物。它们的遗体和遗迹能够沉积在岩石层中,通常被钙质或硅质填充或替代,进而形成化石。大量长期生产实践所积累的化石资料证实,地球生命大约在32亿年前就已诞生。此后,在内外因素的共同影响下,生命不断演变、变迁,由简至繁,由低级向高级发展,最终塑造出现今的生物世界。生物进化过程具有不可逆性和阶段性特点,同一时代的地层具有相似的化石组合,而不同时代地层的化石组合则存在差异。据此,我们可以通过分析地层中的化石来确定相应地层的地质年代。

3)岩性对比法

一般在同一时期,同样环境下形成的岩石,它的成分、结构和构造应该是相似的。因此,可根据岩性及层序特征对比来确定某一地区岩层的年代。

4)地层接触关系法

沉积岩间的接触,基本上可分为整合接触与不整合接触两大类型。

（1）整合接触：在一个保持稳定且连续的沉积环境下，地层按照地质年代依次堆叠，各层之间呈现平行关系。这种地层间的连续且平行接触关系被称为整合接触。其核心特征为沉积时间与地质年代的连续性，以及上下岩层倾向基本一致。

（2）不整合接触：在地质学中，当两套沉积岩地层之间存在显著的沉积间断，即地质年代明显不连续，导致某一时代的地层在两者之间缺失时，我们称之为不整合接触。这一现象的出现是因为在大多数沉积岩序列中，并非所有原始沉积物都能得以保存。当地壳上升时，其表面可能遭受风化剥蚀，而在下降过程中，新的沉积物又会覆盖其上，导致某一时代的地层缺失。我们将这种剥蚀面称为不整合面。不整合接触可分为平行不整合接触和角度不整合接触。①平行不整合接触：亦称伪整合接触。此现象描述的是，在相邻的地层中，上下两套地层的产出状态基本一致，然而地质年代却不连续（意指在两套地层之间存在较长时间的沉积间断，导致部分年代的地层缺失）。②角度不整合接触：相邻的新、老地层之间的地质年代不连续，且两套地层的产状呈现一定角度的接触关系。

（二）地质年代表

地质年代的划分以及地层单位的建立主要依赖于地壳运动和生物演变的研究。地壳经历重大构造变动后，自然地理环境将产生显著改变。因此，各类生物也将随之演变，适应者生存，不适应者被淘汰，从而形成了地壳发展历程的阶段性特征。不同地质时代对应着不同的地层，因此地层可视为地壳在各个地质时代变化过程的实物记录。

地质学家根据几次大规模的地壳运动和生物界的重大演变，将地质历史划分为隐生宙和显生宙两大阶段。隐生宙包括太古代和元古代，显生宙则分为早古生代（寒武纪、奥陶纪、志留纪）、晚古生代（泥盆纪、石炭纪、二叠纪）、中生代（三叠纪、侏罗纪、白垩纪）以及新生代（第三纪、第四纪）。

在显生宙中，代以下划分为纪，纪以下再划分为世，如此逐级细分，形成了一系列地质年代单位。这些地质年代单位的国际统一标准分别为宙、代、纪、世等。在地质历史长河中，每个地质年代均伴随着相应地层的形成，统称为年代地层单位。与宙、代、纪、世、期一一对应的年代地层单位分别为宇、界、系、统、阶。以上内容为地壳演变和生物发展的规律性总结，为地质学研究提供了重要的时间框架。

自19世纪起,地质学家在实际工作中逐步进行了地层划分和对比,并根据时代顺序将地质年代编制成表。地质年代表展示了地壳历史阶段划分和生物演化发展阶段。表格中呈现了从老到新的相对地质年代划分顺序,包含各地质年代单位名称、代号和绝对年龄值,以及世界和我国主要构造运动的时间段落和名称等。构造运动名称源于最早发现并经过详细研究的典型地区的地名。

工程地质学主要探讨地壳中不同地质年代岩层与土层的工程性质,特别是与工程建设密切相关的近代地质时期岩土层特性。

二、地壳运动

地壳作为地球内部圈层结构的最外层,由岩石构成,与大气圈、水圈、生物圈等地球外部圈层关系密切。地壳运动,亦称构造运动,主要指地球内部作用引发的地壳结构变化及地壳内部物质位移的机械运动,主要包括岩石圈的变形、变位,以及洋底的增生和消亡。构造运动导致岩层变形和位移,产生的结果称为地质构造,其中常见的有褶皱、断层和节理。断层和节理统称为断裂构造。

根据构造运动发生的时间,通常将第四纪以来发生的构造运动称为新构造运动;第四纪以前发生的构造运动称为古构造运动;人类历史时期至现今发生的构造运动称为现代构造运动。

(一)类型

地壳运动的基本方式有水平运动和垂直运动两种。

1.水平运动

水平运动是指地壳或岩石圈沿地球表面切线方向的运动。这种运动主要表现为岩石圈的水平挤压或水平拉伸,导致岩层的褶皱和断裂,进而形成庞大的褶皱山系、裂谷和大陆漂移等现象。以美国西部旧金山的圣安德烈斯断层为例,该断层两侧的平均移动速度为1cm/a,近年来移动速度加快,现已达到8.9cm/a。

2.垂直运动

垂直运动,即地壳或岩石圈沿垂直于地表,亦即地球半径方向的升降运动(垂直运动)。这种运动体现为岩石圈的垂直上升或下降。在地壳运动的漫长地质时期中,运动形式时常呈现出缓和与剧烈之间的交替,使得地壳遵循螺旋式上升的规律不断发展。水平运动与垂直运动共同构成了地壳运动的两个基本面。实际上,这两种运动方式彼此依赖、相互制约。在以水平运动为主导的地壳运动中,往往伴随着垂直运动;而在以垂直运动为主导的地壳运动中,也常常出现水平运动的迹象。地壳运动就是在这样的复杂环境下持续演进。

（二）基本特征

1.长期性

从地壳及其组成岩石开始形成时到现在,地壳运动每时每刻都在进行。

2.阶段性

在不同的地质时期,地壳运动的类型、规模和成因是不同的,其具有明显的阶段性。

3.多成因性

地壳运动不是单一的某种力,而是由多种力和因素共同作用而产生的。

4.差异性

由于地理位置不同,组成物质岩石不同,地壳运动的结果及所形成的地质构造是不同的。

三、水平岩层和倾斜岩层

（一）岩层产状

岩层是指由同一岩性组成的,有两个平行或近于平行的界面所限制的层状岩石。

岩层产状是指岩层在地壳中的空间方位,其是以岩层面的空间方位及其与水平面的关系来确定的。

1.岩层产状的要素

岩层的走向、倾向、倾角称为岩层产状的三要素。测出岩层产状要素的数值,就可以定量的表示该岩层在观测点的产状,任何构造面或地质体界面的产状,也都是靠测定其产状要素来确定的。

1)岩层的走向

岩层面与水平面相交的线称为走向线,走向线两端的延伸方向就是岩层的走向。

2）岩层的倾向

垂直于走向线，沿着岩层倾斜向下所引的直线称为倾斜线，又称为真倾斜线。它在水平面上的投影线所指岩层向下倾斜的方向，就是岩层的倾向，又称为真倾向。在岩层面上斜交岩层走向所引的任一直线均为视倾斜线，它在水平面上投影线的方向，称为视倾向或假倾向。

3）岩层的倾角

真倾斜线与其在水平面上投影线的夹角，就是岩层的倾角，又称为真倾角。视倾斜线与其水平面上投影线的夹角，称为视倾角或假倾角。

2.岩层产状的测定及表示方法

1）测定方法

岩层产状测量在地质调查中占据着关键地位，野外实地操作时，需借助地质罗盘直接在岩层层面上进行测量。在测定走向时，将罗盘长边紧贴层面，保持罗盘水平，使水准泡居中，读取指北针所示的方位角，即可得到岩层的走向。在测定倾向时，将罗盘短边紧贴层面，保持水准泡居中，读取指北针所示的方位角，即可得到岩层的倾向。而在测定倾角时，需将罗盘横置并竖起，确保长边与岩层走向垂直，紧贴层面，待倾斜器上的水准泡居中后，读取悬锤所示的角度，即可得到岩层的倾角。

2）表示方法

（1）文字法。倾斜岩层的走向和倾向可以通过方位角进行描述。方位角是指正北方向与走向（或倾向）之间的夹角，以顺时针方向划分为 $360°$，其中正北方向为 $0°$。在产状的方位角表示法中，仅记录倾向和倾角，以"倾向 $\angle$ 倾角"的方式表示。例如，$30°\angle35°$，也可写作 NW$330°\angle35°$，这表示倾向是从正磁北顺时针计算的方位角 $330°$，倾角为 $35°$；$15°\angle40°$ 则表示倾向方位为 $15°$（北东 $15°$），倾角为 $40°$。

（2）图示法。地质图上常用特定的符号来表示岩层面的产状，常用的产状符号及其代表意义。

（二）水平岩层

岩层的层面通常表现为水平状态，也就是说，在同一岩层层面上，各处的海拔高度相对稳定，这种现象被称为水平岩层。在地壳运动对部分地区影响较小的地带，岩层倾向于保持水平状态。

在未发生岩层倒转的情况下，水平岩层主要具备以下特质。

（1）相对较新的岩层会叠加在较老岩层的上方。

（2）水平岩层的地质边界（即岩层在地表出露的界面）在地质图上与地形等高线呈现平行或一致的状态，不会产生相交的情况。具体来说，在河谷和冲沟地带，岩层的出露边界会随着等高线的弯曲发生变化，呈现出"V"形，且"V"形的尖端指向上游。而位于山顶或山坡上的岩层露头通常会以孤岛状、不规则的同心圆状或条带状的形式呈现。

（3）水平岩层的厚度实际上是该岩层顶面和底面之间的高度差。

（4）水平岩层的露头宽度（即岩层上下层面的地质边界的水平距离）主要取决于岩层的厚度和地表的坡度。当岩层的厚度越大且坡度越平缓时，水平岩层的露头宽度会越宽；反之则会变窄。在陡崖地带，岩层的上下层面界线的投影线会合为一条线，此时露头宽度为零，从而在地质图上呈现出岩层消失的假象。

（三）倾斜岩层

因地壳运动或岩浆活动的影响，原本呈水平产状的岩层发生变动，使其层面与水平面产生一定交角，从而形成倾斜岩层。在特定区域内，一系列岩层大致朝同一方向倾斜，且其倾角相近，此类岩层又称为单斜层。

倾斜岩层作为层状岩石中最常见且最简单的构造形态，通常作为某种构造形态的组成部分，如褶皱的一翼、断层的一盘，或是地壳不均匀抬升或沉降的结果。根据倾角 α 的不同，倾斜岩层可分为3类：α 小于30°的缓倾岩层，30°≤α<60°的陡倾岩层，以及 α≥60°的陡立岩层。

岩层出露地面的形态与其水平构造具有显著差异。在沟谷走向与岩层走向交汇的地区，岩层出露的方向可能从沟口至沟头呈现由新至老的顺序（即岩层向沟口倾斜），也可能呈现出由老至新的顺序（即岩层向沟头倾斜）。值得注意的是，最高山峰上的岩层并非一定是最新的，而最低谷底上的岩层也并非一定是最古老的。

直立岩层是指岩层倾角大于或等于85°的岩层，亦称直立构造。此类岩层通常出现在地壳运动剧烈的地域，其地质界线在其走向上呈直线延伸，露头宽度与岩层厚度相等，不受地形因素影响。

各类地质时代形成的岩层，其初始状态多数为水平或接近水平，而原始倾斜的情况则相对局部。在宽广且地势平坦的沉积盆地（如海洋、湖泊）中，逐层堆积形成的沉积岩，其初始状态多为水平或近水平。然而，在沉积盆地边缘、岛屿周边或水下隆起等地,受古地形影响,常出现岩层厚度向地形高处逐渐变薄或尖灭的现象,层面也呈现一定倾斜,即所谓的原始倾斜。

岩层形成之后,受到地壳构造运动的影响,会发生不同程度的变形,从而使其原始产状产生变化。在一定程度上,部分岩层能够基本保持水平产状;然而,另一些岩层则会形成倾斜、直立乃至倒转的状态。值得注意的是,在特定情况下,重力、流水、岩溶、冰川等与地壳运动无直接关联的地质作用,也会对岩层产状产生影响。

四、褶皱构造

岩层受到构造运动作用后,在未丧失连续性的情况下产生的弯曲变形,称为褶皱构造。

(一)褶皱要素

为了描述褶皱的空间形态,通常把褶皱的各组成部分称为褶皱要素。其主要褶皱要素如下。

(1)核部:褶皱的中心部分,通常把位于褶皱中央最内部的一个岩层称为褶皱的核部。

(2)翼部:位于核部两侧,向不同方向倾斜的部分,称为褶皱的翼部。

(3)轴面:从褶皱顶平分两翼的面,称为褶皱的轴面。轴面与水平面的交线,称为褶皱的轴。轴的方位,表示褶皱的方位。轴的长度,表示褶皱延伸的规模。

(4)枢纽:轴面与褶皱同一岩层层面的交线,称为褶皱的枢纽。枢纽可以反映褶皱在延伸方向产状的变化情况。

(5)转折端:从褶皱一翼向另一翼过渡的弯曲部分。

(6)轴迹:轴面与地面的交线。

(7)脊、脊线和槽、槽线:背斜或背形的同一褶皱面的各横剖面上的最高点为"脊",它们的连线称为脊线;向斜或向形的同一褶皱面的各横剖面上的最低点为"槽",它们的连线称为槽线。

(二)褶皱类型

1.褶皱的基本形式

1)背斜

当岩层向上弯曲时,其核心部位的岩层较老,而外侧岩层较新,称为背斜。其在地面的出露特征是从中心到两侧岩层从老到新对称重复出现。

2)向斜

当岩层向下弯曲时,其核心部位的岩层较新,而外侧岩层较老,称为向斜。其在地面的出露特征是从中心到两侧岩层从新到老对称重复出现。

2.根据褶皱轴面产状和两翼产状特点分类

根据褶皱轴面产状和两翼产状特点将褶皱分为直立褶皱、斜歪褶皱、倒转褶皱、平卧褶皱及翻卷褶皱。

(1)直立褶皱:轴面近于直立,两翼倾向相反,倾角近于相等;

(2)斜歪褶皱:轴面倾斜,两翼倾向相反,倾角不等;

(3)倒转褶皱:轴面倾斜,两翼向同一方向倾斜,有一翼地层层序倒转。如桂林甲山倒转褶皱。

(4)平卧褶皱:轴面近于水平,一翼地层正常,另一翼地层层序倒转。

(5)翻卷褶皱:轴面弯曲的平卧褶皱。

3.根据褶皱枢纽产状分类

(1)水平褶皱:枢纽近于水平,两翼的走向基本平行。

(2)倾伏褶皱:枢纽倾伏,两翼走向不平行。

4.根据褶皱在平面上的形态分类

(1)线状褶皱:褶皱中同一岩层在平面上的纵向长度和横向宽度之比(简称长宽比)超过10:1的褶皱。

(2)短轴褶皱:长宽比为3:1~10:1的褶皱。

(3)穹窿构造:长宽比小于3:1的背斜构造。

(4)构造盆地:长宽比小于3:1的向斜构造。

(三)褶皱的野外识别

褶皱的野外观察是通过横向、纵向的观察,识别地层界线、断层线、化石等,分析岩层是否具有对称的重复出现特征;探讨核心部与外部岩层的新老关系(如利用角度不整合等),以及比较两翼岩层的走向和倾向;研究两翼相当层的平面形态。通过综合分析研究,确定其类型。

在褶皱形成过程中,各岩层并非整体弯曲,而是存在相对运动。形成背斜时,多数情况下,新岩层向上滑动(向核部滑动),老岩层向下滑动。这种剪切运动是引发褶皱内部构造现象的主要原因。

层面擦痕:当一组岩层受力发生弯曲时,相邻的两个岩层面做剪切滑动,于是在相互滑动的层面上留下擦痕。由于这种层面擦痕的方向是与褶皱轴垂直的,所以,擦痕方向可以指示当地褶皱轴线的产状。

牵引褶皱及层间劈理:由于上下相邻岩层的相互剪切滑动,形成牵引褶皱和层间劈理。牵引褶皱的轴面、层间劈理面与岩层相交的锐角方向,指向相对岩层的滑动方向。据此可以认出向上滑动的岩层为较新岩层,向下滑动的岩层为较老岩层。

虚脱:在褶皱的翼部和核部,由于层间滑动而发生层间剥离,形成空隙,成了矿液充填的良好场所。

轴部岩层的加厚现象:在褶皱时期,软岩层有向转折端产生流动的现象,因而,使翼部岩层变薄而顶部岩层加厚。

(四)褶皱构造的工程地质评价

褶皱构造对工程的影响程度与工程类型及褶皱类型、褶皱部位密切相关。对于某一具体工程来说,所遇到的褶皱构造往往是其中的一部分,因此,褶皱构造的工程地质评价应根据具体情况作具体的分析。

由于褶皱核部是岩层受构造应力最为强烈、最为集中的部位,因此,在褶皱核部,无论是公路、隧道还是桥梁工程,都容易遇到工程地质问题,且主要是由于岩层破碎而产生的岩体稳定问题和向斜核部地下水的问题。这些问题在隧道工程中往往显得更为突出,且容易产生隧道塌顶和涌水现象。

褶皱的翼部问题主要是单斜构造中倾斜岩层引起的顺层滑坡问题。倾斜岩层作为建筑物地基时,一般无特殊不良的影响,但对于深路堑、高切坡及隧道工程等则有影响。对于深路堑、高切坡来说,当路线垂直岩层走向,或路线与岩层走向平行但岩层倾向与边坡倾向相反时形成反向坡,就岩层产状与路线走向的关系而言,对边坡的稳定性是有利的;不利的情况是路线走向与岩层的走向平行,边坡与岩层的倾向一致,特别是在云母片岩、绿泥石片岩、滑石片岩、千枚岩等松软岩石分布地区,坡面容易发生风化剥蚀,产生严重碎落坍塌,对路基边坡及路基排水系统会造成经常性的危害;最不利的情况是路线与岩层走向平行且岩层倾向与边坡倾向一致形成顺向坡,而边坡的坡角大于岩层的倾角,特别是在石灰岩、砂岩与黏土质页岩互层,且有地下水作用时,如路堑开挖过深,边坡过陡,或者由于开挖使软弱构造面暴露,都容易引起斜坡岩层发生大规模的顺层滑动,破坏路基稳定。

对于隧道工程来说,从褶皱的翼部通过一般较为有利。如果中间有软弱岩层或软弱结构面时,则在顺倾向一侧的洞壁,有时会出现明显的偏压现象,甚至会导致支护结构的破坏,发生局部坍塌。这种隧道等深埋地下的工程,一般应布置在褶皱翼部。因为隧道通过均一岩层有利稳定,而背斜顶部岩层受张力作用可能塌落,向斜核部则是储水较丰富的地段。

褶皱核部岩层由于受水平挤压作用,会产生许多裂隙,直接影响岩体的完整性和强度,在石灰岩地区还往往使岩溶较为发育。所以,在核部布置各种建筑工程(如厂房、路桥、坝址、隧道等)时,必须注意岩层的塌落、漏水及涌水问题。

在褶皱翼部布置建筑工程时,如果开挖边坡的走向近于平行岩层走向,且边坡倾向与岩层倾向一致,边坡坡角大于岩层倾角,则容易造成顺层滑动现象。

在褶皱构造的轴部,从岩层的产状来说,其是岩层倾向发生显著变化的地方;就构造作用对岩层整体性的影响来说,其又是岩层受应力作用最集中的地方,所以,在褶皱构造的轴部,无论公路、隧道还是桥梁工程,均容易遇到工程地质问题,其主要是由于岩层破碎而产生的岩体稳定问题和向斜轴部地下水的问题。这些问题在隧道工程中往往显得更为突出,容易产生隧道塌顶和涌水现象,有时会严重影响正常施工。

五、节理

在构造运动中,岩石或岩块受地应力作用,当作用力超过了其破裂强度以后,岩石或岩块即失去了连续性而产生破裂(断裂变形),断裂变形阶段产生的地质构造称为断裂构造。根据断裂面两侧岩石产生位移的大小情况,断裂构造可分为两大类:一类是没有或只有微小断裂变位的节理;另一类是沿着断裂面有显著位移的断层。断裂构造是地壳上发育最广泛的地质构造,其极大地影响了水工建筑的稳定性,且破裂面中的裂隙是水流的良好通道,易导致渗漏。但断裂构造类型不同,对工程影响也有差异。

(一)节理的类型及成因

节理的分类主要从2个方面考虑:①与岩层产状的几何关系;②力学及其成因。

1.按与岩层产状的关系分类

1)走向节理

走向节理与所在岩层走向大致平行。

2)倾向节理

倾向节理与所在岩层走向大致垂直。

3)斜交节理

斜交节理与所在岩层走向斜交。

2.按力学性质分类

1)张节理

张节理是由于在一个方向的张应力超过了岩石的抗拉强度,因而,在垂直于张应力方向上产生的裂割式的破裂面。

张节理的特点:张节理产状不稳定,而且往往延伸不远,即行消失;张节理面粗糙不平,成颗粒状或锯齿状的裂面;张节理面没有擦痕;张节理一般发育稀疏,节理间距较大,呈开口状或楔形,常被其他物质充填;张节理在砾岩中绕过砾石而不会切穿。

2)剪节理

剪节理是由剪应力作用而形成,理论上剪节理应成对出现,自然界的实际情况也经常如此,但是两组剪节理的发育程度可以不等。例如,陕西铜川砂岩层中的共轭剪节理,湖北均县杨家堡页岩层中的共轭剪节理。

剪节理的主要特征:剪节理产状较稳定,沿走向和倾向延伸较远,但穿过岩性差别显著的不同岩层时,其产状可能发生改变,反映出岩石性质对剪节理的方位有一定的控制作用;剪节理表面平直光滑,这是由于剪节理是剪破(切割)岩层而不是拉破岩层的;剪节理面上常有剪切滑动时留下的擦痕、摩擦镜面,但由于一般剪节理,沿节理面相对位移量不大,因此在野外必须仔细观察研究;剪节理一般发育较密,常密集成群。硬而厚的岩层中的节理间距大于软而薄的岩层;剪节理常呈现羽列现象;剪节理两壁之间的距离较小,常呈闭合状。后期风化或地下水的溶蚀作用可以扩大剪节理的壁距;剪节理在砾岩中可以切穿砾石。

3.按节理成因分类

节理按成因可分为原生节理、表生节理和构造节理三类。

1)原生节理

原生节理是指岩石成岩过程中自身形成的节理,如玄武岩的柱状节理就是在岩石冷凝过程中形成的。

2)表生节理

表生节理又称为风化节理、非构造节理,其是岩石受外动力地质作用(风、水、生物等)产生的,如由风化作用产生的风化裂隙等。这类节理在空间分布上常局限于地表浅部的岩石中,其对地下水的活动及工程建设有较大的影响。

3)构造节理

构造节理是岩石受地壳构造应力作用而产生的,这类节理具有明显的方向性和规律性,发育深度较大,对地下水的活动和工程建设的影响也较大。构造节理与褶皱、断层及区域性地质构造有着非常密切的联系,它们常常相互伴生,是工程地质调查工作中的重点对象。

4.区域性节理

区域性节理是在地壳表层广大地区存在着规律性展布的节理,这些节理与局部的地质构造(如断层、褶皱)没有成因上的联系,它们是区域性构造和区域性构造应力场作用的结果,这类节理称为区域性节理。

在区域性节理的发育过程中,在节理产状、方位、组合、排列、间距等方面具有规律性的节理称为系统性节理;无规律可循的节理称为非系统性节理。节理构造的这些规律性一般是构造成因的,或者是与某种构造具有成因关系。非系统性节理一般来说是非构造成因的,也可能是前期的系统性节理遭受后期构造的改造或叠加,使其失去原先的规律性而造成的。

区域性节理的特点如下。

(1)区域性节理多发育于变形比较轻微的地台水平岩层或近于水平岩层区,节理产状直立或近于直立,即节理多为垂直岩层层面发育的平面共轭"X"形。

(2)区域性节理发育范围广,产状稳定。

(3)区域性节理规模大、间距宽、延伸长,其可穿切不同岩层和地质体。

(4)区域性节理常常构成一定的几何形式,如"X"形。

(5)区域性节理如被岩浆填充,则形成规律性排列的岩墙群。

（二）节理的观测与统计

对节理的观测与统计主要是确定节理的成因,对节理进行分期,统计节理的间距、数量、密度,确定节理的发育程度和主导方向等。

1.观测点的选定。

（1）观测点的选定取决于研究的目的和任务,一般不要求均匀布点,而是需要根据地质情况和节理发育情况来布点,做到疏密适度。

（2）露头良好,最好能在三维空间观测,其露头面积一般不小于$10\,m^2$,以便于大量观测和统计。

（3）节理比较发育,节理组、节理系及其相互关系比较容易确定。

（4）观测点应选在构造的重要部位。

（5）尽可能在不同的构造层、不同的岩系、不同的岩性层中布点。

2.节理野外观测的内容

（1）地质背景:包括地层岩性、褶皱和断层的发育。

（2）节理的产状:走向、倾向和倾角。

（3）节理的张开和填充情况:包括张开的程度、充填的物质等。

（4）节理面的粗糙程度:粗糙的、平坦的、光滑的。

（5）节理的充水情况:室内资料整理与统计常用的方法是制作节理玫瑰图,主要有节理走向玫瑰图、节理倾向玫瑰图、节理倾角玫瑰图。

六、断层

断层是断裂构造中的一种主要类型,其是指岩石在构造应力作用下发生断裂,沿断裂面两侧的岩块发生明显的相对位移的构造现象。

断层的种类繁多,形态各异,其规模大小相差悬殊,规模大的断层延伸长度可达几百至1000多km,而小的断层则可在岩石标本上见到。断层的切割深度也不相同,有的可切穿地壳至上地幔。断层破坏了岩石的连续完整性,对岩体的稳定性、渗透性、地震活动和区域稳定性都有重大影响,从而影响工程的稳定性,其与工程建设有着密切的联系。

（一）断层的要素

断层的要素有断层面、断层线、断盘和断距。

1.断层面

断层面是指断层中两侧岩层沿其运动的破裂面。它可以是平面,但往往是曲面,还可以是有一定宽度的断层破碎带。

2.断层线

断层线是指断层面与地平面的交线,也就是相应的露头线,其分布规律与岩层露头线相同。

3.断盘

断盘是指断层两侧相对移动的岩层。当断层面倾斜时,位于断层面上方的叫作上盘;位于下方的叫作下盘。

4.断距

断距是指岩层中同一点被断层断开后的位移量,也称为总断距或真断距。总断距的水平分量称为水平断距;垂直分量称为垂直断距。

(二)断层的类型

1.根据断层两盘岩块相对移动的性质分类

可分为正断层、逆断层和平移断层。正断层是上盘相对下降、下盘相对上升的断层;逆断层是上盘相对上升或下盘相对下降的断层;平移断层是两盘沿断层走向相对移动的断层。

2.按断层面产状与岩层产状的关系分类

(1)走向断层:断层走向与岩层走向基本平行。

(2)倾向断层:断层走向与岩层走向基本垂直。

(3)斜向断层:断层走向与岩层走向斜交。

3.按断层面走向与褶皱轴走向的关系分类

(1)纵断层:断层走向与褶皱轴向基本一致。

(2)横断层:断层走向与褶皱轴向基本垂直。

(3)斜断层:断层走向与褶皱轴向斜交。

4.断层的组合形式

(1)阶梯状断层:是指许多条大致平行的正断层,倾向一致,断块呈阶梯状排列的断层。

(2)地堑与地垒:是指由两条和多条走向相同、倾向相反、性质相同的正断层(或逆断层)组成。断层中间有一个共同的下降盘,形成地堑;断层中间有一个共同的上升盘,形成地垒。

(3)迭瓦构造:许多条大致平行的断层,倾向一致,老岩层依次逆冲覆盖在新岩层之上,形状似迭瓦,故称为迭瓦构造断层。迭瓦构造断层常同强烈褶皱伴生,断层走向与枢纽相同,标志该地区经历过强烈挤压。

5.按形成断层的力学性质分类

(1)压性断层:是指由压应力作用形成的断层。压性断层的走向与压应力作用的方向垂直。在平面或剖面上,断裂面一般呈舒缓波状;断面上常出现大片擦痕和阶步,擦痕与断裂面的走向垂直;断裂面附近常形成挤压破碎带,其中劈理、片理和构造透镜体的排列方向与断层走向近于平行。逆断层一般都属于压性断层。有的断层面倾向发生变化,不便用两盘运动方式来命名,而用断层反映的力学性质来命名比较恰当。

(2)张性断层:是指由张应力作用形成的断层。张性断层的走向与张应力作用的方向垂直。张裂面的形态一般不规则,粗糙不平、连续性差;剖面上呈楔状,上宽下窄。倾角较陡;张裂带内常含有角砾岩,角砾的棱角显著,大小悬殊,胶结疏松,无定向排列。正断层一般都属于张性断层。

(3)扭性断层:又称为剪性断层,是由剪应力作用形成的。扭性断层的走向与剪应力作用的方向平行。扭性断裂面一般较平直,产状稳定;断裂面上常见磨光镜面和大量水平擦痕;扭裂带内的角砾岩,其棱角常被搓碎磨圆,大小较均一,平面上呈斜列展布。平移断层大多属于扭性断层。

(三)断层野外识别

断层可以用各种方法来识别,如果断层出露在悬崖、路堑等露头良好的地方可以直接观测到,若在覆盖地区则需运用断层的间接标志来确定。断层能在构造上、地层上、地形上、水文地质及其他地质现象等方面造成一系列的标志。

1.构造(线)的不连续

断层常将岩层、岩墙或岩脉错开。岩层露头突然中断或者不同岩性的岩层突然接触;断层附近的岩层常发生强烈的节理化或岩层产状突然改变等,沿逆掩断层附近常有牵引现象,引起地层倒转;在断层延伸地带,因发生强烈挤压而使岩石破碎甚至磨成粉末。破碎的角砾再经胶结而形成构造岩,是识别断层存在的重要标志之一。

2.地层上的标志

地层的重复或缺失。不过地层的重复和缺失也可能由其他原因造成,如褶皱、不整合都能造成地层的重复和缺失,需要注意区别。褶皱造成的地层重复是对称式的,而断层造成的岩层重复是不对称的。不整合面往往是同一时代的岩层与不同时代的老岩层接触,而断层往往是不同时代的岩层与不同时代的岩层接触造成的。

3.断层面上及其两侧岩层的标志

由于断层面两侧岩块的相对运动,往往造成岩层的牵引弯曲,有时断层面上的擦痕、摩擦镜面、阶步等也是帮助判断断层存在的标志。

4.地貌、水文地质及植被上的标志

一个又陡又直的悬崖,可能是断层存在的标志。断层崖进一步遭受侵蚀,可造成许多三角面的峡谷。例如,山西西南部高峻险拔的西中条山与山前平原之间,就是一条高角度正断层所造成的陡崖。

串珠状的湖泊或洼地,常表明有大断裂带存在。例如,云南东部顺南北向的小江断裂带分布了一串湖泊;自北向南有杨林海、阳宗海、滇池、抚仙湖、杞麓湖,以及昆明盆地、宜良盆地、嵩明盆地、玉溪盆地等。

泉水的带状分布,尤其是温泉的成排出现,可能有断层存在。例如,湖北京山县宋河地堑盆地的两侧顺着边缘断层出露了两串泉水;西藏念青唐古拉南麓从黑河到当雄一带散布着一串高温温泉,也是现代活动断层直接控制的结果。

正常延伸的山脊突然错断,正常流经的河流突然产生急转弯。

植物也可作为参考,有时沿断层两侧因岩性不同,而生长截然不同的植物群落,有时则在断层带上生长着特殊的植物。

5.断层运动方向的判别

上升盘出露地层较老,下降盘出露较新;断层横截褶皱时,背斜上升盘核部地层变宽,向斜上升盘核部地层变窄。牵引现象的弯曲方向指示本盘运动方向。

6.确定断层的形成时期

利用不整合接触关系,若断层切割了彼此不整合接触的一套较老岩层,并被一套较新地层以区域性不整合所覆盖,则说明该断层形成在较老岩层中的最新岩层之后,上覆岩层的最老岩层之前。利用断层与地层、岩体及其他地质体的切割关系也可判别,如果断层切割地层、岩体及其他地质体,则断层活动是在相应的地质体形成之后;如果岩体、岩脉或矿脉充填于断层之中,则断层活动时期相当于或早于岩体的形成时期。

（四）断层的工程地质评价

断层可增大岩石的透水性和含水性，交叉处常是地下水出露的地段；断层可以降低岩石的坚固性和稳定性，造成隧道工程、矿井工程或坝基等塌陷的危险。如果工程一定要通过断层，最好是尽量垂直断层的走向。断层的工程地质评价具体表现在以下几个方面。

（1）断层降低了地基岩体的强度及稳定性。

（2）断层上、下盘岩性可能不同，造成不均匀沉降。

（3）对隧道工程易产生洞顶塌落。

（4）沿断层破碎易形成风化深槽及岩溶发育带。

（5）断层陡坡易发生坍塌。

（6）断层破碎带常为地下水的良好通道，产生涌水问题。

（7）对区域稳定性的影响不利，可能发生新的移动。

（8）道路的选线若与断层走向平行，则易产生边坡滑塌[①]。

七、地质构造对工程的影响

（一）褶皱构造对工程的影响

褶皱构造在工程建筑中产生以下几个方面的影响。

（1）褶曲核部岩层在水平挤压作用下产生众多裂隙，这将直接削弱岩体的完整性和强度。在石灰岩地区，这种情况可能导致岩溶发育，因此在核部规划建筑工程，如路桥、坝址、隧道等时，必须关注岩层坍落、漏水及涌水问题的防治。

（2）在褶曲翼部进行建筑工程布置时，若开挖边坡走向与岩层走向近似平行，且边坡倾向与岩层倾向一致，边坡坡角大于岩层倾角，则可能出现顺层滑动现象。若开挖边坡走向与岩层走向夹角在40°以上，且两者走向一致，边坡倾向与岩层倾向相反或两者倾向相同但岩层倾角更大，则有利于边坡稳定。因此，在褶曲翼部规划建筑工程时，应着重考虑岩层倾向和倾角大小。

（3）对于深埋地下的隧道等工程，一般应布置在褶皱翼部。这是因为隧道穿越均匀岩层有利于稳定，而背斜顶部岩层受张力作用可能塌落，向斜核部则是储水较丰富的地段。

---

①白建光. 工程地质[M]. 北京：北京理工大学出版社，2017.

（二）节理构造对工程的影响

节理与地面和地下工程的关系密切相关，主要体现在以下几个方面。

（1）节理破坏了岩石的整体性，增加了地下硐室和坑道顶板岩石垮塌的风险，同时也提高了施工难度。因此，在设计和施工过程中，应尽量避免节理发育严重的地方。对于地表岩石，大气和水容易进入节理裂隙，从而加剧岩石的风化。当主要节理面与坡面倾向相近且节理倾角小于坡角时，容易导致边坡不稳定。

（2）节理有可能成为地下水运移的通道，在矿井、地下建筑施工过程中可能导致突水事故。同时，节理裂隙还可能作为煤矿中瓦斯运移的重要通道。

（3）若节理缝隙被黏土等物质充填润滑，节理面将成为软弱结构面，从而使斜坡体容易沿节理面滑动，施工过程中应高度重视这一现象。

此外，在挖方和采石过程中，可以利用节理面以提高工效。在节理发育的岩石中，有可能找到裂隙地下水作为供水资源。对于直接坐落在岩石上的高层建筑，其浅基础需要凿除裂隙发育面。在选择高荷载水平的桩基持力层入岩深度时，宜选在裂隙相对不发育的中风化或微风化基岩中。

（三）断层构造对工程的影响

岩层（岩体）遭受不同方向、性质和时代的断裂构造切割，若存在层理、片理，则状况更为复杂。因此，岩体被视为不连续体。不连续面包括断层、节理、层面等，亦称结构面。

作为不连续面的断层是影响岩体稳定性的关键因素，原因在于断层带岩层破碎强度低，同时对地下水、风力等外力地质作用具有控制作用。断层对工程建设带来极大不利。尤其在道路工程建设中，线路、桥址和隧道位置的选择应尽量避开断层破碎带。

断层发育地区修建隧道极具挑战。当隧道轴线与断层走向平行时，应尽量避开断层破碎带；而轴线与断层走向垂直时，为减轻危害，需预先考虑支护和加固措施。鉴于隧道开挖成本较高，为缩短长度，通常选择在山体较狭窄的鞍部穿越。然而，这类部位往往是断层破碎带或软弱岩层发育区域，岩体稳定性较差，地质条件不利。此外，沿河公路选址时也要关注与断层构造的关系。当线路与断层走向平行或交角较小时，路基开挖可能导致边坡坍塌，影响公路施工及使用。

在选择桥址时,需查明桥基部位是否存在断层。通常情况下,临山侧边坡发育有倾向基坑的断层时,极易发生严重坍塌,甚至危及邻近工程基础稳定。

第四节 岩体对工程建设的影响

一、岩石的工程地质评述

岩浆岩、沉积岩和变质岩的生成条件各异,导致其矿物成分、结构、构造、产状等方面存在显著差别,从而使得不同类型的岩石具备不同的工程地质特性。在水资源开发利用工程中,研究岩石的主要目的包括以下3个方面:①作为水工建筑物的地基,探讨地基岩体的稳定性和工程性质;②为了开发利用地下水资源,分析各类岩石的富水条件;③作为建筑材料或装饰材料,研究岩石的性质、结构和储量。以下对三大类岩石的工程性质进行简要评述。

(一)岩浆岩工程地质性质评述

岩浆岩的工程地质性质主要与岩浆凝固时的环境条件密切相关。各种成因条件下,其结构、构造和产状差异显著,岩石颗粒间的连接力亦各不相同。此外,岩石的组成成分亦起着重要作用。

深成岩的工程地质性质颇为优良,全晶质结构,颗粒粗大,岩性致密,孔隙稀小。因此,深成岩单块岩样的力学强度较高,如花岗岩的抗压强度可达120~200MPa。深成岩体大,整体稳定性良好,适宜作为建筑物地基,也是常用的建筑材料。深成岩本身几乎不透水,节理不发育,透水性小。但此类岩石抗风化能力较弱,尤其是基性岩中的暗色矿物,更易风化,故需关注其风化问题。

浅成岩和脉岩通常呈斑状结构,亦有伟晶和细晶结构,因此这类岩石的力学强度各异。通常情况下,中、细晶质和隐晶质的岩石透水性较小,力学强度较高,抗风化性能优于深成岩,但斑状岩石则次之。浅成岩多呈岩墙、岩脉产出,规模较小,穿插于围岩之中,裂隙相对发育,透水性增大,力学强度相应降低。

喷出岩特点是孔隙度较大,裂隙发育,岩石强度和抗风化能力较侵入岩为弱,但透水性强。在裂隙发育的喷出岩分布区,往往富含丰富的地下水资源。近年来,在玄武岩分布区找到了地下水含水层,如我国海南省及雷州半岛等地。此外,某些孔隙较少的玻璃质或隐晶质喷出岩,由于结构致密,其强度相对较高。

(二)沉积岩工程地质性质评述

在评述沉积岩的工程地质性质时,应着重考虑沉积岩的2个重要特点:①具有成层构造,存在着各向异性的特征,且层的厚度各不相同;②沉积岩从成分上分为碎屑岩、黏土岩、化学岩及生物化学岩,它们的工程地质性质存在着很大的差异。各种碎屑岩的工程地质性质一般较好,但胶结方式和胶结物成分对岩石强度影响较大。硅质基底式胶结,一般坚硬致密、力学强度高、透水性小,而钙质、泥质胶结的岩石,工程性质就较差。

黏土岩和页岩,力学强度低、压缩变形大、浸水后容易软化,若含有蒙脱石等成分,还具有较大的膨胀性;但这类岩石透水性小,可作为隔水层。

化学岩及生物化学岩,一般均结构致密,但因成分不同,性质也各异。硅质岩致密坚硬、强度高,但性脆易碎裂。石灰岩和白云岩分布广、岩块强度较高,但多发育成喀斯特。在这类岩石地区筑坝建水库,渗透是一个主要问题。

(三)变质岩工程地质性质评述

变质岩大都由岩浆岩和沉积岩变质而成,因此,原岩的性质和变质作用的类型对其工程性质影响很大。

一般情况下,原岩发生重结晶后,岩石的力学强度都较变质前相对提高。具有片理构造的变质岩,沿片理方向强度低,垂直片理方向强度较高。若片理面上含有大量的云母或绿泥石,则其强度和抗风化能力显著降低,沿片理面方向容易产生滑动,不利于岩体稳定。具块状构造的岩石,岩性均一,但岩石的成分不同,性质也有差异,例如石英岩和大理岩其工程性质是不相同的。

由动力变质形成的岩石,一般都较破碎,强度差,但因裂隙发育,常成为富水带或渗漏通道。

综上所述,不同种类的岩石,由于其成因、成分、结构和构造不同,岩石的工程地质性质差异是很大的。同时,还应结合具体工程的要求来进行评价,例如黏土岩,力学强度低,作为大型建筑物地基就较差,但若分布在库区时,常成为良好的隔水层,可以防止水库渗漏[①]。

二、岩体的工程地质性质

岩体(rock mass)与完整的岩石(rock)不同,它是地质体的一部分,是在地质历史过程中形成的,具有一定的岩石成分和一定结构,并赋存于一定地应力状态的地质环境中的地质体。组成岩体的岩石本身作为一种矿物集合体,具有复杂的成分和结构,其变形特征、流变特征及强度等都影响着岩体的工程地质性质。岩体在其形成过程中,受内、外动力地质的作用,又生成了各种不同类型的结构面,如断层、节理、层理、片理等,所以岩体往往表现出不连续性、非均质性和各向异性。只有掌握岩体的结构特征,才有可能阐明岩体在不同荷载条件下内部的应力分布和分异状况,以及一定荷载条件下的变形破坏方式和强度特征。岩体结构特征的研究可以推广到宏观地质体,应用于区域构造稳定性评价之中,所以对岩体结构特征的研究,是分析评价区域稳定性和岩体稳定性的重要依据。所以,研究岩体的工程地质性质就必须对岩石、岩体及其结构特征进行研究。

(一)岩石的力学特性

岩石在外力作用下所表现出的性质,即为岩石的力学特性。在外力作用下,岩石首先产生变形,随着外力的不断增加,达到或超过某一极限值时,便产生破坏。具体到岩石在外力作用下呈现何种性状,则取决于其成分、结构、受力条件以及赋存条件等。研究岩石的力学性质,主要从岩石的变形、流变、强度等性质入手。

(二)岩体的结构特性

岩体结构是由结构面和结构体两个要素组合形成的,它决定了岩体的工程地质特性及其在外力作用下的变形破坏机理,所以必须对岩体的结构进行研究。

(三)岩体的工程分类

工程岩体的分类是为一定的具体工程服务,根据岩体特性进行试验,得出相应的设计计算指标或参数,以便使工程建设达到经济、合理、安全的目的。

---

①宓荣三.工程地质[M].成都:西南交通大学出版社,2021.

(四)岩体稳定性评价

岩体的稳定性是指岩体在工程施工和运营期间发生的变形和破坏特性。如果在工程施工和运营期间,岩体发生了不能容许的变形和破坏就称为岩体失稳,反之则是稳定的。各类工程有不同的结构特点和用途,对岩体的稳定性要求不同。例如拱桥基础对地基岩体的变形要求十分严格,而简支梁桥基础则容许一定数量的地基岩体均匀压缩下沉变形。但是,不均匀地基岩体下沉变化对一般工程建筑物来说都是不容许的。再如在水库边坡上发生一些规模不大的滑坡与崩塌是容许的,而铁路路堑边坡则不容许发生这样的边坡岩体滑动与崩塌。不同的地下工程,如铁路隧道、地下电站厂房、地下储油库等,在施工及运营期间对地下洞室围岩稳定性要求也不同。岩体稳定性评价就是研究工程岩体发生失稳的条件及变形破坏的规律为人类利用和改造岩体服务。

岩体稳定问题是工程地质学研究的最主要内容,所有野外勘测、室内外试验及各种理论研究都围绕这个问题展开。回顾工程地质科学的发展历史,一直存在着2种偏向:一种是以成因地质学为基础,强调野外地质调查,描述工程场地的工程地质条件,进行定性的工程地质分析、分区、分带,以此定性地研究岩体的稳定性;另一种是以材料力学为基础,强调严密的力学试验与数学计算,提出定量指标,定量地研究岩体的稳定性。前者虽可对工程的地质环境给出详尽的定性描述,但满足不了严密的工程设计施工所需的定量要求;后者给出了需要的定量指标,但由于缺少对地质环境的认识,给出的参数往往离现场实际情况相差甚远。多年来的工程实践及无数成功与失败的经验教训,使越来越多的人认识到,传统的工程地质学与岩石力学必须取长补短、互相结合,才能为解决当代大型现代化高精度工程建设中的岩体稳定问题做出贡献,推动工程地质和岩石力学向前发展。我国的工程地质界在上述认识的基础上,通过几十年的努力,目前基本上已形成了一门以研究岩体稳定性为主要任务的新学科——岩体工程地质力学。岩体工程地质力学认为,岩体稳定问题主要是一个岩体结构问题。

应力状态也很重要,但它的作用还是要通过岩体结构的力学效应表现出来。岩体结构是在长期地质历史中,经过岩石建造、构造变形和次生蜕变形成的一种地质结构,因此,必须在地质力学背景研究的基础上认识岩体结构。为了做好岩体稳定性评价,必须引进数学力学分析方法和物理力学测试技术。在岩体结构分析中,要考虑应力状态和荷载的作用,在进行力学分析中要注意应力分布受岩体结构的影响,以及分析方法是否和岩体结构特性相适应,岩体工程地质力学的理论和方法已经引起国内外工程地质界的重视,在我国已经开始得到承认并广泛应用于工程实践中。

三、岩体对工程建设的影响

随着我国经济的持续发展和基础设施建设的加快,岩石工程建设在国内外得到了广泛应用。然而,岩体本身的复杂性和不确定性使得岩体工程在施工和服役过程中面临着许多挑战。因此,深入了解岩体对工程建设的影响,对于确保岩体工程的安全、稳定和可持续发展具有重要意义。

（一）岩体的力学性质对工程建设的影响

岩体的力学性质是其承受外部荷载能力的重要指标,主要包括抗压强度、抗剪强度、弹性模量、黏聚力和内摩擦角等。岩体在这些力学性质上的差异,直接影响着工程建设的稳定性和安全性。例如,在水利工程中,库岸边坡的变形稳定一直是关注的焦点。水-岩作用下库岸边坡消落带岩体的损伤劣化效应显著,对库岸边坡长期变形稳定存在明显的影响。节理、裂隙是控制岩质岸坡变形稳定的关键部位,也是水-岩作用影响的重要区域。水库运行过程中节理、裂隙的性能劣化是直接影响库岸边坡的变形稳定的因素。

（二）岩体的水-岩作用对工程建设的影响

水-岩作用是指水与岩体相互作用的过程,它对岩体的力学性质、裂隙发育和稳定性等方面具有重要影响。在水利工程、岩溶隧道工程等领域,水-岩作用导致的岩体损伤劣化、裂隙扩展和渗流场变化等问题,往往给工程建设带来极大的挑战。例如,刘新荣等通过浸泡-风干循环试验模拟了消落带的水位涨落情况,得到了水-岩作用下砂岩的抗剪强度、抗压强度、弹性模量、黏聚力和内摩擦角等参数的劣化规律。邓华锋等模拟了消落带岩体的浸泡-风干循环和水压力升降变化过程,发现水压力升降变化加剧了消落带岩体的损伤效应。

（三）岩体的动力学特性对工程建设的影响

岩体动力学是指研究岩体在动载荷作用下的响应规律、破坏机制和动力稳定性的一门学科。在工程建设中,地震、爆破等动载荷会对岩体造成不同程度的扰动,影响岩体工程的稳定性。因此,研究岩体动力学特性对工程建设的影响,对于提高岩体工程动力响应的预测精度、合理评估及控制动载荷作用下岩体工程的稳定性具有重要意义。近年来,随着我国西部大开发战略和"一带一路"倡议的实施,一大批国家重大基础设施建设如白鹤滩水电站、锦屏二级水电站、南水北调西线工程,以及其他岩石工程建设陆续开展。同时,能源地下储存、高放核废物的深地质处置、二氧化碳地下封存等岩体工程也引起政府的高度重视。这些岩体工程建设带来了许多岩石力学前沿课题和亟待解决的工程技术难题,为岩石力学学科提供了前所未有的发展机遇。

综上所述,岩体对工程建设的影响是多方面的,包括力学性质、水-岩作用和动力学特性等。为了确保岩体工程的稳定性和安全性,有必要深入研究这些影响因素,从而为工程建设提供科学依据和技术支持。同时,在岩体工程设计、施工和运维过程中,应充分考虑这些因素,采取相应的措施来减小岩体对工程建设的不良影响,确保岩体工程的可持续发展。

第五节 土体的工程性状

土是岩石(母岩)在风化作用后,在原地或经搬运作用在异地的各种地质环境下形成的堆积物。土的工程性质与母岩的成分、风化的性质以及搬运沉积的环境条件有着密切的关系,研究土的工程性质就要研究土的成因、矿物成分、结构构造、三相体系以及其组合特征与变化规律。土是一种特殊的变形体材料,它既服从连续介质力学的一般规律,又有其特殊的应力-应变关系和特殊的强度、变形规律,从而形成了土力学不同于一般固体力学的分析和计算方法。

土的工程性质指标包括物理性质指标和力学性质指标两类。物理指标是指用于定量描述土的组成、土的干湿、疏密与软硬程度的指标;力学指标主要是用于定量描述土的变形规律、强度规律和渗透规律的指标。不同类型的土,工程性质相差很大,在工程建设中也应该采取不同的处理方法。尤其是一些特殊土如软土、黄土、膨胀土、冻土、红黏土、填土、盐渍土、污染土等有特殊的性质,所以在工程建设时要加以区分,进行适当的处理。

一、土的成因与结构

(一)土的成因及特征

岩石经过风化(物理风化、化学风化、生物风化)、剥蚀等作用会形成颗粒大小不等的岩石碎块或矿物颗粒,这些岩石碎屑物质在重力作用、流水作用、风力吹扬作用、冰川作用及其他外力作用下被搬运到别处,在适当的条件下沉积成各种类型的土体。所以土是母岩在风化作用后在原地或经搬运作用在异地的各种地质环境下形成的堆积物。土体按地质成因可分为残积土、坡积土、洪积土、冲积土、淤积土、冰积土和风积土。实际上在土粒被河流等搬运的过程中,颗粒大小、形状及矿物成分进一步变化细分,并在沉积过程中常因沉积分异作用而使土在成分、结构、构造和性质上表现出有规律的变化。第四纪土层具有下列基本特性。

1.土的分选性

岩石被风化后,有一些残留在原地堆积的称为残积土,基本保留原岩的矿物成分;另外一些大颗粒的搬运到山坡下沉积成为坡积土,多为角砾状,其磨圆度差;粗颗粒的被流水带走在中下游沉积成为洪积土,多为圆砾状,其磨圆度一般;细颗粒的被流水带到更远的下游沉积成为淤积土。

2.土的碎散性

物理风化是指岩石和土的粗颗粒受风、霜、雨、雪的侵蚀,温度、湿度的变化,不均匀膨胀和收缩,使岩石产生裂隙,崩解为碎块。这种风化作用只改变颗粒的大小与形状,不改变矿物成分。由物理风化生成的多为粗颗粒土,如碎石、卵石、砾石、砂土等,呈松散状态,统称无黏性土。这类土颗粒的矿物成分仍与原来的母岩相同,称为原生矿物。虽然物理风化后的土可以当成只是颗粒大小上量的变化,但是这种量变的积累结果使原来的大块岩体获得了新的性质,变成了碎散的颗粒。颗粒之间存在着大量的孔隙,可以透水和透气。

3.土的三相体系

化学风化是指岩石碎屑与水、氧气和二氧化碳等物质接触反应而发生的变化,它改变了原来的矿物成分,形成了新的矿物,也称次生矿物。化学风化的作用有水解作用、水化作用、氧化作用、溶解作用、碳酸化作用等。化学风化的结果,形成十分细微的土颗粒以及大量的可溶性盐类。微细颗粒的表面积很大,具有吸附水分子的能力,具有黏聚力,如黏土、粉质黏土等。

因此,自然界的土,一般都是由固体颗粒、水和气体三种成分构成。

4.土的自然变异性

在自然界中,土的各种风化作用时刻都在进行,而且各种风化作用相互交替。由于形成过程的自然条件不同,自然界的土也就多种多样。同一场地,不同深度处土的性质也不一样,即使同一位置的土,其性质也往往随方向而异。例如沉积土往往竖直方向的透水性小,水平方向的透水性大。因此,土是自然界漫长的地质年代内所形成的性质复杂、不均匀、各向异性且随时间不断变化的材料。

5.土的压缩性

由于各种土的形成地质年代先后次序不同,所以其自重应力、后期固结压力及受到后期地质作用的方式不同,因此各种土均是随时间不断固结的,土的压缩性也是不断变化的。

(二)土的矿物成分

土的矿物成分主要是根据组成土的固体颗粒及其杂质来划分的,它可分为三大类别,即原生矿物、次生矿物和有机质。

1.原生矿物

原生矿物是岩石经物理风化破碎但成分没有发生变化的矿物碎屑。常见的原生矿物有石英、长石、云母、角闪石、辉石、橄榄石、石榴石等。原生矿物的特点是颗粒粗大,物理、化学性质一般比较稳定,所以它们对土的工程性质影响比其他几种矿物要小得多。

2.次生矿物

次生矿物是母岩原有矿物成分发生变化后新生的矿物成分,主要包括黏土矿物,次生 SiO_2、Al_2O_3 和 Fe_2O_3 等。土中次生 SiO_2 和倍半氧化物 Al_2O_3、Fe_2O_3 等矿物的胶体活动性、亲水性及对土的工程性质影响,一般比次生黏土矿物要小。

次生黏土矿物主要为高岭石、蒙脱石及伊利石三个基本组。次生黏土矿物有结晶(片状或纤维状)和非结晶两种。高岭石、蒙脱石及伊利石都属于片状结晶,其原子呈层状排列,基本单元为硅氧四面体(称为硅离子)和铝氢氧八面体(称为铝离子)。硅离子和铝离子分别以硅和铝原子为中心,O原子核OH根位于顶点。由6个硅氧四面体的硅离子在一个平面排列,形成一个硅片(硅片底面氧离子被相邻两个硅离子共用);由4个铝氢氧八面体的铝离子在一个平面排列,形成一个铝片(每个 OH^- 都被相邻两个铝离子共用)。这类硅片和铝片组合的形式是形成不同黏土矿物的基础。

1)高岭石类

高岭石类 $[Si_4Al_4O_{10}(OH)_8]$ 的基本单元(晶胞)为 1:1 组合的二层结构,也就是说,结晶格架的每个晶胞分别是由一个铝氢氧八面体层和硅氧四面体层组成。其两个相邻晶胞之间以 O^{2-} 和 OH^-(氢键)相互联系,晶格不能自由活动,不允许有水分子进入晶胞之间。因此,它是较为稳定的黏土矿物。它在含有不纯的原子或分子时才具有膨胀性;它在盐分影响下,液限和强度均降低。多水高岭石因其在各片之间有 H_2O 形式的结晶水,其矿物呈圆杆状或扁平的棒状。由于这种棒状矿物在湿化后将起滚珠轴承似的作用,土体将易发生滑动。

2)蒙脱石

蒙脱石类 $[Si_8Al_4O_{20}(OH)_4]$ 的基本单元为 2:1 的三层结构,也就是说结晶格架与高岭石类不同,它的晶胞是由两个硅氧四面体层夹一个铝氢氧八面体层组成。它的晶胞之间为数层水分子,由联结力很弱的 O^{2-} 分子相互联系,晶格具有异常大的活动性,遇水很不稳定,水分子可无定量地进入晶格之间而使它产生膨胀,其体积可增大数倍。因此它的矿物离子表面常被水包围,具有高塑性和低内摩擦角。脱水后又会显著收缩,并伴有微裂隙产生。

3)伊利石类

伊利石类 $[K(Si_7Al)(Al,Mg,Fe)_{4~6}O_{20}(OH)_4]$ 的基本单元也是 2:1 组合的三层结构,所不同的是其硅氧四面体中的部分 Si^{4+} 离子常被 Al^{3+},Fe^{3+} 所置换,且晶胞之间的结合不是水,而是由 K^+ 或 Na^+ 离子所连接(钾伊利石和钠伊利石)。此外,伊利石的游离原子价较多,且多集中于硅片层内,即距晶格表面较近,所以替换离子在伊利石中的吸附力极为牢固(不像蒙脱石,不仅游离原子价较少,而且多集中于距晶格表面较远的铝片层内),遇水膨胀和失水收缩的性能均不及蒙脱石显著。伊利石的表面呈角状,内摩擦角大。

3.有机质

在自然界的一般土,特别是淤泥质土中,通常都含有一定数量的有机质,当其在黏性土中的质量分数达到或超过 5%(在砂土中的质量分数达到或超过3%)时,就开始对土的工程性质具有显著的影响。由于胶体腐殖质的存在使土具有高塑性、膨胀性和黏性。所以含有机质的土对工程建设是不利的。

(三)土的结构构造

土的结构、构造是其物质成分的连结特点、空间分布和变化形式。土的工程性质及其变化,除取决于其物质成分外,在较大程度上还与诸如土的粒间连结性质和强度、层理特点、裂隙发育程度和方向,以及土质的其他均匀性特征等土体的天然结构和构造因素有关。所以只有研究并查明土的结构和构造特征,才能了解土的工程性质在一定区域内不同方向的变化情况,从而全面地评定相应建筑地区土体的工程性质。

土的结构及构造特征与其形成环境、形成历史以及组成成分等有密切关系。

1.土的结构

1)土的结构定义与类别划分

在岩土工程中,土的结构是指土颗粒个体本身的特点和颗粒间相互关系的综合特征。具体来说有以下特点。

(1)土颗粒本身的特点:土颗粒大小、形状和磨圆度及表面性质(粗糙度)等。这些结构特征对粗粒土(如碎石、砾石类土、粗中砂土等)的物理力学性质,如孔隙性与密实度、透水性、强度和压缩性等有重要影响。当组成颗粒小到一定程度时(如对黏性土),以上因素变化对土性质影响不大。

(2)土颗粒之间的相互关系特点:粒间排列及其连结性质。土的结构可分为两大基本类型:单粒(散粒)结构和集合体(团聚)结构。这两大类不同结构特征的形成和变化取决于土的颗粒组成、矿物成分及所处的环境条件。

2)单粒结构特征

单粒结构,也称散粒结构,是碎石(卵石)、砾石类土和砂土等无黏性土的基本结构形式。

单粒结构对土的工程性质影响主要在于其松密程度。据此,单粒结构一般分为疏松的和紧密的两种。土粒堆积的松密程度取决于沉积条件和后来的变化作用。

具有单粒结构的碎石土和砂土,虽然孔隙比较小,而孔隙大,透水性强,土粒间一般没有内聚力,但土粒相互依靠支承,内摩擦力大,并且受压力时土体积变化较小。另外,由于这类土的透水性强,孔隙水很容易排出,在荷载作用下压密过程很快。因此,即使原来比较疏松,当建筑物结构封顶时,地基沉降也告完成。所以,对于具有单粒结构的土体,一般情况(静荷载作用)下可以不必担心它的强度和变形问题。

3)集合体结构特征

集合体结构,也称团聚结构、絮凝结构或易变结构。这类结构为黏性土所特有。

由于黏性土组成颗粒细小,表面能大,颗粒带电,沉积过程中粒间引力大于重力,并形成结合水膜连结,使之在水中不能以单个颗粒沉积下来,而是凝聚成较复杂的集合体进行沉积。这些黏粒集合体呈团状,常称为团聚体,构成黏性土结构的基本单元。具有集合体结构的土体,孔隙度很大(可达50%~98%),土的压缩性大;含水量很大,往往超过50%且压缩过程缓慢;具有大的易变性——不稳定性,对外界条件变化(如加压、震动、干燥、浸湿以及水溶液成分和性质变化等)很敏感,往往使之产生质的变化。

根据其颗粒组成、连结特点及性状的差异性,集合体结构可分为蜂窝状结构和絮状结构两种类型。

(1)蜂窝状结构:亦称为聚粒结构,是由较粗黏粒和粉粒的单个颗粒之间以面-点、边-点或边-边,受异性电引力和分子引力相连结组合而成的疏松多孔结构。

(2)絮状结构:亦称为聚粒絮凝结构或二级蜂窝状结构,主要是由更小的黏粒连结形成的,是上述蜂窝状的若干聚粒之间,以面-边或边-连结组合而成的更疏松、孔隙体积更大的结构。

2.土的构造

土的构造是指土体结构相对均一的土层单元体在空间上的排列方式和组合特征。各土层单元体的分界面称土层层面。土层单元体的形状多为层状、条带状,局部夹有透镜状,所以土层构造主要是层状构造。土层层面形态有平直的、交叉的,也有变化起伏的。由于地质历史的漫长,土层沉积往往是分层沉积的,所以从地面开始越往深处土层地质年代一般越老。

不同的土性也有不同的构造,碎石土往往呈粗砂状或似斑状构造,黏土中往往有砂土透镜体夹层等。也就是说,地层剖面中垂直方向地层层位变化较复杂,但水平方向同一层土性状大致相同但层厚有变化。因此,工程地质勘测中往往要多布钻孔才能详细掌握地层变化。

（四）土的三相关系

土的三相系指土是由土颗粒（固相）、土中水（液相）和土中气（气相）组成的。土的三相组成物质的差异、结构构造不同及形成年代不同等因素必然影响土的工程性状，并在土的含水量、重度、软硬程度、孔隙比、强度、承载能力方面有所反映。下面分别介绍土的三相关系。

1.土的固相

土的固相指的是土中固体颗粒的大小及所构成的骨架，土骨架可以传递有效应力。有效应力 $\sigma'=$ 上覆土层的总应力 σ –孔隙水压力 u。土的固相由各种大小不同的矿物颗粒组成，所以有必要对土颗粒分组。

1）粒组的划分及特征

粒径（或粒度）：土颗粒直径的大小（单位为 mm），可通过筛分时的筛孔孔径和水中下沉的当量球体的直径来确定。

粒组：粒径处于一定范围内的土粒组。

土的粒度成分（或称土的颗粒级配）：土中各粒组颗粒的质量分数。颗粒级配良好表示土颗粒大小不均匀。

土的粒径由大到小逐渐变化时，土的工程性质也相应地发生变化。因此，在工程上粒组的划分在于使同一粒组土粒的工程性质相近，而与相邻粒组土粒的性质有明显差别。

粒组特征如下。

（1）土颗粒愈细小，与水的作用愈强烈。毛细作用由无到毛细上升高度逐渐增大。

（2）土颗粒越大，透水性越好。

（3）黏性土由于结合水与双电层的作用，颗粒越细越易吸水膨胀，具有可塑性和流变性，但黏土基本不透水。

2）颗粒分析试验

土的颗粒级配需通过土的颗粒大小筛分实验来测定。对于粒径大于0.075mm 粗颗粒用筛分法测定粒组的土质量。试验时将风干、分散的代表性土样通过一套孔径不同的标准筛（例如 20，2，0.5，0.25，0.1，0.075mm）进行分选，分别用天平称重即可确定各粒组颗粒的相对含量。粒径小于0.075mm 的颗粒难以筛分，可用比重计法或移液管法进行粒组相对含量测定。实际上,小土颗粒多为片状或针状,因此粒径并不是这类土粒的实际尺寸,而是它们的水力当量直径(与实际土粒在液体中有相同沉降速度的理想球体的直径)。

颗粒级配曲线法是一种最常用的颗粒分析试验结果的表示方法,它表示土中小于某粒径的颗粒质量占土的总质量百分率与土粒粒径的变化关系。其横坐标表示土粒粒径,采用对数坐标;纵坐标表示小于某粒径颗粒的质量分数。筛分试验所得曲线称为颗粒级配曲线或颗粒级配累积曲线。从级配曲线可以直观地判断土中各粒组的含量情况,如果颗粒级配曲线陡峻,表示土粒大小均匀,级配不好;反之,曲线平缓,则表示土粒大小不均匀,级配良好。

2.土的液相

土的液相是指存在于土孔隙中的水。通常认为水是中性的,在零度以下时冻结,但实际上土中的水是一种成分非常复杂的电解质水溶液,它和亲水性的矿物颗粒表面有着复杂的物理化学作用。土中水溶液与土颗粒表面及气体有着复杂的相互作用,其作用程度不同,则形成不同性质的土中水,可将土中水分为结合水和非结合水两大类。

1)结合水

结合水是指受分子引力、静电引力吸附于土粒表面的土中水,受到表面引力的控制而不服从静水力学规律,其冰点低于零度。结合水又可分为强结合水和弱结合水。

(1)强结合水(吸着水):也称吸着水,是牢固地被土粒表面吸附的一层极薄的水层。强结合水在最靠近土颗粒表面处,水分子和水化离子排列得非常紧密,以致其相对密度大于1,并有过冷现象,即温度降到零度以下不发生冻结的现象。由于受土粒表面的强大引力作用,吸着水紧紧地吸附于土粒表面,失去自由活动能力,整齐地排列起来。强结合水厚度很小,一般只有几个水分子层。它的特征是没有溶解能力,不能传递静水压力,只有吸热变成蒸汽时才能移动,具有极大的黏滞度、弹性和抗剪强度。

(2)弱结合水(薄膜水):是距离土粒表面稍远的水分子,受到土粒的吸引力较弱,有部分活动能力,排列疏松不整齐。弱结合水厚度比强结合水大得多,且变化大,是整个结合水膜的主体,它仍然不能传递静水压力,没有溶解能力,冰点低于0℃。但水膜较厚的弱结合水能向邻近的较薄的水膜缓慢转移。当土中含有较多的弱结合水时,土则具有一定的可塑性。砂土比表面较小,几乎不具可塑性,而黏性土的比表面较大,其可塑性就大。

弱结合水离土粒表面愈远,其受到的静电引力愈小,并逐渐过渡到非结合水。土粒表面是双电层结构。双电层结构的第一层是指最靠近土粒表面处,静电引力最强,把水化离子和水分子牢固地吸附在颗粒表面形成的固定层。土粒周围水溶液中的阳离子和水分子,一方面受到土粒所形成电场的静电引力作用,另一方面又受到布朗运动(热运动)的扩散力作用。双电层结构的第二层是指在固定层外围,静电引力比较小,因此水化离子和水分子的活动性比在固定层中大而形成的扩散层。固定层和扩散层中所含的阳离子与土粒表面负电荷一起构成双电层。弱结合水则相当于扩散层中的水。

从上述双电层的概念可知,反离子层中的结合水分子和交换离子,愈靠近土粒表面,则排列得愈紧密和整齐,即靠近土体表面的强结合水活动性也愈小。因此蒙脱石类黏性土与水作用最强烈,伊利石类次之,高岭石类相对不是很活跃。

2)非结合水

非结合水为土粒孔隙中超出土粒表面静电引力作用范围的一般液态水。主要受重力作用控制,能传递静水压力和溶解盐分,在温度0℃左右冻结成冰。液态非结合水包括毛细水和重力水。

(1)毛细水:是由于毛细作用保持在地下水位附近土的毛细孔隙中的地下水。它分布在结合水的外围,有极微弱的抗剪强度,能传递静水压力,在外力较小的情况下就可以发生显著的流动。毛细水不仅受到重力的作用,还受到表面张力的支配,能沿着土的细孔隙从潜水面上升到一定的高度。这种毛细水上升接近建筑物基础底面时,毛细压力将作为基底附加压力的增值,而增大建筑物的沉降;毛细水上升接近或浸没基础时,在寒冷地区将加剧冻胀作用;毛细水浸润基础或管道时,水中盐分对混凝土和金属材料常具有腐蚀作用。

(2)重力水:是存在于较粗大孔隙中,具有自由活动能力,在重力作用下流动的水,为普通液态水。重力水流动时,产生动水压力,能冲刷带走土中的细小土粒,这种作用称为机械潜蚀作用。重力水还能溶滤土中的水溶盐,这种作用称为化学潜蚀作用。两种潜蚀作用都将使土的孔隙增大,增大压缩性,降低抗剪强度。同时,地下水面以下饱水的土重及工程结构的重量,因受重力水浮力作用,将相对减小。

3.土的气相

土的气相是指充填在土的孔隙中的气体,包括土中与大气连通的气体和土中密闭的气体两类。与大气连通的气体对土的工程性质没有多大的影响,它的成分与空气相似,当土受到外力作用时,这种气体很快从孔隙中挤出;但是密闭的气体对土的工程性质有很大的影响,密闭气体的成分可能是空气、水汽或天然气。密闭气体很难从土中排除,对土的性质影响较大,使土不易压密、弹性变形量增加等。在压力作用下这种气体可被压缩或溶解于水中,而当压力减小时,气泡会恢复原状或重新游离出来。

二、土体的工程分类与性质

(一)土体的工程分类

土的种类繁多,其分类方法各异。在土方施工中,按开挖的难易程度将土分为8类,见表3-1。其中一至四类为土,五至八类为岩石。在选择施工挖土机械和套用建筑安装工程劳动定额时要依据土的工程类别。

表3-1 土的工程地质分类

土的分类	土的级别	土的名称	密度(kg/m³)	开挖方法及工具
一类土(松软土)	I	砂土,粉土,冲积砂土层,疏松的种植土,淤泥(泥炭)	600~1500	用锹、锄头挖掘,少许用脚蹬
二类土(普通土)	II	粉质黏土,潮湿的黄土,夹有碎石、卵石的砂,粉土混卵(碎)石,种植土,填土	1100~1600	用锹、锄头挖掘,少许用镐翻松
三类土(坚土)	III	软及中等密实黏土,重粉质黏土,砾石土,干黄土,含有碎石卵石的黄土,粉质黏土,压实的填土	1750~1900	主要用镐挖,少许用锹、锄头挖掘,部分用撬棍
四类土(砂砾坚土)	IV	坚硬密实的黏性土或黄土,含碎石、卵石的中等密实的黏性土或黄土,粗卵石,天然级配砂石,软泥灰岩	1900	先用镐、撬棍翻松,后用锹挖掘,部分用楔子及大锤凿
五类土(软石)	V	硬质黏土,中密的页岩、泥灰岩、白垩土,胶结不紧的砾岩,软石灰岩及贝壳石灰岩	1100~2700	用镐或撬棍、大锤挖掘,部分使用爆破方法
六类土(次坚石)	VI	泥岩,砂岩,砾岩,坚实的页岩、泥灰岩,密实的石灰岩,风化花岗岩,片麻岩及正长岩	2200~2900	用爆破方法开挖,部分用风镐
七类土(坚石)	VII	大理岩,辉绿岩,玢岩,粗、中粒花岗岩,坚实的白云岩、砂岩、砾岩、片麻岩、石灰岩,微风化安山岩,玄武岩	2500~3100	用爆破方法开挖

土的分类	土的级别	土的名称	密度(kg/m³)	开挖方法及工具
八类土（特坚石）	Ⅷ	安山岩，玄武岩，花岗片麻岩，坚实的细粒花岗岩、闪长岩、石英岩、辉长岩、角闪岩、玢岩、辉绿岩	2700～3300	用爆破方法开挖

（二）土体的工程性质

1.天然含水量

土的含水量 w 是指土中水的质量与固体颗粒质量之比的百分率，即

$$w = \frac{m_w}{m_s} \times 100\%$$

式中：m_w，土中水的质量（kg）；m_s，土中固体颗粒的质量（kg）。

2.天然密度和干密度

土在天然状态下单位体积的质量，称为土的天然密度。土的天然密度用 p 表示：

$$p = \frac{m}{V}$$

式中：m，土的总质量（kg）；V，土的天然体积（m³）。

单位体积中土的固体颗粒的质量称为土的干密度。土的干密度用 p_d 表示：

$$p_d = \frac{m_s}{V}$$

式中：m_s，土中固体颗粒的质量（kg）；V，土的天然体积（m³）。

土的干密度越大，表示土越密实，其常用来控制填土工程的压实质量。工程上常把土的干密度作为评定土体密实程度的标准。土的干密度 p_d 与土的天然密度 p 之间有如下关系：

$$p = \frac{m}{V} = \frac{m_s + m_w}{V} = \frac{m_s + wm_s}{V} = (1 + w)\frac{m_s}{V} = (1 + w)p_d$$

即 $p_d = \dfrac{p}{1 + w}$

3.可松性

土的可松性是指自然状态下的土经过开挖后，其体积因土体的松散而增大，以后虽经回填压（夯）实，仍不能恢复其原来的体积的性质。土的可松

性程度用可松性系数表示，即

$$K_s = \frac{V_{松散}}{V_{原状}}$$

$$K_s' = \frac{V_{压实}}{V_{原状}}$$

式中：K_s，土的最初可松性系数；K_s'，土的最后可松性系数；$V_{原状}$，土在天然状态下的体积（m³）；$V_{松散}$，土挖出后在松散状态下的体积（m³）；$V_{压实}$，土经回填压（夯）实后的体积（m³）。

土的可松性对确定场地设计标高、平衡调配土方量、计算运土机具的数量和弃土坑的容积，以及计算填方所需的挖方体积等均有很大影响。各类土的可松性系数见表3-2。

表3-2 各类土的可松性系数

土的类别	体积增加百分数/%		可松性系数	
	最初	最后	K_s	K_s'
一类土（种植土除外）	8～17	1～2.5	1.08～1.17	1.01～1.03
一类土（植物性土、泥炭）	20～30	3～4	1.20～1.3	1.03～1.04
二类土	14～28	2.5～5	1.14～1.28	1.02～1.05
三类土	24～30	4～7	1.24～1.30	1.04～1.07
四类土（泥灰岩、蛋白石除外）	26～32	6～9	1.26～1.32	1.06～1.09
四类土（泥灰岩、蛋白石）	33～37	11～15	1.33～1.37	1.11～1.15
五类～七类土	30～45	10～20	1.3～1.45	1.1～1.2
八类土	45～50	20～30	1.45～1.5	1.2～1.3

土方工程中有自然方、松方、压实方等几种计量方法，其换算关系见表3-3。

表3-3 土石方的松实系数

项目	自然方	松方	实方	项目	自然方	松方	实方
土方	1	1.33	0.85	砂	1	1.07	0.94
石方	1	1.53	1.31	混合料	1	1.19	0.88

注：本表摘自《水利建筑工程预算定额》（水利部文件〔2002〕116号）。

4.渗透性

土的渗透性是指水流通过土中孔隙的难易程度。水在单位时间内穿透土层的能力称为渗透系数,用 K 表示,单位为 m/d。地下水在土中的渗流速度一般可按达西定律计算,其计算公式如下:

$$v = K \frac{H_1 - H_2}{L} = K \frac{h}{L} = Ki$$

式中:v,水在土中的渗透速度(m/d);i,水力坡度,$i = \dfrac{H_1 - H_2}{L}$,即 A、B 两点水头差与其水平距离之比;K,土的渗透系数(m/d)。

从达西公式可以看出渗透系数的物理意义:当水力坡度 i 等于 1 时的渗透速度 v 即渗透系数 K,单位为 m/d。K 值的大小反映土体透水性的强弱,影响施工降水与排水的速度。土的渗透系数可以通过室内渗透试验或现场抽水试验测定,一般土的渗透系数 K 见表3-4[①]。

表3-4　土的渗透系数

土的种类	渗透系数 K /(m/d)	土的种类	渗透系数 K /(m/d)
黏土	<0.005	中砂	5～25
粉质黏土	0.005～0.1	均质中砂	35～50
粉土	0.1～0.5	粗砂	20～50
黄土	0.25～0.5	圆砾	50～100
粉砂	0.5～5	卵石	100～500
细砂	1~10	无填充物卵石	500～1000

三、常见特殊岩土

特殊岩土是指具有特殊工程性质的各类岩土的统称。各种特殊岩土的特殊性往往与它们特定的成因、组成、结构、构造等因素密切相关,在分布上也有区域性特点。常见的特殊岩土包括黄土、膨胀性岩土、软土、冻土、盐渍岩土、红黏土等。下面仅对其中五种特殊岩土的特征及工程性质做简要介绍。

---

①陈文建,汪静然.建筑施工技术[M].2版.北京:北京理工大学出版社,2018.

（一）黄土

1.黄土概述

1）黄土的特征及其分布

黄土是第四纪以来,在干旱、半干旱气候条件下,陆相沉积的一种特殊土。标准的或典型的黄土具有下列6项特征。

（1）颜色为淡黄色、褐色或灰黄色。

（2）颗粒组成以粉土颗粒（0.005～0.075mm）为主,一般占52%～74%。

（3）黄土中含有多种可溶盐,特别富含碳酸盐,主要是碳酸钙,含量可达10%～30%,局部密集形成钙质结核,又称姜结石。

（4）结构疏松,孔隙多,有肉眼可见的大孔隙或虫孔、植物根孔等各种孔洞,孔隙度一般为33%～64%。

（5）具有柱状节理和垂直节理,天然条件下能保持近于垂直的边坡。

（6）湿陷性。湿陷性是黄土的典型特殊性质。黄土湿陷性是引起黄土地区工程建筑破坏的重要原因。并非所有黄土都具有湿陷性。具有湿陷性的黄土称为湿陷性黄土。

只具有上述6项特征中部分特征的黄土称为黄土状土或黄土类土。

黄土在全世界均有分布,主要分布在亚洲、欧洲和北美,总面积达1300万km²;相当于全球面积的2.5%以上。我国是世界上黄土分布面积最大的国家,西北、华北、山东、内蒙古及东北等地区均有分布,面积达64万km²,占国土面积的6.7%。黄河中上游的陕、甘、宁及山西、河南一带黄土面积广,厚度大,地理上有黄土高原之称。各地区黄土厚度:陕、甘、宁地区100～200m,某些地区可达300m;渭北高原50～100m;山西高原30～50m;陇西高原为30～100m;其他地区一般为几米到几十米,很少超过30m。

2）黄土的成因及沉积年代

（1）黄土的成因。

目前,较为普遍的看法是坡积、残积等黄土主要是由风积黄土经过再搬运、再沉积形成的。有些研究者把风成黄土称为原生黄土,而其他各种成因的为次生黄土。这里需要特别提出的是近数十年新沉积的黄土,工程性质很差,在这类黄土分布地区修建工程建筑时常常因为对它的工程性质认识不清而导致工程建筑的失败。

（2）黄土的沉积年代。

中国黄土从第四纪初开始沉积，一直延续至今，贯穿了整个第四纪。午城黄土和离石黄土因沉积年代早，大孔隙已退化，土质紧密，不具湿陷性；马兰黄土沉积年代较新，有强烈的湿陷性；而新近堆积的黄土结构疏松，压缩性强，工程性质最差。习惯上把离石、午城黄土称为老黄土，而马兰黄土等称为新黄土。

2.黄土的工程性质

1）物理性质

（1）黄土的粒度成分。

前面提到黄土的粒度成分以粉粒为主，占 52% ~ 74%，其次是砂粒和黏粒，各占 11% ~ 29% 和 8% ~ 26%。在黄土分布地区，黄土的粒度成分有明显的变化规律，陇西和陕北地区黄土的砂粒含量大于黏粒，而豫西地区黏粒含量大于砂粒，即由西北向东南，砂粒减少、黏粒增多，这种情况与黄土湿陷性西北强、东南弱的递减趋势大体相关。一般认为黏粒含量大于 20% 的黄土，湿陷性减小或无湿陷性。但是也有例外的情况，兰州西黄河北岸的次生黄土黏粒含量超过 20%，湿陷性仍十分强烈。这与黏粒在土中的赋存状态有关，均匀分布在土骨架中的黏粒，起胶结作用，湿陷性小；呈团粒状分布的黏粒，在骨架中不起胶结作用，就有湿陷性。

（2）黄土的相对密度和密度。

黄土的相对密度一般为 2.54 ~ 2.84，与黄土的矿物成分及其含量多少有关：砂粒含量高的黄土相对密度小，一般在 2.69 以下；黏粒含量高的相对密度大，一般在 2.72 以上。

黄土结构疏松，具有大孔隙，密度较小，为 1.5 ~ 1.8g/cm³，干密度一般为 1.3 ~ 1.6g/cm³，干密度反映土的密实程度，一般认为干密度小于 1.5g/cm³ 的黄土具有湿陷性。

2）水理性质

（1）黄土的含水量。

黄土含水量与当地年降水量及地下水埋深有关，位于干旱、半干旱地区的黄土一般含水量较低，当地下水埋藏较浅时含水量就高一些。含水量与湿陷性有一定关系，含水量低，湿陷性强，含水量增加，湿陷性减弱，一般含水量超过 25% 时就不再具有湿陷性了。

（2）黄土的湿陷性。

湿陷性是黄土成为特殊土的主要原因。天然黄土在一定的压力作用下，浸水后产生突然的下沉现象，称为湿陷。黄土湿陷发生在一定的压力下，这个压力称为湿陷起始压力，当土体受到的压力小于起始压力时，不产生湿陷。湿陷如果发生在土的饱和自重压力下，称为自重湿陷；如果发生在自重压力和建筑物的附加压力下，称为非自重湿陷。自重湿陷的黄土，湿陷起始压力小于自重压力，非自重湿陷黄土的湿陷起始压力大于自重压力。黄土的非自重湿陷比较普遍，其工程意义比较大。

黄土湿陷性的原因目前尚未查清，目前多数学者的看法是，黄土湿陷性是由进入黄土中的水使黏聚力降低甚至消失引起的。

3）力学性质

（1）黄土的压缩性。

土的压缩性由压缩系数 α 表示，它是指在单位压力作用下土的孔隙比的减小。α 的单位为 MPa^{-1}。一般认为 α 小于 $0.1MPa^{-1}$ 为低压缩性土，$\alpha = 0.1 \sim 0.5MPa^{-1}$ 为中等压缩性土，α 大于等于 $0.5MPa^{-1}$ 是高压缩性土。黄土虽然具有大孔隙、结构疏松，但压缩性中等，只有近代堆积的黄土是高压缩性的。年代越老的黄土压缩性越小。

（2）黄土的抗剪强度。

一般黄土的内摩擦角 $\varphi = 15° \sim 25°$，黏聚力 $C = 30 \sim 40kPa$，抗剪强度中等。

从黄土的一般工程性质看，在干燥状态下，黄土的工程力学性质并不是很差的，但遇水软化甚至发生湿陷后，常引起工程建筑物的破坏，所以湿陷性是湿陷性黄土的最不良的性质。

3.黄土的主要工程地质问题

1）黄土的湿陷性评价

黄土湿陷性评价目前都采用浸水压缩试验方法，将黄土原状土样放入固结仪内，测出试样的原始高度。在侧限变形条件下，保持天然湿度、结构，在一定压力变形稳定后测试试样高度，再在浸水饱和条件下测试变形稳定后的试样高度，然后计算黄土的湿陷系数 δ_s。

按照湿陷系数的大小，可以将黄土分为非湿陷性黄土（$\delta_s < 0.015$）、轻微湿陷性黄土（$0.015 \leqslant \delta_s \leqslant 0.030$）、中等湿陷性黄土（$0.030 < \delta_s \leqslant 0.070$）、强烈湿陷

性黄土$\delta_s > 0.070$)。

2)黄土地基湿陷变形

黄土湿陷变形的特点是变形量大,常常是正常压缩变形的几倍,甚至是几十倍;发生快,多在受水浸湿后 1~3h 就开始湿陷;变形不均匀。黄土湿陷变形使建筑物地基产生大幅度的沉降或不均匀沉降,从而造成建筑物开裂、倾斜,甚至破坏。如西宁某工厂 1 号楼,在施工中受水浸湿,一夜之间建筑物两端相对沉降差达 16cm,室外地坪下沉达 60cm 之多,由于不均匀沉陷,使该幢房屋地下室尚未建成,便被迫停建报废。

3)黄土陷穴

黄土地区地下常常有天然或人工洞穴,这些洞穴的存在和发展容易造成上覆土层和工程建筑物的突然陷落,称为黄土陷穴。天然洞穴主要由黄土自重湿陷和地下水潜蚀形成。在黄土地区地表略凹处,雨水积聚下渗,黄土被浸湿,发生湿陷变形下沉。地下水在黄土的孔隙、裂隙中流动时,既能溶解黄土中的易溶盐,又能在流速达到一定值时把土中细小颗粒冲蚀带走,从而形成空洞,这就是潜蚀作用。潜蚀作用多发生在黄土中易溶盐含量高、大孔隙多、地下水流速及流量较大的部位。潜蚀作用不断进行,土中空洞由小变大,由少变多,最终导致地表坍陷或建筑物的破坏。从地表地形、地貌看,地表坡度变化较大的河谷阶地边缘、冲沟两岸、陡坡地带等,有利于地表水下渗或地下水加速,是潜蚀洞穴分布较多的地方。人工洞穴包括古老的采矿、掏砂坑道和墓穴等,这些洞穴分布无规律、不易发现,容易造成隐患。

4.黄土的防治措施

黄土内部疏松的结构、水的浸入和一定的附加压力是引起湿陷的内在、外部条件,应当针对这些条件采取相应的防治措施。首先,采取防水措施,防止地表水下渗和地下水位的升高,减少水的浸润作用;其次,对地基进行处理,降低黄土的孔隙度,加强内部联结和土的整体性,提高土体强度,减小或消除黄土的湿陷变形;再次,对于黄土陷穴,必须注意对陷穴的位置、形状及大小进行勘察调研,然后有针对性地采取整治措施。

(二)膨胀性岩土

1.膨胀性岩土概述

膨胀性岩土与岩土的膨胀性是有区别的两个术语。岩土的膨胀性是对岩土吸水后产生体积膨胀时的物理化学过程的描述,而膨胀性岩土是指具有膨胀性质的一类特殊岩土。前者是工程性质,后者是定义。

膨胀性是岩土中亲水性矿物吸水后产生体积膨胀的现象。水是引起岩土膨胀性的媒介,亲水性矿物成分是产生岩土膨胀性的物质基础,矿物颗粒与水的相互作用是岩土膨胀性的微观机理,体积膨胀是矿物颗粒与水相互作用的宏观表现。

根据岩土中亲水性矿物成分的不同,膨胀性岩土可以分为含泥膨胀性岩土和含膏、盐膨胀性岩土。含泥膨胀性岩土主要是指富含强亲水性黏土矿物(如蒙脱石、伊利石等)的黏性土和泥岩、页岩、泥灰岩、绿泥石片岩、凝灰岩等岩石。含膏、盐膨胀性岩土主要指富含盐胀性矿物(如硬石膏、无水芒硝等)的硬石膏岩、芒硝岩、含膏红层等和盐渍土。膨胀性岩土涉及岩浆岩、沉积岩、变质岩三大类岩石以及各种黏性土,种类繁多,分布广泛且具有区域性。在工程实践中,冻结、剪胀等外界因素引起的膨胀不包含在膨胀性岩土研究中。

1)膨胀性岩土的特征

(1)富含强膨胀性黏土矿物的膨胀岩土特征如下。

A.颜色多为灰白色、棕黄色、棕红色、褐色等。

B.粒度成分以黏粒为主,含量为35%~50%,其次是粉粒,砂粒最少。

C.矿物成分以蒙脱石、伊利石为主,高岭石含量很少。

D.具有强烈的膨胀、收缩特性,吸水时膨胀,失水收缩时产生收缩裂隙,干燥时强度较高,多次反复胀缩强度降低。

E.地下部分可保持原岩构造、地表部分大都风化成土,其中各种成因的裂隙十分发育。

F.早期(第四纪以前或第四纪早期)生成的膨胀土具有超固结性。

(2)其他膨胀性岩石特征如下。

A.岩石外观、地域、时代没有很强的规律性,膨胀与否与当地降雨量和地下水丰富程度有关。

B.含有蒙脱石、伊利石等矿物的泥岩、页岩、板岩,或含有硬石膏、无水芒硝等盐胀矿物的其他岩类。

C.蒙脱石、伊利石等黏土矿物含量不高的膨胀性岩石的膨胀性一般较低,膨胀应力水平一般低于典型膨胀岩土,具有一定的胀缩性。含盐胀矿物的膨胀性岩石的膨胀性及膨胀应力水平由盐胀矿物盐胀特征和含量决定,一般不具收缩性。

D.一般观察不到明显的胀缩裂隙。

2)膨胀性岩土的分布

膨胀性岩土分布范围广泛,世界各国均有分布,我国是世界上膨胀性岩土分布最广、面积最大的国家之一。我国20多个省、区、市发现有膨胀性岩土的危害,它主要分布在云贵高原到华北平原之间各流域形成的平原、盆地、河谷阶地以及河间地块和丘陵等地区,在东北和西北部分地区也有分布。其中广西南部、云南东南部、湖北西北部、陕西东南部、河南西南部、四川盆地、安徽、山东部分地区是著名的膨胀性岩土分布区域,由此引起的工程地质问题十分严重。

3)膨胀性岩土的成因和时代

我国各地膨胀土的成因不同,大致有洪积、冲积、湖积、残积、坡积等多种因素,形成时代自新近纪(晚第三纪)末期的上新世 N_2 开始到更新世晚期的 Q_3,各地形成时代不一。膨胀岩主要有含有蒙脱石、伊利石等矿物的各种成因的泥质岩,以石膏为主要成分的蒸发岩,以及含有石膏等矿物的泻湖相碳酸岩,形成时代从二叠纪到新近纪(晚第三纪)。

2.膨胀性岩土的工程性质

1)物理性质

膨胀土中黏粒含量占 50% 以上,黏粒粒径小于 0.005mm,接近胶体颗粒,为准胶体颗粒,比表面积大。颗粒表面由具有游离价的原子或离子组成,即具有表面能,在水溶液中吸引极性水分子和水中离子,呈现出强亲水性。天然状态下,典型膨胀土结构紧密、孔隙比小,干密度达 $1.6 \sim 1.8 \text{g/cm}^3$。

膨胀岩的物理性质与同类岩石相当。

2)水理性质

(1)含水量。

典型膨胀土的天然含水量与塑限比较接近,一般为 18% ~ 26%,塑性指数为 18 ~ 23,土体处于坚硬或硬塑状态,常被误认为是良好的天然地基。

膨胀岩的含水量与孔隙裂隙关系明显,天然含水量在5% ~ 40%。

(2)膨胀性指标。

含黏土矿物的含泥膨胀性岩土吸水膨胀的原因,是岩土中亲水性黏土矿物与水接触时,发生水化作用。例如,富含蒙脱石的膨胀土吸水后,其自由膨胀率可达 100% 以上。收缩性是指由于含水量的减少而引起土体积减小的性能。膨胀土收缩是由在土中水分蒸发过程中,大气压力与土中水的表面张力形成的毛细吸力引起的,可以用收缩率等指标进行评价。膨胀土的收缩变形可达 20% 以上,收缩导致土体开裂,结构破坏。

工程上用自由膨胀率、膨胀率、线缩率、膨胀力等指标评价含泥膨胀性岩土的膨胀性。

(3)渗透性。

膨胀岩土的渗透性受干湿循环影响较大。一般条件下,膨胀土的渗透系数为 $10^{-8} \sim 10^{-7}$ m/s。含黏土矿物的膨胀岩的渗透性受各种裂隙影响较大,试验研究程度较低。一般认为天然状态下其渗透系数高于同类泥质岩,可达 $10^{-8} \sim 10^{-6}$ m/s。含盐胀矿物的膨胀性岩石的渗透性与同类岩石相当。

3)力学性质

天然状态下,含黏土矿物的膨胀岩土的剪切强度、弹性模量都比较高,但遇水后强度降低,黏聚力小于 100kPa,内摩擦角小于 10°,有的甚至接近饱和淤泥的强度。

以膨胀性黏土矿物为主的典型膨胀岩土的膨胀力为数百千帕,也可超过 1MPa。含黏土矿物的膨胀性岩石的膨胀力为 20 ~ 200kPa。含盐胀矿物的膨胀岩的膨胀力研究资料较少。

大部分以膨胀性黏土矿物为主的典型膨胀土具有超固结性,即膨胀土受到的应力历史中,曾受到比现在土的上覆自重压力更大的压力,因而孔隙比小,压缩性低。一旦开挖,遇水膨胀,强度降低,造成破坏。

3.膨胀性岩土的主要工程地质问题

1)膨胀性岩土的胀缩性的评价

通过判断分析确定某种土为膨胀性岩土后,还需要根据工程地质特征及土的膨胀潜势和地基胀缩等级等指标,对建筑场地进行综合评价,对工程地质及土的膨胀潜势和地基胀缩等级进行分区。根据自由膨胀率,膨胀土的膨胀潜势分为强($\delta_{ef} \geqslant 90\%$)、中($65\% \leqslant \delta_{ef} < 90\%$)、弱($40\% \leqslant \delta_{ef} < 65\%$)三级;根据地基分级变形量 sc,可以将膨胀地基的胀缩等级分为 I($15\text{mm} \leqslant \text{sc} < 35\text{mm}$)、II($35\text{mm} \leqslant \text{sc} < 70\text{mm}$)、III($\text{sc} \geqslant 70\text{mm}$)级。

2)膨胀性岩土工程的胀缩变形问题

膨胀性岩土地区的工程地质问题主要是由胀缩变形引起的,如地基不均匀变形,滑坡,洞室围岩开裂、鼓胀等。以成都黏土地区某建筑基坑边坡为例,由于对膨胀土的认识不足,基坑开挖后,降雨引起基坑边坡支护桩整体倾斜、坡顶地面开裂等现象,采取斜撑支护后,边坡才维持稳定。又如,成昆铁路百家岭隧道误用含硬石膏的石灰岩作为混凝土骨料,硬石膏遇水反应生成石膏,体积膨胀,引起衬砌破坏。再如,因石膏、硬石膏遇水溶解或石膏受热脱水后重新结晶,也会产生膨胀变形或膨胀应力,使隧道产生较为复杂的变形破坏现象。

4.膨胀性岩土的防治措施

在膨胀土地区,只要膨胀土中水分发生变化,就能引起膨胀土胀缩变形,从而导致建筑物变形、破坏。因此,在膨胀土地区进行建筑时,应采取有效的工程措施,防止膨胀土对建筑物的危害。

1)膨胀性岩土地基的防治措施

(1)防水保湿措施。

防水保湿措施主要包括防止地表水下渗、土中水分蒸发,保持地基土湿度,控制其胀缩变形等。如在建筑物周围设置散水坡,设水平和垂直的隔水层;加强上下水管的防漏措施;建筑物周围合理绿化,防止植物根系吸水造成地基土不均匀收缩;采用合理的施工方法,基槽不宜暴晒或浸泡,及时回填夯实等。

(2)地基土改良措施。

膨胀土地区的地基土改良主要是为了消除或减小土的胀缩性能。常采用的措施有:换土法,即挖除地基土上层膨胀土,换填以非膨胀性土;石灰加固法,即将石灰水压入膨胀土,胶结土粒,提高土的强度等。

2)膨胀性岩土边坡变形的防治措施

为防治边坡变形,首先要根据路基工程地质条件,合理确定路堑边坡形式。一般情况下,膨胀土边坡要求采用一级或多级的直线坡,严格控制单级坡高不超过6m,在台阶和坡脚处设置宽度不小于2m的带侧沟的平台,改善边坡应力状态,防止滑体直接侵入既有建筑。同时采取有效的工程措施,如:地表水防护,截、排坡面水流,使地表水不渗入坡面和冲蚀坡面;坡面防护加固,常用的有植被防护和骨架防护;施加支挡措施,设抗滑挡墙、抗滑桩、片石垛、填土反压等。

（三）软土

1.软土概述

1）软土及其特征

软土一般是指天然含水量大、压缩性高、承载力低和抗剪强度很低的呈软塑—流塑状态的黏性土。软土是一类土的总称，并非指某一种特定的土，工程上常将软土细分为软黏性土、淤泥质土、淤泥、泥炭质土和泥炭等。

在山间谷地、滨海地区还有一些天然含水量大、压缩性高、强度低，但又有别于典型软土的软弱黏土，工程实践中称为松软土。松软土主要由软塑状态的黏性土及粉土、粉砂、细砂组成。据有关研究资料，其主要特点是部分物理指标小于软土（含水量小于液限或孔隙比小于1.0），而抗剪强度又接近或达到软土标准。松软土的工程性质还需进一步研究。

软土主要是在静水或缓慢流水环境中沉积的以细颗粒为主的第四纪沉积物，除此之外，软土形成环境中，往往生长一些喜湿的植物，这些植物的遗体，在缺氧条件下分解形成软土的有机物成分。我国各地区软土一般有下列特征。

（1）软土颜色多为灰绿色、灰黑色，手摸有滑腻感，能染指，有机质含量高时，有腥臭味。

（2）软土的粒度成分主要为黏粒及粉粒，黏粒含量高达60%~70%。

（3）软土的矿物成分，除粉粒中的石英、长石、云母外，黏粒中的黏土矿物主要是伊利石，高岭石次之。此外，软土中常有一定量的有机质，可高达8%~9%。

（4）软土具有典型的海绵状或蜂窝状结构，这是造成软土孔隙比大、含水量高、透水性小、压缩性大、强度低的主要原因之一。

（5）软土常具有层理构造，软土和薄层的粉砂、泥炭层等相互交替沉积，或呈透镜体相间形成性质复杂的土体。

（6）松软土由于形成于长期饱水作用而有别于典型软土，其特征与软土较为接近，但其力学性质明显低于普通土。

2）软土的成因及分布

我国软土分布广泛，主要位于沿海、平原地带、内陆湖盆、洼地及河流两岸地区。沿海、平原地带软土多位于大河下游入海三角洲或冲积平原处，如长江、珠江三角洲地带，塘沽、温州、闽江口平原等地带；内陆湖盆、洼地则以洞庭湖、洪泽湖、太湖、滇池等地为代表；山间盆地及河流中下游两岸漫滩、阶地、废弃河道等处也常有软土分布;沼泽地带则分布着富含有机质的软土和泥炭。

我国软土的成因主要有下列几种。

(1)沿海沉积型。

我国东南沿海自连云港至广州湾几乎都有软土分布,其厚度大体自北向南变薄,由40~5m。沿海沉积的软土又可按沉积部位分为以下4种。

滨海相:受波浪、岸流影响,软土中常含砂粒,有机质较少,结构疏松,透水性稍强,如天津塘沽、浙江温州软土。

潟湖相:软土颗粒微细、孔隙比大,强度低,分布广,常形成海滨平原,如宁波软土。

溺谷相:呈窄带状分布,范围小于潟湖相,结构疏松,孔隙比大,强度很低,如闽江口软土。

三角洲相:在河流与海潮复杂交替作用下,软土层常与薄层的中、细砂交错沉积,如上海地区和珠江三角洲软土。

(2)内陆湖盆沉积型。

软土多为灰蓝至绿蓝色,颜色较深,厚度一般约10m,常含粉砂层、黏土层及透镜体状泥炭层。

(3)河滩沉积型。

软土一般呈带状分布于河流中、下游漫滩及阶地上,这些地带常是漫滩宽阔、河岔较多、河曲发育、牛轭湖分布的地段。软土沉积交错复杂,透镜体较多,厚度不大,一般小于10m。

(4)沼泽沉积型。

沼泽软土颜色深,多为黄褐色、褐色至黑色,主要成分为泥炭,并含有一定数量的机械沉积物和化学沉积物。

(5)山间沟谷盆地型。

山间沟谷盆地型是松软土的主要成因分布类型。本类型软土主要分布在水量充沛的内陆山间盆地和沟谷平缓区域,由原有泥质岩风化的黏土物质长期饱水浸泡软化而形成,分布因受地形影响较分散。

2.软土的工程性质

1)软土的孔隙比和含水量

软土多在静水或缓慢流水中沉积,颗粒分散性高,联结弱,具有较大的孔隙比和高含水量,孔隙比一般大于 1.0,高的可达 5.8(滇池淤泥),含水量比液限高 50% ~ 70%,最高可达 300%,但随沉积年代的久远和深度的加大,孔隙比和含水量降低。

2)软土的透水性和压缩性

软土孔隙比大,但孔隙小,黏粒的吸水、亲水性强,土中有机质多,分解出的气体封闭在孔隙中,使土的透水性变差,一般渗透系数 K 小于 10^{-6}cm/s,在荷载作用下排水不畅,固结慢,压缩性高,压缩系数 $a = 0.7 ~ 2.0$MPa^{-1},压缩模量 E_s 为 1 ~ 6MPa,压缩过程长,开始时压缩快,以后逐渐变慢。总之,软土在建筑物荷载作用下容易发生不均匀下沉和大量下沉,而且压缩下沉很慢,完成下沉的时间很长。

3)软土的强度

软土强度低,无侧限抗压强度为 10 ~ 40kPa。不排水直剪试验的 $\varphi = 2°$ ~ $5°$,$C = 10 ~ 15$kPa;排水条件下 $\varphi = 10°$ ~ $15°$,$C = 20$kPa。所以评价软土抗剪强度时,应根据建筑物加荷情况,选用不同的试验方法。

4)软土的触变性

软土受到振动,海绵状结构破坏,土体强度降低,甚至呈现流动状态,称为触变,也称振动液化。触变使地基土大面积失效,对建筑物破坏极大。一般认为,触变是由于吸附在土颗粒周围的水分子的定向排列受扰动破坏,土粒好像悬浮在水中,出现流动状态,因而强度降低,静置一段时间,土粒与水分子相互作用,重新恢复定向排列,结构恢复,土的强度又逐渐提高。

5)软土的流变性

软土在长期荷载作用下,变形可以延续很长时间,最终引起破坏,这种性质称为流变性。破坏时软土的强度远低于常规试验测得的标准强度,一些软土的长期强度只有标准强度的 40% ~ 80%。但是,软土的流变发生在一定荷载下,小于该荷载,不产生流变,不同的软土产生流变的荷载值也不同。

3.软土地基的主要工程地质问题

软土地基的变形破坏主要包括过大的沉降变形、不均匀沉降变形和整体剪切破坏。由于软土含水量高、压缩性大、强度低,在附加荷载的作用下,软土地基容易产生过大的沉降变形,当建筑物结构或地基的均匀性较差时,也容易产生不均匀沉降,导致建筑物开裂损坏;由于附加荷载过大或施工加载过快,则可导致软土地基整体剪切破坏。如肖穿线通过62m厚的淤泥层,8m高的桥头路堤一次整体下沉4.3m,坡脚地面隆起2m,变形范围涉及路堤外56m远处。软土地基上的房屋建筑也应控制建筑高度,否则须采取工程措施。

4.软土地基的主要防治措施

软土地基处理是地基处理中的典型类别,关于地基处理的更多内容参看第九章,这里主要简单介绍典型软土和松软土常用的加固措施。

1)砂垫层

软土地基的固结必须排水。由于软土渗透性差,常采用一些措施加速排水固结,在地基软土较薄、底部有砂砾层时,则在基础底部地面铺设砂垫层,砂垫层宽度应大于路堤底部宽度,便于排水。

2)堆载预压法

在建筑物施工前,用与设计荷载相等或略大于设计荷载的荷重堆在建筑场地上,达到压实地基、提高强度、减少建筑物后期沉降量的目的。该方法经济、有效,缺点是预压时间长。

3)砂井和碎石桩

在软土地基中挖直径为0.4～2m的井眼,置入砂土或碎石,砂井碎石桩顶地面铺设12～20cm厚的砂碎石垫层,构成排水通道,加快地基排水固结,以提高地基土的强度。还可以在其上堆载,以加快固结速度。

4)石灰桩

以石灰代替砂土置入井中,生石灰水化时吸水膨胀,温度升高,在桩周围形成一个密实的土桩,提高土的强度。

5)旋喷注浆法

将带有特殊喷嘴的注浆管置入土层预定深度,以20MPa左右的高压向土体旋喷水泥砂浆或水玻璃与氯化钙的混合液,浆液与土搅拌混合,经过凝结固化,在土中形成固结体,从而提高地基的抗剪强度,改善土的性质。

6)强夯法

夯实加固地基土是一种古老、行之有效的方法,夯实加固软土地基效果极差,但对松软土地基有一定的适应性。强夯法采用100～300kN重锤,从10～40m高处自由落下,夯实土层。强夯法产生很大的冲击能,使土体局部液化,夯实点周围产生裂隙,形成良好的排水通道,土体迅速固结,最大加固深度可达 11 ～ 12m。比如西南某机场的停机坪土层为松软的红层泥岩残积土,即采用重400kN、落高40m的强夯法处理地基。

7)水泥搅拌桩

水泥搅拌桩也是松软土地基处理的一种常用的有效形式。水泥搅拌桩是利用水泥作为固化剂的主剂,利用搅拌桩机将水泥喷入土体并充分搅拌,使水泥与土发生一系列物理化学反应,使软土硬结而提高基础强度。

其他还有化学加固、井点排水、电渗等方法。

(四)冻土

1.冻土概述

冻土是指温度等于或低于0 ℃并含有冰的各种土。土冻结时发生冻胀,强度增高;融化时发生沉陷,强度降低,甚至出现软塑或流塑状态。修建在冻土地区的工程建筑物,常常由于反复冻融,土体冻胀、融沉,导致工程建筑物的变形与破坏。

根据冻结时间,冻土分为季节冻土和多年冻土。季节冻土是指冬季冻结、夏季融化的土。在高纬度或高海拔地区,年平均气温低于0 ℃时,地面以下一定深度的土层常年处于冻结状态。通常将持续两年以上处于冻结不融化状态的土称为多年冻土。

一个地区冬季地表附近冻结作用达到的最大深度叫冻结深度,是重要的工程设计指标。

1)冻土的分布

我国多年冻土按地区分布不同可分为高纬度冻土和高原冻土。高纬度冻土主要分布在大、小兴安岭,自满洲里—牙克石—黑河一线以北地区。高原冻土主要分布在青藏高原和西部高山(如天山、阿尔泰山及祁连山等)地区。

多年冻土存在于地表以下一定深度内,地表面至多年冻土间常有季节冻土层存在。受纬度控制的多年冻土,其厚度由北向南逐渐变薄,冻土类型从连续多年冻土区到岛状多年冻土区,最后尖灭到非多年冻土(季节冻土)区。受海拔控制的多年冻土,其厚度由高到低逐渐变薄,冻土从多年冻土到季节冻土类型的变化与高纬度地区类似。

季节冻土主要分布在我国华北、西北、东北地区和西南的高海拔地区。自长江流域以北向东北、西北方向,随着纬度的增加,冬季气温愈来愈低,冬季时间延续愈来愈长,因此季节冻土的厚度自南向北愈来愈大。石家庄以南季节冻土厚度小于0.5m,北京地区为1m左右,而辽源、海拉尔一带则达到2~3m。而西南高海拔地区和青藏高原,随着海拔的增加,季节冻土厚度也在增加。拉萨季节冻土厚度小于0.5m,那曲、安多厚度可达2.8~3.5m。

2)冻土地貌

在冻土地区,地层上部常发生周期性的冻融,在冰劈、冻胀、融陷、融冻泥流(统称冻融作用)的作用下,会产生一些特殊的地貌形态,称冻土地貌。冻土地貌类型较多,除对工程有较大影响的冻胀丘、冰锥、融沉湖和厚层地下冰外,还有石海、石河、构造土等。

地下水受冻结地面和下部多年冻土层的遏阻,在薄弱地带冻结膨胀,使地表变形隆起,称冻胀丘。在寒冷季节流出封冻地表和冰面的地下水或河水,冻结后形成丘状隆起的冰体叫作冰锥。

融沉湖又称融陷湖,是地下冻土融化后地表塌陷形成的凹地积水而成的湖泊。

厚层地下冰是指地下多年冻土上限附近的细粒土由于水分迁移凝结成的有一定厚度的纯冰层。

由于冰胀和冰融形成的特殊地貌,受气温变化的影响极不稳定,对工程危害较大。

3)多年冻土特征

(1)组成特征。

冻土由矿物颗粒(土粒)、冰、未冻水和气体四相组成。矿物颗粒是四相中的主体,其颗粒大小、形状、成分、比表面积、表面活性等对冻土性质和冻土中发生的各种作用都有重要影响。冻土中的冰是地下冰,是冻土存在的基本条件,也是冻土各种特殊工程性质的基础。未冻水是负温条件下冻土中仍未冻结成冰的液态水,主要是结合水及毛细水。强结合水在-78℃时才开始冻结,弱结合水在-20~-30℃时冻结,毛细水的冰点稍低于0℃。未饱和的冻土孔隙、裂隙中有空气。

(2)结构特征。

冻土结构与一般土结构的不同是由土冻结过程中水分的转移和状态改变形成的。根据冻土中冰的分布位置、形状特征,可分为3种结构,即整体结构、网状结构和层状结构。

冻土形成整体结构的原因是温度降低很快，土冻结过程中水分来不及迁移和集聚，土中冰晶均匀分布于原有孔隙中，冰与土成整体状态。这种结构有较高的冻结强度，融化后土的原有结构未遭破坏，一般不发生融沉。故整体结构冻土工程性质较好。

网状结构的冻土在冻结过程中水分产生转移和集聚，在土中形成交错状冰晶。这种结构破坏了土的原有结构，融化后呈软塑或流塑状态，工程性质变化较大，性质不良。

层状结构是在冻结速度较慢的单向冻结条件下，伴随着水分的转移和外界水源的充分补充，形成土粒与冰透镜体和薄冰层相互间隔成层状的结构，原有土的结构被冰层分割完全破坏，融化时强烈融沉。

(3)构造特征。

多年冻土的构造是指多年冻土与其上的季节冻土层间的接触关系。

衔接型构造是指季节冻土最大冻结深度可达到或超过多年冻土上限，季节冻土与多年冻土相接触的构造。稳定的或发展的多年冻土区具有衔接型构造。

非衔接型构造是季节冻土最大冻结深度与多年冻土上限间被一层不冻土或称为融冻层隔开而不直接接触。由于气候转暖、温度上升，处于退化状态的多年冻土区具有非衔接型构造。

我国多年冻土层厚度变化较大，薄者数米，厚者200m左右。

2.冻土的工程性质

1)物理及水理性质

由冻土组成可知，土中水分既包括冰，也包括未冻水。因此，在评价土的工程性质时，必须测定天然冻土结构下的重度、密度、总含水量(冰及未冻水)和相对含冰量(土中冰重与总含水量之比)四项指标。其中未冻结水含量的获取是关键。

由于季节的冷热变化，冻土表现出反复冻胀和融沉特性。冻土的冻胀特性可以用平均冻胀率来表征，融沉性可以用融沉系数来表征。

冻土融化下沉由两部分组成，一是外力作用下的压缩变形，另一是温度升高引起的自身融化下沉。多年冻土的融沉性可以用平均融沉系数来表示。

2)力学性质

冻土的强度和变形仍可用抗压强度、抗剪强度和压缩系数表示。但是由于冻土中冰的存在,使冻土力学性质随温度和加载时间而变化的敏感性大大增加。在长期荷载作用下,冻土强度明显衰减,变形明显增大。温度降低时,土中未冻水减少,含冰量增大,冻土类似岩石,短期荷载下强度大增,变形可忽略不计。

3.冻土的工程地质问题

1)冻土冻胀融沉等级的评价

冻胀融沉是冻土地区的主要现象。按土的冻胀率 η 的大小,将季节冻土和季节融化层土的冻胀性分为五级:特强冻胀土($\eta > 12\%$)、强冻胀土($6\% < \eta \leqslant 12\%$)、冻胀土($3.5\% < \eta \leqslant 6\%$)、弱冻胀土($1\% < \eta \leqslant 3.5\%$)、不冻胀土($\eta \leqslant 1\%$)。

按融沉系数 δ_0 值大小,可以将冻土融沉分为五级:不融沉($\delta_0 \leqslant 1\%$)、弱融沉($3\% \geqslant \delta_0 > 1\%$)、融沉($10\% \geqslant \delta_0 > 3\%$)、强融沉($25\% \geqslant \delta_0 > 10\%$)和融陷($\delta_0 > 25\%$)。

2)冻融变形

冻土在冻结时产生冻胀变形,融化时产生沉降变形,反复的冻融使岩土体及其上建筑物丧失稳定性而出现破坏。

一般情况下,季节冻土冬季冻胀可使路基隆起 3~4cm;春季融化时,路基沉陷发生翻浆冒泥。如果季节冻土层与地下水发生水力联系,冻胀融沉危害更为严重。在地下水埋藏较浅时,季节冻结区不断得到水的补充,地面明显冻胀隆起,形成冻胀土丘。

在多年冻土区开挖边坡,使多年冻土上限下降,若此多年冻土为融沉性的,则可使边坡滑塌。在多年冻土区填筑路堤,则使多年冻土上限上升。路堤内形成冻土结核,发生冻胀,融化后路堤外部沿上限局部滑塌。

3)热融滑坍

自然营力的作用或人为活动的影响,破坏了斜坡上地下冻土层的热平衡状态,使冻土层融化,融化后的土体在重力作用下沿着冻融界面滑动的现象称为热融滑坍。

4)冻融泥流

缓坡上的细粒土,由于冻融作用,土体结构破坏,土中水分受下伏冻土层的阻隔不能下渗,致使土体饱和甚至成为泥浆,在重力作用下,饱和土体沿着冻土层面顺坡向下蠕动的现象称为冻融泥流。

4.冻土病害的防治措施

冻土地区病害主要是冻胀和融沉,主要防治措施为排水、保温和改善土的性质。

1)排水

水是冻胀、融沉的决定性因素,必须严格控制土中的水分。在地面修建一系列排水沟、管,拦截地表周围流来的水;集聚、排除建筑物地面及内部的水,使这些地表水不能渗入地下。在地下修建盲沟、渗沟、管等,拦截周围流来的地下水;降低地下水位,不使地下水向地基土中集聚。

2)保温

应用各种保温隔热材料,将地表工程建筑对地温的影响降至最小,从而最大限度防治冻胀、融沉。在基坑或路堑的底部和边坡上或在填土路堤底面上,铺设一定厚度的草皮、泥炭、苔藓、炉渣或黏土,都有保温隔热作用。近年来,也有采用通风路堤、"热棒"等技术保护多年冻土上限相对稳定。

热棒的结构为一个密闭的空心长棒,内装一些液氨,液氨沸点较低。在冬季,土中热量使液氨蒸发到顶部,氨蒸气通过散热片将热量传导给空气,冷却后又液化回到下部,保持冻土冷冻状态不松软。在夏季,液体全部变成气体,气体对流很小,热量向底部传导很慢。

3)改善土的性质

(1)换填土:用粗砂、卵、砾石等不冻胀土置换天然地基的细颗粒冻胀土,是广泛采用的防治冻害的有效措施。一般基底砂垫层厚度为 0.8 ~ 1.5m,基侧面为 0.2 ~ 0.5m。在路基下常用这种砂垫层填土,但在换填土层上要设置 0.2 ~ 0.3m 隔水层,以免地表水渗入基底。

(2)物理化学法:在土中加入某种物质,改变土粒与水的相互作用,使土体中水的冰点降低,水分转移受到影响,从而削弱和防治土的冻胀。例如,在土中加入一定数量的可溶性无机盐类(如氯化钠、氯化钙等),使之成为人工盐渍土,从而限制了土中的水分转移,降低了冻结温度,将冻胀变形限制在允许范围内。

（五）盐渍岩土

1.盐渍岩土概述

盐渍岩土是指含有较多可溶盐类的岩土。对易溶盐含量大于0.3%,具有溶陷、盐胀、腐蚀等特性的土,称为盐渍土;对含有较多的石膏、芒硝、岩盐等硫酸盐或氯化物的岩石,则称为盐渍岩。

盐渍土的形成是盐分在地表土层中富集的结果。我国盐渍土依地理位置可分为内陆盐渍土、滨海盐渍土和平原盐渍土。内陆盐渍土主要分布在年蒸发量大于年降水量,地势低洼,地下水埋藏浅,排泄不畅的干旱和半干旱地区。如我国内蒙古、甘肃、青海和新疆一些内陆湖盆中广泛分布有盐渍土,尤其是青海柴达木盆地和新疆塔里木盆地,土中含盐量更高。盐分的富集主要有两个方面的原因:①含有盐分的地表水从地面蒸发,所带的盐分聚集在地表;②盐分被水带入江河、湖泊和洼地,盐分逐渐积累,含盐浓度增加,这种水渗入地下,再经毛细作用上升到地表,造成地表盐分富集。滨海盐渍土分布在沿海地带,含盐量一般为1%~4%。在沿海地带,由于海水的浸渍或海岸的退移,经过蒸发,盐分残留在地表,形成盐渍土。平原盐渍土主要分布在华北平原和东北平原。在平原地区,河床淤积抬高或修建水库,使沿岸地下水水位升高,造成土的盐渍化。灌溉渠道附近,地下水位升高,也会导致土的盐渍化。

按照盐渍土所含盐分的性质和含盐量,可以将盐渍土分为不同的类型。根据所含盐的化学性质,盐渍土可以分为氯盐渍土、硫酸盐渍土和碳酸盐渍土。其分类标准是根据土的溶液中常见的阴离子在每100g土中所含的毫摩尔数的比值来确定。

2.盐渍岩土的工程性质

由于盐渍岩土是黏性土、砂土、粉土、碎石土等各类岩土的总称,其主要特点在于所含盐分的不同,工程性质也有差异。尤其是盐渍岩土中的含盐量对其工程性质影响较大,在进行盐渍岩土室内试验时,应分别测定天然状态和排除易溶盐后的物理力学性质指标,分析含盐量对其工程性质的影响。以下按照氯盐渍岩土、硫酸盐渍岩土和碳酸盐渍岩土分别介绍其工程特性。

1)氯盐类盐渍岩土

氯盐渍岩土主要含氯化钠和氯化钾,其次含有氯化钙和氯化镁。氯盐具有很高的溶解度,而且受温度影响很小。氯盐渍土具有强烈的吸湿性,吸水后不易蒸发;但深度有限,仅限于表层,最深只有12cm。

氯盐渍岩土的液限和塑限,随含盐量增加而降低。当岩土中含盐量由零增加至20%时,液限降低14%~18%,塑限降低18%~22%。这种特点会使盐渍岩土在较小的含水率时达到最佳密实度,有利于工程应用。

当含盐量较低时,随着含盐量的增加,氯盐渍岩土的抗剪强度降低,在8%达到最低,超过8%以后,抗剪强度又开始逐渐增大,这与盐分对氯盐渍岩土结构的影响有关。随着含盐量的增加,氯盐渍岩土的无侧限抗压强度逐渐增大,压缩系数逐渐降低。

2)硫酸盐类盐渍岩土

硫酸盐渍岩土中含有硫酸钠、硫酸镁和硫酸钙,其中对土体性质影响最大的是硫酸钠。硫酸钠吸水结晶后体积增大至原来的3.1倍,由于其反复吸水、失水,体积反复胀缩,导致岩土结构破坏。土中含盐量小于2%时,岩土不会产生盐胀,大于2%时,随着含盐量的增加,盐胀作用逐渐增强。盐胀作用发生在受气温影响的地表附近,一般深度3~6m,其中表层30cm最严重。

3)碳酸盐类盐渍岩土

碳酸盐类盐渍岩土主要含有碳酸钠、碳酸氢钠,故称"碱性盐渍岩土"。碳酸盐类盐渍岩土中含有大量亲水性吸附阳离子,遇水后吸水膨胀,最大膨胀率可达20%,尤其是当碳酸钠含量超过0.5%时,体积显著增大。根据松嫩平原东北部碳酸盐类盐渍岩土试验结果,盐渍土渗透系数为$2.77×10^{-7}$~$1.3×10^{-5}$cm/s,体积收缩约20%的土样在2~5min内可全部崩解。说明碳酸盐类盐渍岩土不仅具有强烈的吸水膨胀特性,还具有失水收缩、浸水迅速崩解、渗透性弱等特点。

3.盐渍岩土的主要工程地质问题

盐渍岩土的工程地质问题主要有溶陷变形、盐胀变形、腐蚀等。

1)溶陷变形

溶陷变形是指盐渍岩土中可溶成分,尤其是易溶盐成分经水浸泡后溶解、流失,致使岩土体结构松散,在岩土的饱和自重压力下出现溶陷;有的盐渍岩土浸水后,需要在一定的压力下才会产生溶陷。地基溶陷可导致房屋、管道等构筑物的不均匀沉降、变形破坏等。

盐渍岩土地基的溶陷可以用溶陷系数来评价,在试验室内,可以用浸水后的溶陷量与试样初始高度的比值来确定溶陷系数;在现场测试中,可以用总溶陷量与浸湿盐渍土层厚度的比值来确定。溶陷系数大于等于0.01的为溶陷性盐渍土,溶陷系数小于0.01的为非溶陷性盐渍土。也可根据总溶陷量 srx 的大小,分为Ⅰ级弱溶陷(7cm < srx≤15cm)、Ⅱ级中溶陷(15cm < srx≤40cm)、Ⅲ级强溶陷(srx > 40cm)。

近年来的研究发现,在含有可溶盐的地层中,比如在西南地区红层中,分布有分散状、脉状、层状的石膏、芒硝等盐类,溶蚀后会在地下岩层中形成不同大小和分布的空穴,对地基、地下洞室围岩带来问题。比如,在成都南郊下伏的含石膏、芒硝的白垩系泥岩基岩中,在靠近地表河流的地下水面附近开挖的建筑基坑中,发现有较为集中分布的几厘米至几十厘米大小不等的空洞。分析证明这些空洞与盐类矿物溶蚀有关。但目前对此类问题还没有行之有效的勘探方法,也没有建立对工程危害的评价标准和处理措施。

2)盐胀变形

盐胀变形主要发生在硫酸盐渍岩土中,主要是硫酸钠结晶吸水后体积膨胀造成的。硫酸钠在32.4℃时的溶解度最大,当温度小于32.4℃,随着温度的逐渐降低,硫酸钠分子就会结合10倍的水分子生成芒硝晶体,体积增大3.1倍。

当温度高于32.4 ℃ 时,随着温度的升高,无水硫酸钠析出,在空气中失水成粉末状,不发生膨胀。

盐渍岩土地基的盐胀性是指整平地面以下2m深度范围内岩土的盐胀性。盐胀性可以根据现场试验测定的有效盐胀厚度和总盐胀量来确定。盐渍土在我国西北地区广布,它对工程的危害性也受到越来越多的关注。由于反复的冷热循环、干湿变化,导致岩土体吸水、失水,体积膨胀、收缩,引起地坪、坡面、路面、挡墙等的变形和破坏。

3)腐蚀

盐渍岩土中的含盐成分主要是氯盐和硫酸盐,中生代红层中的盐分主要是硫酸盐。盐渍岩土的腐蚀主要表现在盐渍岩土及其环境水对混凝土和金属材料的腐蚀。因此,盐渍岩土的腐蚀性评价,以氯离子、硫酸根离子作为主要腐蚀离子;对于混凝土的腐蚀性评价,除上述离子外,镁离子、氨离子、水的酸碱度等也对腐蚀性有重要影响,也应作为评价指标。

4.盐渍岩土的主要防治措施

盐渍岩土对水敏感,在盐渍岩土地区,应结合不同工程类型采取有效的防水和保水措施,防止地表水和地下水变动对盐渍岩土工程性能产生影响。另外,含盐量对盐渍岩土工程性质的影响较大,用盐渍岩土作为填料时,应考虑填料的含盐量、密实度、填筑高度、毛细水等因素的影响。对盐渍岩土地基的溶陷性、盐胀性、腐蚀性问题,可以结合具体情况,采取预溶、强夯、换土、振冲、盐化、防腐等措施。

第四章　水文地质勘察的具体内容

第一节　水文地质测绘

水文地质测绘是为了解水文地质条件的一种以地面观察测绘为主的野外工作。其工作内容是按一定的路线和观察点对地貌、地质和水文地质现象进行详细的观察记录,在综合分析所有观察、测绘、勘察和试验等资料的基础上,编制出测绘报告和水文地质图。

一、水文地质测绘的主要工作内容和成果

(一)水文地质测绘主要调查内容

(1)地貌形态、成因类型及各地貌单元的界线和相互关系,查明地层、构造、含水层的分布、地下水富集等及其与地貌形态的关系。

(2)地层岩性、成因类型、时代、层序及接触关系,查明地层岩性与地下水富集的关系。

(3)褶皱、断裂、裂隙等地质构造的形态、成因类型、产状及规模,查明褶皱构造的富水部位及向斜盆地、单斜构造可能形成自流水的地质条件,判定断层带和裂隙密集带的含水性、导水性、富水地段的位置及其与地下水活动的关系,确定新构造的发育特点与老构造的成因关系及其富水性。

(4)含水层性质、地下水的基本类型、各含水层(组)或含水带的埋藏和分布的一般规律。

(5)区域地下水补给、径流、排泄等水文地质条件。

(6)泉的出露条件、成因类型和补给来源,测定泉水流量、物理性质和化学成分,搜集或访问泉水的动态资料,确定主要泉的泉域范围。

(7)钻孔和水井的类型、深度、结构和地层剖面,测定井孔的水位、水量、水的物理性质及化学成分,选择有代表性的水井进行简易抽水试验。

(8)初步查明区内地下水化学特征及其形成条件。

(9)初步查明地下水的污染范围、程度与污染途径。

（10）测定地表水体的规模、水位、流量、流速、水质和水温，查明地表水和地下水的补排关系。

（11）调查地下水、地表水开采利用状况；搜集水文气象资料，综合分析区域水文地质条件，对地下水资源及其开采条件（包括将开采所引起的环境地质问题）进行评价。

（二）水文地质测绘的主要成果

主要成果：水文地质图（含代表性地段的水文地质剖面图）；地下水出露点和地表水体的调查资料；水文地质测绘工作报告。

水文地质图是水文地质测绘的重要成果之一，包括实际材料图、地质图、综合水文地质图、地下水化学图、地貌图、第四纪地质图、地下水等水位线及埋藏深度图、地下水开发利用规划图等。其中前4个图是基本的必需的图件，其他图件的编制可根据工作目的和工作实际需要进行取舍。

二、测绘精度的要求

测绘精度的要求，主要是以图幅上单位面积内的观测点数量以及在图上描绘的精确度来反映。不同比例尺填图的精确度，取决于地层划分的详细程度和地质界限描绘的精度，以及对工作区的地质、水文地质现象的研究和了解的准确度、需阐明的详细程度。

（1）测绘填图时所划分单元的最小尺寸，一般规定为2mm，即大于2mm的相应比例尺的闭合地质体或宽度大于1mm、长度大于4mm的构造线或长度大于5mm的构造线均应标在图上。

（2）地层单位。为了保证精度，岩层单位不宜太大。以1:5万比例尺为例，褶皱岩层厚度不得超过500m，缓倾斜岩层厚度不超过100m。岩性单一时可适当放宽。

（3）根据不同比例尺的要求，规定在单位面积内必须有一定数量的观测点及观测路线。以1:5万的地形图为例，一般每隔1~2cm需要布置一条观测线，每隔0.5~1cm应布置一个观测点。条件简单者可以放宽一倍。观测点的布置应尽量利用天然露头。当天然露头不足时，可布置少量的勘探点，并采取少量的试样进行实验。

观测线的布置：①应从主要含水层的补给区向排泄区，即水文地质条件变化最大的方向布置;②应沿能见到更多的井、泉、钻孔等天然和人工地下水露头点及地表水体的方向布置;③所布置的观测线上应有较多的地质露头。

水文地质点应布置在泉、井、钻孔和地表水体处、主要的含水层或含水断裂带的露头处,地表水渗漏地段等重要的水文地质界线上,以及布置在能反映地下水存在与活动的各种自然地理的、地质的和物理地质现象等标志处。对已有取水和排水工程也要布点研究。

(4)为了达到所规定的精度要求,一般在野外测绘填图时,采用比例尺较提交的成果图大一级的地形图为填图的底图,如要进行1∶5万比例尺的水文地质测绘时,可采用1∶2.5万比例尺的地形图作为外作业的底图。外作业填图完成后,再缩制成1∶5万比例尺图件作为正式提交的资料。

如果只有适合比例尺的地形图而无地质图时,应进行综合性地质——水文地质测绘。

三、地质调查

地下水的形成、类型、埋藏条件、含富水性等都严格地受到当地地质条件的制约,因此地质调查是水文地质测绘中最基本的内容,地质图是编制水文地质图的基础。但水文地质测绘中对地质的研究与地质测绘中对地质的研究是不同的:水文地质测绘中对地质的研究目的在于阐明控制地下水的形成和分布的地质条件,也就是要从水文地质观点出发来研究地质现象。因此,在水文地质测绘中进行地质填图时,不仅要遵照一般的地层划分的原则,还必须考虑决定含水条件的岩性特征,允许不同时代的地层合并,或将同一时代的地层分开。

(一)岩性调查

岩性特征往往决定了地下水的含水类型、影响地下水的水质和水量。如第四纪松散地层往往分布着丰富的孔隙水;火成岩、碎屑岩地区往往分布着裂隙水,而碳酸盐岩地区则主要分布着岩溶水。对于岩石而言,影响地下水水量的关键在于岩石的空隙性,而岩石的化学成分和矿物成分则在一定程度上影响着地下水的水质。因此,在水文地质测绘中要求对岩石岩性观察的内容如下。

(1)观测研究岩石对地下水的形成、赋存条件、水量、水质等诸多影响因素。

（2）对松散地层，要着重观察地（土）层的粒径大小、排列方式、颗粒级配、组成矿物及其化学成分、包含物等。

（3）对于非可溶性坚硬岩石，对地下水赋存条件影响最大的是岩石的裂隙发育情况，因此要着重调查和研究裂隙的成因、分布、张开程度和充填情况等。

（4）对于可溶性坚硬岩石，对地下水赋存条件影响最大的是其岩溶的发育程度，因此要着重调查和研究岩石的化学、矿物成分、溶隙的发育程度及影响岩溶发育的因素等。

（二）地层调查

地层是构成地质图和水文地质图的最基本要素，也是识别地质构造的基础。在水文地质测绘中，研究地层的方法如下。

（1）如测区已有地质图，在进行水文地质测绘时，首先要到现场校核和充实标准剖面，再根据其岩性和含水性，补充分层（即把地层归纳为含水岩组和隔水岩组）。

（2）如测区还没有地质图，就需要进行综合性地质——水文地质测绘。在进行测绘时，首先要测制出调查区的标准剖面。

（3）在测制或校核好标准地层剖面的基础上，确定出水文地质测绘时所采用的地层填图单位，即要确定出必须填绘出的地层界限。

（4）野外测绘时，应实地填绘出所确定地层的界限，并对其做描述。

（5）根据测区内地层的分布及其岩性，判断区内地下水的形成、赋存等水文地质条件。

（三）地质构造调查

地质构造不仅对地层的分布产生影响，它对地下水的赋存、运移等也起很大作用。在基岩地区，构造裂隙和断层带是最主要的贮水空间，一些断层还能起到阻隔或富集地下水的作用。在水文地质测绘中，对地质构造的调查和研究的重点如下。

（1）对于断裂构造。要仔细地观察断层本身（断层面、构造岩）及其影响带的特征和两盘错动的方向，并据此判断断层的性质（正断层、逆断层、平移断层），分析断裂的力学性质。调查各种断层在平面上的展布及其彼此之间的接触关系，以确定构造体系及其彼此之间的交截关系。对其中规模较大的断裂,要详细地调查其成因、规模、产状、断裂的张开程度、构造岩的岩性结构、厚度、断裂的填充情况及断裂后期的活动特征;查明各个部位的含水性以及断层带两侧地下水的水力联系程度;研究各种构造及其组合形式对地下水的赋存、补给、运移和富集的影响。如研究区内存在地下热水,还要研究断裂构造与地下热水的成因关系。

(2)对于褶皱构造。应查明其形态、规模及其在平面和剖面上的展布特征与地形之间的关系,尤其注意两翼的对称性和倾角大小及其变化特点,主要含水层在褶皱构造中的部位和在轴部中的埋藏深度;研究张应力集中部位裂隙的发育程度;研究褶皱构造和断裂、岩脉、岩体之间的关系及其对地下水运动和富集的影响。

四、地貌调查

地貌与地下水的形成和分布有着密切的联系,通常是地形的起伏控制着地下水的流向。在野外进行地貌调查时,要着重研究地貌的成因类型、形成的地质年代、地貌景观与新地质构造运动的关系、地貌分区等。同时,还要对各种地貌的各个形态进行详细、定性的描述和定量的测量,并把野外所调查到的资料编制成地貌图。

(一)基本调查方法

(1)调查地貌的成因类型和形态特征,划分地貌单元,分析各地貌单元的发生、发展及其相互关系,并划分各地貌单元的分界线。

(2)调查微地貌特征及其与地层岩性、地质构造和不良地质现象作用的联系。

利用相关沉积物的特征,可以确定地貌发育的古地理环境和地质作用,从沉积物中保存下来的化石、同位素以及古地磁资料,还可以确定地貌发育的年龄。比如,冲积物一般颗粒的磨圆度和分选性比较好,具有清楚的层理构造,它预示着该处的地貌为河流堆积地貌;而坡积物往往呈有棱角状或次棱角状,分选性较差,含有这种大量坡积物的地貌应是山麓斜坡地貌;红黏土一般为残积成因,一般由碳酸盐岩风化而成,其出现预示着该处的地貌类型为岩溶地貌。

(3)调查地形的形态及其变化情况。

(4)调查植被的性质及其与各种地层要素之间的关系。

(5)调查阶地的分布和河漫滩的位置及其特征,古河道、牛轭湖等的分布和位置。

(二)地貌的成因类型

所谓的地貌成因,就是形成地形的地质因素,包括内动力地质作用和外动力地质作用。内动力地质作用主要是指地质构造运动的作用;外动力地质作用主要是指重力作用、流水作用、湖泊作用、冰川作用、风成作用、岩溶作用等。

(三)野外调查中应注意的问题

(1)地貌观测路线大多是地质观测线,观测点的布置应在地貌变化显著的地点,如阶地最发育的地段,冲沟、洪积扇、山前三角面以及岩溶发育点等。

(2)划分地貌成因类型时,必须考虑新构造运动这个重要因素。新构造运动是控制地形形态的重要因素,中国是一个多山的新构造运动强烈的国家,从第三纪末期至今的新构造运动对于中国各地地貌的形成起着十分重要的作用。对新构造运动强度的判别,在很大程度上还依赖于对地形(河流曲切割深度、古代剥蚀面隆起所达到的高度、水文网分布情况、阶地的变形、沉积厚度等)的分析。如果新构造运动强烈上升,会形成切割强烈的高山;而新构造运动下降,常形成宽谷、沉积平原等。洪积扇发生前移或后退现象也是新构造运动作用的标志。地质构造的影响有时也可以反映在地形的特征上,例如单斜构造在地形上常表现为单面山,断层构造常表现为断层陡坎。

(3)注意岩性对地形形成的影响。岩石性质对地形形成的影响也十分明显,因为不同的岩性常能形成不同成因及形态的地形,很多峡谷与开阔盆地的形成,是与岩性的软硬有关的。

(4)应编制地貌剖面图。编制地貌剖面图是地貌观测工作中的一种极其重要的调查方法,它能很明显地、准确地和真实地反映出当地的地貌结构、地层间的接触关系、厚度及成因类型。地貌剖面法是沿着一定方向(尽可能直线)来详细地研究当地地形的成因与变化的一种方法。剖面线应布置在这样的一些地方,在该地可以很好地断定最重要的地形要素的性质和相互关系,并获得关于整个地形成因和发展史的资料。

五、水文地质调查

水文地质调查的任务是在研究区域自然地理、地质特点的基础上,查明区域水文地质条件,确定含水层和隔水层;调查含水层的岩性、构造、埋藏条件、分布规律及其富水性;地下水补给、径流、排泄条件,大气降水、地表水与地下水三者之间的相互关系;评价地下水资源及其开发远景。因此,在水文地质调查过程中,必须详细地观测和记录测区的地下水点,包括天然露头、人工露头与地表水体,并绘制地形和地质剖面图或示意图;对地下水的天然露头(如泉、沼泽和湿地)、地下水的人工露头(如井、钻孔、矿井、坎儿井,以及揭露地下水的试坑和坑道,截潜流等),均应进行统一编号,并以相应的符号准确地标在图上。

(一)地表水调查

对于没有水文站的较小河流、湖泊等,应在野外测定地表水的水位、流量、水质、水温和含沙量,并通过走访水利工作者和当地群众了解地表水的动态变化。对于设有水文站的地表水体则应搜集有关资料进行分析整理。

此外还应重点调查和研究地表水的开发利用现状及其与地下水的水力联系。

(二)地下水调查

1.地下水的天然露头的调查

对地下水露头点进行全面的调查研究是水文地质测绘的核心工作。在测绘中,要正确地把各种地下水露头点绘制在地形地质图上,并将各主要水点联系起来分析调查区内的水文地质条件。还应选择典型部位,通过地下水露头点绘制出水文地质剖面图。

泉是地下水直接流出地表的天然露头,是基本的水文地质点,通过对大量的泉水(包括地下水暗河)的调查研究,我们就可以认识工作区地下水的形成、分布与运动规律,也为开发利用地下水的前景提供了直接可靠的依据。一些大泉,由于其水量丰富、水质良好和动态稳定,供水意义大,应成为重点研究对象。对泉水的调查内容主要有以下10个方面。

(1)泉水出露处的位置和地形。

(2)泉水出露的高程。

(3)泉水出露的地质条件。描述泉水出露的地质年代、地层及其岩性特征,底部有无隔水层存在,以及构造部位是否处于单斜岩层、皱曲构造,还是处于断层破碎带等。如果是岩溶发育区,则应仔细观察并记录泉水附近地质露头的裂隙发育和岩溶发育程度;还应记录泉水是呈点滴渗出还是呈股流涌出,有多少泉眼等。

(4)判断泉域的边界条件。包括隔水边界、透水边界、排水边界、各类岩层分布面积等。

(5)泉水的补给排泄条件。包括大气降水渗入、地表水体漏失、岩溶水运动特征、泉水的排泄特点等。

(6)泉水的出露条件。目的是区分出断层泉、侵蚀泉及接触泉等类型。根据补给泉水的含水层位、地下水类型、补给含水层所处的构造类型、部位以及泉水出口处的构造特征等来分析泉的出露条件。也可用泉水的出露特征来判定某些构造的存在,特别是被松散层覆盖的基岩中的断裂情况。

(7)调查泉水的动态特征。测量泉的涌水量和水温,并根据泉流量的不稳定系数分类来判断泉的补给情况;对于温泉,还应侧重分析其出露条件、特殊的化学成分及其与其他类型地下水之间的关系,调查它们的热能利用问题。

(8)采取水样,进行水质分析研究。

(9)对于流量出现衰减或干枯的泉,应分析原因,提出恢复措施。

(10)调查泉的用途及引水工程。通过走访当地群众做调查并做详细的记录。对于矿泉,要着重观察其出露的构造条件,观察附近是否有深大断裂或者岩浆侵入体的存在;还应采取水样做全分析和专项分析,分析其特殊的化学成分和地层岩性、与其他类型地下水之间的关系;调查它们的治疗效果。

2.地下水的人工露头的调查

在缺乏泉的工作区,要把重点放在现有井(孔)(包括供水水源与排水工程)的观测上,当两者都缺乏时,则应布置重点揭露工程。如当含水层的埋藏较浅时,可采用麻花钻、洛阳铲等工具揭露;当含水层埋藏较深时,可用钻机揭露。

地下水的人工露头,主要是指民用的机井、浅井以及个别地区少数的钻孔、试坑、矿坑、老窑等。在老灌区内,机井、浅井一般都呈大量分布,为我们查明工作区在现有的开采深度内含水层的分布、埋藏规律和地下水的开采动态提供了十分可贵的资料。

地下水人工露头调查内容包括以下6个方面。

(1)调查水井或钻孔所处的地理位置、地貌单元、井的深度、结构、形状、孔径、井孔口的高程、井使用的年限和卫生防护情况。

(2)调查水井或钻孔所揭露的地层剖面,确定含水层的位置和厚度。

(3)测量井水位、水温,并选择有代表性的水井进行取水样分析。通过调查访问,搜集水井的水位和涌水量的变化情况。

(4)调查井水的用途和提水设备的情况。对于地下水已被开发利用的地区,要采取访问与调查相结合进行机井和民井的调查,并根据精度要求,选择有代表性的机井、民井标在图上。搜集机井、民井的卡片资料,其中包括井内所揭露的地层和井的结构,机、泵、管、电等的配套资料,进行必要的整理和编录。测量时要预先选好井位,在同一时间内观测(一般在2~3d)。井口标高可在地形图上用内插法取得或用水准仪测定。在机井资料较多的平原地区,应对机井资料进行充分的对比分析,对枯水期和丰水期,分别进行地下水水位统一测量,并运用数理统计或图表方法进行整理,尽量发挥资料的潜力,从中找出规律性。

(5)对自流井应调查出水自流的深度及位置,隔水顶板的分布和含水层的岩性、厚度,以及水头高度与流量变化情况;对坎儿井应分别查明各井筒的剖面和各段暗渠的流量以及补给地下水的含水层。

(6)进行简易的抽水试验。利用井口安装的提水工具(如提桶、辘轳、水车、水泵等)进行。抽水试验的数量及其在测绘区的布置,应取决于测绘比例尺的大小和测绘精度的要求,以及区域水文地质条件的复杂程度。一般在复杂地区应多布置试验井,在简单地区少布置。试验井的选择要有代表性。

(三)地下水与地表水的联系性调查

地下水与地表水之间的水力联系,主要取决于两者之间的水头差以及两者之间介质的渗透性。例如,河水与地下水之间存在可渗透的介质时,当河水位高于地下水位,河水就补给地下水;相反,如果地下水位高于河水位,地下水就补给河水。野外调查时,一般选择河流平直而无支流的地段进行流量测量,测量其上下游两个断面之间的流量差,如果上游断面流量大于下游断面流量,说明河流补给地下水,反之,则地下水补给地表水。

有下降泉出露的地段,说明是地下水补给地表水。泉水出露点高出地表水面的高度,即为该处地下水位与地表水位的水位差。

应注意的是,有时虽然存在着水位差,但是由于不透水层的阻隔,使地表水与地下水不发生水力联系。

野外调查时,还需查明地下水与地表水的化学成分的差异性。可通过采取地下水与地表水的水样分析,来对比它们的物理性质、化学成分和气体成分来判断它们之间有无水力联系。

(四)地植物的调查

植物生长离不开水,某些植物的分布、种类可以指示该地区有无地下水及其水文地质特征,因而在某些地区,特别是在干旱、半干旱和盐渍化区进行水文地质测绘时,应注意对地植物的调查。例如在干旱、半干旱区,某些喜水植物的生长,常指示出该处地下有水,生长茂盛说明该地段地下水埋藏较浅;在盐碱化地区,可依据植物的分带现象来判断土壤的盐碱化程度;在松散层覆盖区,如植物呈线状分布则指示下面可能有含水断裂带存在等。

在野外对地植物描述一般包括下列内容。

(1)地植物分布区周围的环境。包括地理位置、地形、土壤、地貌特点、地表水情况等。

(2)地植物的群落及生态特征。包括地植物群落种类名称(学名、俗名)、地植物的高度、分层、覆盖密度和匀度及其与地下水的关系(耐旱性、喜水性、喜盐性等)。

(3)地植物的种属分布与地下水的关系。包括各种地植物所处的地层岩性,地下水水位、水质以及不同季节植物的生长变化情况。

(4)采集地植物标本。选择典型地段作地植物生态系列分布剖面图,即水文地质指示植物图。该图首先表示大的植被单位,然后再划出对水文地质工作有特殊指示意义的较小的植被单位;一些特别有意义的种属,可以用特殊符号表示。

六、遥感技术在水文地质普查中的应用

(一)遥感技术在水文地质普查中的作用

在地形陡峻,植被茂密的地区,野外的勘测工作难度大,劳动强度高。可利用遥感图像对调查区的地层岩性、地质构造、地形地貌、植被分布情况

进行调查,通过影像特征,将上述各要素解译出来,从而大大减少野外工作量。具体包括以下4个方面。

(1)指导普查工作总体设计的编写,有助于提高总体设计的编写水平。遥感工作先于野外地面工作完成,可作为编写总体设计的重要参考资料,减少了设计工作的盲目性以及因资料因素可能给设计带来的先天性缺陷。

(2)指导常规地面调查,可减少野外工作量。水文地质综合调查的许多内容都可在室内由遥感图像获取。这样,就将以前需由大量野外调查方式才能完成的工作转变为首先在室内进行遥感图像解译,而后进行重点野外抽查验证的方式完成,从而大大减少了野外工作量。据野外队实际工作量统计,此举可减少工作量达1/3以上。

(3)弥补常规调查法在解决某些水文地质问题(现象)方面的不足。某些水文地质问题(现象)依靠地面调查费时费力且效果不佳。如冲洪积扇边界、期次叠置关系的界定即使野外调查也难以弄清,而应用遥感技术则很容易得以解决。

(4)改变了传统的调查方式。常规地面调查是由点连线,由线推测到面的单向工作方式。而遥感技术可实现直接由面到点、由点到面可反复的双向工作方式。这样不仅避免了常规方法易遗漏重要调查内容的缺陷,也使工作人员一开始就对区域概况有一个形象直观的整体认识。

(二)遥感技术在水文地质普查中的应用效果

(1)方便有效地提取地质构造信息、活动构造或隐伏构造的信息。因为断裂构造不论其动力性质如何,都会沿其走向在一定宽度范围内或使其两侧的地层发生变化,这种断裂本身或其两侧的变化,就产生了光谱差异。反映到遥感图像上,就形成一条或明或暗或连续或间断的影像带。如果再根据植被发育情况、色调深浅、其两侧的岩性分布还可判断该断裂的水文地质意义。河北省的实践证明,通过遥感解译新发现的断裂构造,比原1:20万地质图上已知的断裂数量高出1.5~2.5倍。此外,遥感图像还解译出了许多环形构造。这对分析区域水文地质条件、研究地下水运动规律发挥了积极作用。

(2)准确地划分地貌单元。地表的起伏状态、切割程度、微地貌形态及其组合特征、外力作用方式都一览无遗地反映在不同比例尺的遥感图像上。利用卫片,在直观地研究了区域地貌特征、基本格局后可很容易地进行地貌单元的分区划分。在此基础上,再利用航片对分区内的微地貌形态,成因类型进行准确详细解译。遥感地貌编图与常规相比有以下优点。①避免了艰苦的野外调查。同时,由于遥感的俯视效应,又避免了野外调查视野限制,避免了不识庐山真面目的弊端。②地貌单元的划分不再拘泥于等高线的制约,而是综合考虑地貌整体形态的完整性。避免了完整连续的山体上下分为两个地貌单元的不合理性。③地貌形态类型划分详细,山体坡度、沟谷形态尽可详尽表示。

(3)准确地划分出冲、洪积扇的边界。不同扇体之间的接触关系,以及同一河流不同期次扇体的叠置关系也是常规地面调查感到困难的问题。由于不同的扇体在规模大小、物质成分、颗粒级配、后期改造等方面存在差异(这些差异往往是过渡性的),这些差异造就了不同扇体的光谱特征。反映在遥感图像上这些特征就呈现为不同的色调、影纹结构、几何形态等。根据这些特征,可将不同的扇体及它们的期次、叠置关系判别清楚。在单个扇体上,依据上述这些特征还可进行水文地质分带划分(即划分为扇顶地下水补给深埋带、中部补给径流浅埋带、前缘径流溢出带)。据此,太行山山前、燕山山前及冀西北山间盆地内的冲洪积扇都做了系统准确地划分,这为当地的地下水资源评价提供了准确地下水域的分布状态。

(4)对泉点、井点有良好的解译效果。在航片上,泉点可采用追索法找到其位置。即根据溪流向上寻找源头,再辅以地形地貌、地层岩性条件加以判断。大口井在航片上显示为一圆形深色斑点(无水时为圆形浅色斑点),深井可根据独立井房、输电设施及灌溉系统加以识别。

(5)对水系进行详细的分级。对于难以解决的泉点和井点位置,利用航空图像可迎刃而解。利用航摄像片对山区水系按五级水道划分法可解译出二级冲沟(相当于黄土沟谷的切沟)。这种准确、详细的水系分级划分,满足了准确计算区域地下水资源的需要。

(6)帮助人们发现了大量崩、滑、流灾害点。经统计,河北省共解译出泥石流沟系、崩塌、滑坡计700多处。山区大量地质灾害的发现,为河北省地质灾害防治与管理提供了重要依据。

七、水文地质测绘资料的整理

测绘资料整理是把通过测绘工作中所得到的实际资料综合起来,加以系统化,以便及时地发现问题并及时解决,对指导测绘工作的顺利进行有很大的帮助。测绘资料整理一般分为经常性整理、阶段性整理和野外测绘工作结束后的整理。

(一)经常性的资料整理

野外工作期间,应进行观察结果的整理工作,做到当天资料当天整理,避免积压及以后发生遗忘,造成差错。经常性的资料整理其内容如下。

(1)检查、补充和修正野外记录簿和草图,并进行着墨。检查地质点在图幅内的坐标位置,修正地质草图,编制各种综合图及辅助的地质剖面。对野外所拍摄的照片或录像资料进行编号和附文字说明。

(2)整理试验结果,并进行有关的计算,按规定绘制相关的图表。

(3)整理和登记所采集的各种样品及标本。对各种标本、样品应按统一的编号进行登记和填写标签,并分别进行包装。

(4)与邻区进行接图,进行路线小结,以及时发现问题并找出补救办法。

(5)进行航空照片判读,研究和确定次日的具体工作路线和工作方法。

(二)阶段性的资料整理

在野外工作期间,应每隔10~15d进行一次阶段性的资料整理,其主要内容包括以下6点。

①综合整理各种野外原始资料。

②编制各种草图(包括实际材料图)。

③检查野外记录本及各种取样登记本。

④清理并选送各种鉴定分析的标本和样品。

⑤讨论研究存在的各种问题,确定下一阶段的工作计划和工作重点。

⑥编写野外阶段性小结。

(三)野外测绘工作结束后的资料整理

野外工作结束后,应立即组织力量,编写地面测绘工作报告和编制有关图表。

不过在大多数情况下,水文地质测绘所得的图件和报告仅为中间成果。对于专项水文地质勘察而言,往往还需要进行后续的水文地质物探、水文地质钻探、水文地质试验、水文地质监测等多项工作,最后再把这些勘察资料汇总整理成最终的成果提交。

第二节 水文地质物探

物探已成为水文地质勘察的重要手段之一,它与水文地质测绘和钻探相配合,可以有效地查明许多地质和水文地质问题,能节省很多工作量,特别是测绘工作量和钻探工作量。物探方法一般用来揭示地下含水层的岩性、厚度及其分布,了解基岩的埋藏深度和岩性,确定隐伏构造的位置、岩溶发育地段,寻找地下淡水、热水;测定地下水的流速、流向;分析地下水的补给、径流和排泄条件等。

物探方法是基于物理学的基本理论,利用岩石的地球物理特性,如岩石的电性、磁性、弹性、放射性以及岩石的密度和古地磁、地应力等进行地质研究。物探方法按其所利用的物理场的不同可以分为重力、磁法、电法、地震、声波、地热及放射性勘探等方法;按工作对象或专业性质分为石油物探、煤田物探、金属与非金属物探、水文地质工程地质物探等;按工作条件或空间则可分为遥感、地面物探、井下(地下)物探、海洋物探等。

一、遥感技术

(一)水文地质勘察中遥感的工作流程

在水文地质勘察中,遥感的工作流程:选取适宜的数据源及光谱波段→获取遥感图像→图像处理→遥感解译→绘制解译图,提取水文地质信息。

(1)根据水文地质信息的特点,数据源选取顺序一般为 ETM→TM→SPOT(陆地卫星定点仪)→SAR。在有条件的地区,结合航空相片效果会更好。

数据源及光谱波段选取:对于盆地周边冲洪积扇区松散岩类孔隙水的勘察,应以秋冬季节可见光、红外波段影像为主要数据源;沙漠-绿洲交错地带寻找泉水出露点或地下水溢出带以春初或秋末热红外图像反映效果好;对活动断裂、隐伏构造及埋藏古河道地下水的勘查应以秋末、春初红外、热红外波段及微波图像为主要数据源。

(2)遥感图像处理方法:利用相应解译比例尺地形图,将所选用的图像数据进行地理位置配准,统一图像的空间分辨率。如要对图像进行增强处理,则可利用三个波段的多光谱数据(TM/ETM)进行假彩色合成,以增强图像的光谱分辨率,用以区分山前平原区不同植被及土壤湿度,对植被覆盖区以 TM5、TM3、TM2(ETM5、ETM3、ETM2)波段组合效果较好。利用 ETM6 热场数据、微波雷达数据和 ETM8 全色高分辨率数据的融合,还可提高图像的空间分辨率,增强冲洪积扇区水系纹理的影像特征,增强影像中山前断裂带、隐伏构造地下水信息以及平原区、沙漠区埋藏古河道的含水信息。

(3)遥感的解译:遥感解译工作的技术路线,大体分为 3 个阶段。①室内初步解译阶段。在这个阶段,要利用影像图的不同波长所反映出的不同色彩,以肉眼可分辨为原则,进行目视判释。以判释标志为基础,依据"先宏观后微观,先整体后局部,先已知后未知,先易后难"的指导思想,同时紧密结合以往的地质、水文地质资料,使图像特征与各类地质特征反复对比,建立不同地质现象的影像特征。②野外验证、实地建立解译标志阶段。由于遥感图像的解译受其成像条件、分辨率及人为诸多因素的限制,对某些地质体的判释存在着局限性,如局部地层界线、局部的构造特征等难以判出;对岩性特征、流量、水位埋深以及断层断距等定量指标也无法判定,因此解译的可靠程度、准确性等还需要野外调查加以实地验证。③室内详细解译、综合分析阶段。通过前两个阶段的工作,已基本上掌握了工作地区各种解译要素的解译标志。在此基础上,对各种遥感资料进行详细系统的解译。之后,通过综合分析完成图件的编制工作。解译后可编制出水系、地貌、地层、地质构造等系列的判释图。

(二)遥感技术在水文地质勘察中的应用

1.探测地下水在河流或湖泊中的排泄口

美国地质调查局与蒙大拿州地质矿产局等单位合作,分别于 1972 年 5 月、1973 年 3 月和 1975 年 11 月用机载热红外扫描器探测了蒙大拿州的 3 条河流和 1 个湖泊的地下水入流。调查人员把红外扫描器安装在一架时速为 345km/h 的双引擎飞机上。该扫描器具有 120℃ 的总视场,两个黑体校准源,探测的温度精度达 0.2℃。飞行时间选择在黎明前,飞行高度为水面以上 455~760m,探测使用的波长为 85~11μm。

第一次探测数据记录在胶片上,在图像上显示了自冲积扇流入湖水中的较暖的地下水晕。图像上黑白之间的温差为 7℃(5~12℃)。这种温变范围在胶片上产生了最大的对比度。

第二、第三次扫描数据记录在磁带上,并转换为数字形式。每一数字代表面积为1.5m×0.38m的地面分辨单元的热发射。数字经计算机处理后,输出一份间距为0.5℃的等水温线图。该图明显地示出了地下水入流的范围。地下水入流与河水混合后的最高温度为8.5℃,而河水一般温度为6℃,河岸温度为5.5℃。

该事例表明,机载热红外扫描器能探测出河流与湖泊中的地下水入流,但在确定大河中的小股地下水入流较为困难。在提高和处理扫描数据方面,计算机处理是最有效和精确的方法。计算机技术能提高图像的效应,特别是对于确定狭小河流的地下水入流更显示出它的优越性。

利用远红外图像来研究地下水在河道中的排泄口在我国也曾有过良好的效果。在广西桂林的水文地质调查中,利用遥感探测到桂林至阳朔间漓江两岸的地下水有21处以地下河、溶隙水、潜流等形式注入漓江,其中的两处地下水从江底注入江中,而该地区原有水文地质图上的地下水出露点只标出两个。

2.确定海底中的淡水泉

1974年9月,意大利开始利用热红外遥感来调查意大利南部彭格莱沿岸的淡水泉。该区的淡水供应一直有困难,但调查却发现有大量的淡水通过岩溶通道排泄入亚得里亚海,成为海底泉。调查人员派飞机沿海岸飞行超过950km,进行热红外和多光谱扫描,探测海水表面温度差别和因淡水的涌出而存在的海水光穿透度的差别。探测的波段为45~55μm和9~11μm,结果探测出大量的海底泉。

3.探测浅层含水层

热红外图像反映的是地表辐射温度,而该辐射温度是地表温度的函数。地表日温度变化受热惯性、光谱反射气候变化、蒸发量和地下温度的影响。地下水埋藏深度的变化会引起地下土壤层温度的变化,传导至地表后,有可能使地表日温度波动。利用土壤湿度变化来寻找地下水,在沙漠地区和干旱地区都有很大实际意义。含水层能引起地表出现异常的最大埋藏深度可达10余m。

4.探测落水洞和确定隐伏岩溶

1970年,调查人员用多光谱扫描器对美国弗吉尼亚州某地的落水洞进行了探测。测试地段为岩溶发育的峡谷和山脊区。结果发现了2个落水洞均未积水。调查人员又派飞机在609.6m和1524m的高空成像,结果发现白天图像比夜间的效果更好。用人工解释法和计算机辅助研究了热红外图像上的落水洞位置。最后总结了在碳酸盐岩地区如何确定落水洞位置的方法为:采用立体解释并确定地形的洼地;圈定热红外照片上的环状异常带;在具有上述条件地区进行野外核对。

格林、罗伯等分别于1970年、1972年相继研究了利用红外遥感探测隐伏岩溶的问题。研究结果认为,落水洞周围土壤的过量排水及地表向下漏水会引起地表的温压作用。地表温压不同引起的温度不同,可以通过红外图像判定地下的塌陷和溶洞的分布。他们认为用该方法可以判别30m以内的落水洞。

5.探测地热资源

联合国自然资源委员会组织了对埃塞俄比亚和肯尼亚进行的小比例尺地热普查。扫描器在3000m上空,最小分辨力为6m,扫描结果发现105个至少为10℃的热异常。野外调查者乘直升机进行实地验证时发现了很多温泉喷气口及热断裂线。在肯尼亚,飞行高度为915m,扫描器分辨力为2m,也探测到类似的地热特征。

日本于1972年开始执行地热资源调查计划。在调查项目中,对五个地热区采用了机载热红外技术探测。飞机在地表600~1000m高空成像。研究发现:不明显的地热异常带在野外调查时不易察觉,但在600m高空拍摄的大比例尺红外图像中很容易识别出。此外热红外图像还能显示出地热异常带与断裂轨迹之间的关系。

在远红外图像上,地下水的露头(如泉)能够清楚地显示。泉眼在白天呈深色调小点(温泉例外),而在夜间则呈浅色亮点,而且还可以看到一些以泉眼为顶点的扇形或蝌蚪形色调异常。在美国亚利桑那州斯塔福得附近用红外成像时,发现山脚处地表温度比其他地方高。后经钻探证明,在地表以下127m深处有118℃的热水。苏联用红外技术在西伯利亚地区也找到了大量地下热水,供居民饮用。

6.圈出断层破碎带,确定生产井的井位

在基岩山区,航片的水文地质解释可帮助人们划分地层的岩性,圈定可作为地下水通道的软弱夹层或断裂破碎带,进而确定出水井井位。例如,美国在佛罗里达中西部地区利用航片圈出断裂破碎带,并确定了生产性水井井位。

7.探测古河道

应用远红外图像对湿度的敏感性,还可发现古河道的位置,有助于河流变迁的研究。现今的古河道虽已被耕地所覆盖,但其底部地下水较丰富,上部的土壤湿度也大,因而可被远红外图像所探查。太原、长春等地的远红外图像显示,在大片耕地之下,古河道呈弯月形、飘带形、长带状深色调异常区出现在现代河床两侧。

8.在隧道水文地质勘察中的应用

利用遥感技术进行隧道水文地质勘测可节省野外工作量,改善劳动条件,提高勘测速度。在长隧道分布地区,一般地形较为陡峻,外业劳动强度大。而利用遥感方法后,主要的勘测工作转变为在室内完成。可利用遥感图像对隧道区的地层岩性、地质构造、地形地貌、植被分布情况进行调查,通过各种地物固有的影像特征,将上述各要素解译出来,结合搜集来的气候条件资料,即可对隧道区富水程度做出分区。利用遥感技术虽然得不出隧道的涌水量,但可得出不同地段的相对富水程度。

如我国大瑶山隧道的水文地质工程地质勘察。该隧道位于广东省北部南岭山脉的瑶山地区,这一区域地形起伏大,沟谷深切、丛林密布、人烟稀少,搜集到的相关的地质地貌资料不多,仅搜集到1:20万及1:50万的地质图及隧道施工设计阶段的有关工程地质资料。这给20世纪80年代初进行的京广铁路线的外业勘测带来了许多困难。

为了解决这个难题,勘测人员在大瑶山地区进行遥感资料的搜集与补测,最后获得以下8种遥感图像资料:卫星像片、小比例尺黑白航片、大比例尺黑白航片、彩色红外航片,天然彩色航片、黑白红外摄影航片、黑白红外扫描片、多波段扫描片。

在遥感初步解译阶段,采用目视法并辅以图像处理手段。在图像处理方面除采用局部放大、边缘增强、密度分割、彩色合成等光学手段外,并在IPOS/101图像处理系统上进行了卫片的彩色增强、比值增强、反差增强、滤波增强等手段,以及应用机载多波段扫描电子计算机用磁带,在101图像处理系统上做了多种影像增强方法。最终,在武水峡谷420km² 范围内,共判释出大大小小线性构造30余条,沿隧道轴线两侧5km带状范围内判释出断层40余条,其中穿越隧道的有28条。

9.在水文地质普查中的应用

在水文地质普查阶段使用遥感技术,可大大减少野外的工作量,可以弥补了常规调查法在解决某些水文地质问题上的不足,缩短了普查工作周期,对提高水文地质普查成果的质量发挥了重要作用。

二、地面物探技术

地面物探包括电法勘探、地震勘探、重力勘探、磁法勘探和放射性勘探等多种方法。

(一)电法勘探

电法勘探是物探的主要方法之一,它是通过对天然电场和人工电场的研究,来获得岩石不同电学特性的资料,以判断有关水文地质问题。电法的用途广泛,它可用于探测盖层的厚度、断层裂隙、岩石单元、海水入侵等。

根据电场建立的方法、场源的性质、方法所依据的电学性质及测量方式特点的不同,电法勘探可分为直流与交流电法勘探两大类,而每一类方法又分为很多种,它们在水文地质工作中的应用亦各有侧重。

1.电阻率法

自然界中各种岩石的导电性能不同。一般情况下,岩浆岩、变质岩和沉积岩中的致密灰岩的电阻率都很高(大于 $10 \sim 100\Omega \cdot m$),只有当它们受到风化,构造破碎时,由于含泥量增多,水分增加,其电阻率值才降到 $10 \sim 100\Omega \cdot m$ 级或更小。对于松散沉积物而言,随着颗粒直径的增大,电阻率也随之增高,一般 $30 \sim 70\Omega \cdot m$,砾卵石层可达 $200\Omega \cdot m$。作为隔水层的黏性土、粉土等则具有很低的电阻率,一般 $8 \sim 30\Omega \cdot m$。电阻率法就是利用这种地质体导电性的差异,通过建立人工电场并进行观测,求得某个测点下面不同深度或剖面上不同测点的视电阻率后,再进行推断和地质解释。

为了解决不同的地质问题,常采用不同的电极排列形式和移动方式(简称为装置),因而将电阻率法又可细分电剖面法、电测深法和高密度电阻率法。

1)电剖面法

根据装置的不同,分为对称四极剖面、复合对称四极剖面、三极剖面、复合对称三极剖面、联合剖面、偶极剖面、中间梯度测量法等。

2）电测深法

电测深法包括电阻率测深和激发极化测深。它是在地面的一个测深点上，通过逐次加大供电电极及 AB 极距的大小，测量同一点的、不同 AB 极距的视电阻率 ρ_s 值，研究这个测深点下不同深度的地质断面情况。

3）高密度电阻率法

原理：高密度电法的工作原理与常规电阻率法大体相同，其测量选用的是温纳装置。测量时，$AM=MN=NB=AB/3$ 为一个电极间距，探测深度为 $AB/3$，A、B、M、N 逐点同时向右移动，得到第一层剖面线；接着 AM、MN、NB 增大一个电极间距，A、B、M、N 逐点同时向右移动，得到另一层剖面数据；这样不断扫描测量下去，就会得到一个倒梯形断面图。

为了提高工作效率，目前野外数据的采集是通过阵列电极装置形式来实现的。野外工作时将数十根电极一次性布设完毕，每根电极既是供电电极，又是测量电极。通过程控多路电极转换开关和电测仪实施数据的自动、快速采集。

2.自然电场法

当地下水在孔隙地层中流动时，毛细孔壁产生选择性吸附负离子的作用，使正离子相对向水流下游移动，形成过滤电位。因此作区域性的自然电位测量，可判断潜水的流向。在水库的漏水地段可常出现自然电位的负异常，而在隐伏上升泉处则可获得自然电位的正异常。

3.激发极化法

实验室研究表明，含水砂层在充电以后，断电的瞬间可以观测到由于充电所激发的二次电位，该二次电位衰减的速度随含水量的增加而变缓。在实践中利用这种方法圈定地下水富集带和确定井位已有不少成功的实例，但它在理论和观测技术方面还有待改进。

4.地质雷达

它是交流电法勘探中的一种，是利用对空雷达的原理，由发射机发射脉冲电磁波，其中一部分沿着空气与介质（岩土体）的分界面传播的直达波，经过时间 t_0 后到达接收天线，被接收机所接收。另一部分则传入介质内，若在其中遇到电性不同的另一介质体（如地下水、洞穴、其他岩性的地层），就会被反射和折射，经过时间 t_s 后回到接收天线，称为回波。根据所接收的两种波的传播时间差，就可判断另一介质的存在并测算其埋藏位置。地质雷达具有分辨能力强、判译精度高,一般不受高阻屏蔽及水平层、各向异性的影响等优点。它对探查浅部介质体,如地下空洞、管线位置,覆盖层厚度等的效果尤佳。

地质雷达是目前分辨率最高的工程地球物理方法,近年来在我国被广泛应用于隧道超前预报工作。水是自然界中常见的物质中介电常数最大、电磁波速最低的介质。与岩土介质和空气的差异很大。含水界面会产生强烈的电磁反射,岩体中的含水溶洞、饱水破碎带很容易被地质雷达检测所发现,因而常将地质雷达作为掌子面前方含水的断裂带、破碎带、溶洞的预报工具。在深埋隧道的富水地层以及溶洞发育地区,地质雷达是一种很好的预报手段。不过,地质雷达目前探测距离较短,在20~25m以内,因此对于长隧道只能根据施工进度分段进行。

5.其他技术

近年来电法探测的仪器和技术都取得了较快的发展。电法仪器比较成功地移植了地震仪成熟的经验技术,现其主要的技术指标(如动态范围、采样间隔、模数转换等)几乎与地震没有什么差别。其中最令人瞩目的是以下3种。

1)地面核磁共振(NMR)

地面核磁共振找水技术是目前唯一可用于直接探测地下水的物探技术。利用该项技术可以获得除什么地方有水、有多少水的资料之外,还可以获得含水层的有关信息。自1978年起,苏联科学院西伯利亚分院化学动力和燃烧研究所(ICKC)开始了利用核磁共振技术找水的全面研究。他们用三年时间研制出原始仪器,并在其后的10年间对仪器进行改进,开发出世界上第一台在地磁场中测定NMR信号的仪器,称为核磁共振层析找水仪(hydroscope)。该仪器作为新的探测地下水的重要手段,于1988年在苏联和英国申请了专利。1992年俄罗斯的核磁共振层析找水仪在法国进行了成功演示。两年后法国地调局(BRGM)的IRIS公司购买了该仪器的专利,并与原研制单位ICKC合作,着手研制新型的核磁共振找水仪—核磁感应系统(NUMIS)。法国在1996年春推出商品型NMR找水仪,并生产出6套NU-MIS系统。法国IRIS公司研制的NUMIS系统是在俄罗斯hydroscope的基础上改进的。到目前为止,拥有NUMIS系统的国家除俄罗斯和法国外,还有中国和德国。

1997年年底中国地质大学（武汉）引进了法国IRIS公司研制的NUMIS系统，这是中国引进的第一套NUMIS系统。1999年中国地质科学院水环所、新疆水利厅石油供水办公室各引进一套NUMIS。2001年春天水利部牧区水利科学研究所引进一套NUMIS系统的升级找水设备NUMIS+。上述单位利用NMR找水方法先后在湖北、湖南、河北、福建、内蒙古、新疆等11个省市和地区进行了找水实践，并找到了地下水。研究成果填补了中国用NMR技术直接找水的空白，使中国跃居使用该技术找水的世界先进国家行列。

NMR找水原理：NMR找水方法就是以核磁共振现象为基础的，它通过建立非均匀磁场和地球物理NMR层析，研究地下水的空间分布。除油层、气层外，水（H_2O）中的氢核是地层中氢核的主体。H^+具有非零磁矩，并且处于不同化学环境中的同类原子核（如水、苯或环乙烷中的氢原子）具有不同的共振频率，当施加一个与地磁场方向不同的外磁场时，氢核磁矩将偏离磁场方向，一旦外磁场消失，氢核将绕地磁场旋进，其磁矩方向恢复到地磁场方向。通过施加具有拉摩尔圆频率的外磁场，再测量氢核的共振讯号，便可实践核磁共振测量。在给定的频率范围内，如果存在有NMR信号，那就说明试样中含有该种原子核类型的物质。

NMR找水的成功应用使物探技术从间接找水过渡到直接找水，是一项技术性的革命。但目前NMR技术尚处于发展的初级阶段，在仪器和应用技术方面都还存在一些需要改进的问题，比如提高仪器抗电磁信号干扰能力、加大勘查深度、减轻仪器重量、降低仪器成本以及NMR信息的反演等问题。

2）瞬变电磁法（TEM）

它利用接地电极或不接地回线通以脉冲电流，在地下建立起一次脉冲磁场。在一次场的激励下，地质体将产生涡流，其大小与地质体的电特性有关。在一次磁场间歇期间，该涡流将逐渐消失并在衰减过程中，产生一个衰减的二次感应电磁场。通过设备将二次场的变化接收下来，经过处理、解释可以得到与断裂带及其他与水有关的地质资料。

由于瞬变电磁法仅观测二次场，与其他电性勘探方法相比，具有体积效应小、纵横向分辨率高、对低阻体反应灵敏、工作效率高、成本低廉等优点，是解决水文地质问题较理想的探测手段。此外，常规物探方法受环境限制大，难以开展水上作业，而瞬变电磁法则受环境影响较小，可以用于水上作业。

近年来,数字技术的发展促进了一批 TEM 仪器的出现(如 Geonics PRO-TEM 47,Sirotem MK3,Zonge Nano TEM,Bison TD 2000 等),它们对 10~200m 浅层具有较高的探测能力。另外,还开发出 TEM 资料处理的新技术,有可能在事前没有较多可用地下资料的情况下,制作出逼真的解释模型。

3)EH-4 电磁成像系统

EH-4 电磁成像系统是由美国 Geometrics 公司和 EMI 公司于 20 世纪 90 年代联合生产的一种混合源频率域电磁测深系统,是可控源与天然源相结合的一种大地电磁测深系统,其有效勘探深度为几十米至 3km。它结合了 CSAMT 和 MT 的部分优点,利用人工发射信号补偿天然信号某些频段的不足,以获得高分辨率的电阻率成像。其核心仍是被动源电磁法,即采用一个便携式低功率发射器主动发射 1~100kHz 人工电磁讯号,以补偿天然讯号的不足,从而获得高分辨率的成像。深部构造则通过天然背景场源成像(MT),其信息源为 10Hz~100kHz。

EH-4 大地电磁系统观测的基本参数为正交的电场分量和磁场分量,通过密点连续测量,采用专业反演解释处理软件可以组成地下二维电阻率剖面,甚至三维立体电阻率成像。大地电磁测深仪器通过同时对一系列当地电场和磁场波动的测量来获得地表的电阻抗,一个大地电磁测量给出了测量点以下垂直电阻率的估计值。

主要用途:岩土电导率分层、地下水探测、基岩埋深调查、煤田勘探、金属矿详查和普查、环境调查、大坝、桥梁、铁路或公路路基、隧道勘查;咸、淡水分界面划分、断层构造探查、水库漏水点探查、地下三维成像等。

该仪器自 1996 年进入我国以来,短短几个月里就在西北干旱地区找水初见成效,在陕西富平隐伏岩溶区找到 700m 深部裂隙水,紧跟着又在中蒙边境发现 100m 深地下水源。新疆第二水文队与保定水文所合作,借助 EH-4 在罗布泊这个世界上最缺水的地方找到深部多层地下水;石油部物探局五处曾利用 EH-4 在四川峨眉山中找出 1200m 深的地下热泉,突破寻找深部水资源障碍。

(二)地震勘探

地震勘探是通过研究人工激发的弹性波在地壳内的传播规律来勘探地质构造的方法。由锤击或爆炸引起的弹性波,从激发点向外传播,遇到不同弹性介质的分界面,将产生反射和折射,利用检波器将反射波和折射波到达地面所引起的微弱振动变成电信号,送入地震仪经滤波、放大后,记录在像纸或磁带中。经整理、分析、解释就能推算出不同地层分界面的埋藏深度、产状、构造等。

地震勘探可分为折射波法和反射波法两种,如根据地震探测的深度不同,它又可分为深层地震勘探和浅层地震勘探。

在水文地质工作中,通常使用浅层地震勘探方法,探测深度由几米到200米。浅层地震勘探在水文地质勘察中可解决如下问题。

(1)确定基岩的埋藏深度,圈定储水地段。

(2)确定潜水埋藏深度。当没有严重的毛细现象时,潜水面为良好的地震界面,利用折射法能求得潜水位埋深。

(3)探测断层带。一般是采用折射波资料来判定。

(4)探测基岩风化层厚度。风化层可能是良好的含水层。当基岩风化层不十分发育,与上覆地层有波速差异时,可用折射波法求得风化壳厚度;当风化层厚度相对地震波长或风化层与上覆地层的波速无明显差异时,则效果不佳。

(5)划分第四纪含水层的主要沉积层次。如细砂、中砂与砂砾石等。要解决这样的任务,其他物探方法有时得不到令人满意的效果,折射波也只能在一定的条件下解决部分问题。目前发展起来的浅层反射波法对于上述各种地质界面均有明显地反映,能解决划分第四纪含水层的有关问题。

(三)重磁法勘探

重力勘探是根据岩体的密度差异所形成的局部重力异常来判断地质构造的方法,常用以探测盆地基底的起伏和断层构造等。采用高精度重力探测仪有可能探测到一些埋深不大并且具有一定体积的溶洞。

磁法勘探是根据岩石的磁性差异所形成的局部磁性异常来判断地质构造的,在水文地质勘察中,大面积的航空磁测资料可为寻找有利的储水构造提供依据。

这两种物探方法目前都主要用于探测区域构造,它们在水文地质勘察中还应用不多,只是在寻找与构造成因关系密切的地下水(如热水)方面有成功的例子。

(四)放射性勘探

由于不同的岩石所含放射性元素的含量不同,因此可通过探测放射性元素在蜕变过程中产生的γ射线强度来区分岩性。近年来人们通过测量γ强度、能谱、α径迹法等找水获得过不少成功的经验。

天然伽玛(γ)法测量,包括地面、车载和航空放射性测量,可用于填图、寻找基岩裂隙水。据报道,日本利用放射性勘探在山区寻找基岩裂隙水方面取得了多个成功的实例。

放射性物探方法在地下水勘察方面,可解决如下问题。

(1)测定地下水位和含水层埋深、厚度及其分布。

(2)圈定地下水的富集部位。

(3)测定地下水的矿化度(或咸淡水界面)或污染范围。

(4)研究地下水的动力学特征。放射性同位素常用作研究地下水及其溶质运动的示踪剂。

(五)综合物探技术

由于各种物探方法都有一定的局限性,而大多数勘察场地又都存在着显示相同物理场的多种地质体,如果只用单一的物探方法解释异常比较困难。因此,可在同一剖面、同一测网中用两种以上的物探方法共同工作,将数据资料相互印证、综合分析,就有利于排除干扰因素,提高解译的置信度。

三、井下物探技术

井下物探是在钻孔内进行物探测井工作。目前工程物探中采用的测井方法主要有电测井、声测井、放射性测井、温度测井、超声成像测井、电磁波测井。此外还有利用工业电视设备对孔壁直接观察的钻孔电视以及对钻孔直径和井斜的测量等。井下物探是以地下岩石的各种物理性质的差异为基础,去研究水文地质问题。目前井下物探技术在水文地质工作中的应用日益广泛,已成为水文地质勘察的重要手段之一。

综合测井法可以详细地划分钻孔的地质剖面,探测软弱夹层,确定断层及裂隙、破碎带的位置与产状,测定地层的电阻率、弹性波速度、孔隙度、密度、含泥量、含水量,确定含水层的位置,测定地下水的矿化度和流速、流向等。

（一）测井工作的目的和任务

1.第四系孔隙水地区

在第四系孔隙水中主要用于查明含水层的分布及其埋藏条件，为合理开发第四系地下水资源提供依据。具体内容如下。

（1）确定含水层、隔水层的埋深与厚度。

（2）划分地层组，编录钻孔柱状剖面，并根据全部测井资料，进行区域性地层对比，以了解地层纵横向的变化规律。

（3）确定各含水层之间的水力联系。

（4）划分咸淡水分界面，测定含水层中地下水矿化度，确定层位与厚度。

（5）测定含水层水文地质参数，如孔隙度、渗透系数、地下水渗透速度、天然流向、涌水量等。

（6）估算水文地质参数，如地下水矿化度、孔隙率、渗透系数、流速及涌水量等。

（7）测量地层的物性参数，如电阻率、弹性波速度、密度、磁性等。

（8）钻孔技术状况测定，包括井斜、井径、封井质量检查，指示井下故障点（如套管漏水、断管位置等）。

2.在岩溶和裂隙发育地区

在岩溶和裂隙发育地区主要用于查明含水层的埋藏条件和补给关系。具体如下。

（1）确定裂隙、含水裂隙和溶洞的部位、产状与厚度；编录钻孔柱状图；确定钻孔中含水层之间的补给关系和水力联系等。

（2）配合抽水试验确定漏水位置，提供具体的补漏部位；提供套管止水位置和堵孔位置；检查套管止水质量和堵孔疏导。

（3）估算水文地质参数和进行地层物性参数测定。

（4）钻孔技术状况测定。

（二）测井的方法

目前，水文地质测井主要以电测井和γ射线测井应用最广。近年来，一些单位还应用流速测井（包括井径测井）和电视测井（也叫井下电视），可以直接观察确定含水层或断裂破碎带的位置。测井还可用来配合无岩芯钻进，以提高钻进的效率和降低成本。

由于各种测井方法都有一定的应用条件，在解释方面都存在着多解性，因此,在实际工作中还应重视采用综合测井方法,即一般每个钻孔至少有3种以上的参数曲线为宜,以便相互印证、综合分析,提高解译的可靠性。

第三节　水文地质钻探

水文地质钻探是水文地质调查工作中取得地下水文地质资料的主要技术方法,也是开发利用深层地下水进行钻井工程的唯一技术手段。它的基本任务是在水文地质测绘、水文地质物探的基础上,进一步查明含水层的岩性、层次、构造、厚度、埋深分布及水量、水质、水温等水文地质条件,解决和验证水文地质测绘和物探遥感工作中难以解决的水文地质问题,以及利用钻孔进行各种水文地质试验,获取水文地质参数,为评价和合理开发利用地下水资源提供可靠的水文地质资料和依据。此外,在"以探为主、探采结合"成井或专门打井开采地下水,为工农业生产、国防建设和城镇居民及干旱地区人民提供生产生活用水或矿泉水饮料,直接为国民经济建设和人民的生活服务。

一、水文地质钻孔的布置原则和方法

(一)水文地质勘探孔布置的原则

勘探工作应以最少的工作量、最低的成本和最短的时间来获取完整的水文地质资料。为此,勘探线、网的布置,应以能控制含水层的分布,查明水文地质条件,取得水文地质参数,满足地下水资源评价的要求,查清开采条件为基本目的。

在普查阶段应以线为主,详查阶段和开采阶段以线、网相结合。布孔时,必须考虑工农业供水的要求及当地水文地质条件的研究程度。例如,在群众打井资料较多、水文地质情况较清楚的地区,可以不布或少布置钻孔;在含水层比较稳定、地下水资源较丰富的淡水区,钻孔密度可适当放稀;在水文地质条件不清时或在水资源评价断面上的勘探钻孔应加密,抽水孔的数量也要适当增加。总之,布置水文地质勘探孔需要遵循以下原则。

1.以线为主,点线结合

钻孔的布置应能全面控制地区的地质-水文地质条件。既要控制地区

含水层的分布、埋藏、厚度、岩性、岩相变化以及地下水补给、径流、排泄条件等，又要控制和解决某些专门的水文地质问题(如构造破碎带的导水性、岩脉的阻水性、含水层之间的水力联系等)。一般而言,应沿地质-水文地质条件变化最大的方向布置一定数量的钻孔,以便配合其他物探、浅井、试坑等手段,以取得某一方向上的水文地质资料。由于钻探的成本较高,不可能在调查区内将勘探线布置得过密。在勘探线上控制不到的地方,可布置个别钻孔。

2. 以疏为主,疏密结合

禁止将勘探孔平均布置。对水文地质条件复杂的或具有重要水文地质意义的地段,如不同地貌单元及不同含水层的接触带,或同一含水层不同岩性、岩相变化带,构造破碎带,与地下水有密切联系的较大地表水体(流)附近,岩溶发育强烈处以及供水首先开发的地段,或矿区首先疏干和建井的地段等,均应加密孔距和线距。对一般地段可以酌量减少孔数或加宽线距。

3. 以浅为主,深浅结合

钻孔深度的确定主要取决于所需要了解含水层的埋藏深度。勘探线上钻孔应采取深浅相兼的方法进行布孔。

4. 以探以主,探采结合

在解决各种目的的水文地质勘探时,必须以探为主。在全面取得成果的同时,尽量做到一孔多用,如用作供水、排水以及长期观测等。对这些一孔多用的钻孔,在钻孔设计时,必须预先考虑其钻孔结构方面的要求。

5. 一般任务与专门任务结合

布孔时,必须考虑最终任务的要求,例如为供水勘探布孔时,除满足揭示工作区一般的水文地质规律外,还必须满足相应勘探阶段对地下水资源计算的要求以及长期观测的要求。因此,当确定地下水过水断面的流量时,某些地区(如山前扇形地)过水断面的方向与水文地质条件变化最大的方向往往不一致,此时就要两者兼顾。或在某些地区(如河谷地区)两种任务勘探线相符,也要在孔距、孔深、孔径等几个方面满足地下水资源计算的需要。

6. 设计与施工相结合

在不影响取得全部成果质量的前提下,布孔时尽量考虑钻探施工的便利条件(如交通运输、供水、供电等)。

布孔方案在实施过程中还可以根据实际情况进行修改。例如经过一段钻探工作后,发现某一地段地质、水文地质条件变化不大,而现有的资料已足以阐明其变化规律时,则可适当地削减原设计方案中的勘探工作量。相反,如果发现某一地段的地质、水文地质条件变化很大,而按设计中的钻孔数量又不足以揭示其变化规律时,应适当增加钻孔数量。

（二）水文地质勘探孔的布置方法

1.垂直布置法

无论山区或平原,勘探线都必须垂直于地下水的流向,而在地下水流向不明的地区,则应垂直河流、冲洪积扇轴部、山前断裂带、盆地长轴、向斜轴、背斜轴、岩溶发育带、古河道延展方向、海岸线等布置勘探线。

2.平行布置法

为了评价地下水资源,在某些地区布置勘探线要与上述水文地质要素平行。在石灰岩裸露地区要沿岩溶发育带布置或沿现代水系布置。

在同一地区,勘探线、网应采取平行与垂直地下水流向相结合的办法布孔。这种布孔方法同时也适用于水文地质试验、地下水长期观测及水文地质物探勘察线的布置。

二、水文地质钻探的类型、特点及钻孔结构设计

（一）水文地质钻孔的类型

水文地质钻孔的类型有地质孔、水文地质孔、探采结合孔和观测孔等四类。

1.地质孔

通常只在小、中比例尺的区域水文地质普查中布置,一般要通过钻探取心进行地层描述和进行简易水文地质观测,但不进行抽水试验。

2.水文地质孔

在各种比例尺的水文地质普查与勘探中布置,一般要进行单孔稳定流抽水试验,必要时还进行多（群）孔非稳定流抽水试验,以获取不同要求的水文地质参数,评价与计算地下水资源。

3.探采结合孔

在各种比例尺的水文地质普查与勘探中均会遇到。

4.观测孔

有抽水试验观测孔和长期观测孔（简称长观孔）两种,通常只在大、中比

例尺的水文地质勘探中布置。

(二)水文地质钻探的特点

水文地质钻探不单纯是为了采取岩芯,研究地质剖面,而且还必须取得各含水层和地下水特征的基本水文地质资料,以及进行地下水动态的观测和开采地下水等。为达到此目的,水文地质钻探就必须与一般的地质钻探有所不同。其特点主要表现在以下方面。

1.水文地质钻孔的孔径较大

这是因为需在钻孔中安装抽水设备并进行抽水试验,在孔壁不稳定的钻孔中还要下过滤器。此外,加大孔径也是为了在抽水时能获得较大的涌水量。

2.水文地质钻孔的结构较复杂

这是为了分别取得各含水层的水位、水温、水质和水量等基本的水文地质资料,需要在钻孔内下套管、变换孔径、止水隔离等。

3.水文地质钻探对所采用的冲洗液要求很严格

为使所用的冲洗液不堵塞井孔内的岩石空隙,以便能准确测定水文地质各要素(如水位、水质、涌水量)以及为今后能顺利抽水,要求采用清水钻进,或水压钻进,少用或不用泥浆钻进。当必须采用泥浆时,泥浆的稠度最好少于18s,地质勘探孔使用的泥浆稠度可放宽至20~25s。

4.水文地质钻探的工序较复杂,施工期也较长

钻探工作中需要分层观测地下水的稳定水位,还要进行下套管止水、安装过滤器、安装抽水设备、洗井、做抽水试验等一系列的辅助工作。

5.水文地质钻进过程中观测的项目多

为了判断钻进过程中水文地质条件的变化,在钻进中除了观测描述岩性变化外,还要观测孔内的水位、水温、冲洗液的消耗情况以及涌水量等多个项目。

鉴于上述特点,为了确保水文地质成果质量,水文地质钻探有其本身的一套技术规程,应严格按其技术要求进行设计、施工和观测编录工作。

(三)水文地质钻孔的结构与设计

1.钻孔的结构和典型钻孔结构型式

1)钻孔(井)的结构

包括孔径、孔段和孔深等三个方面。包括孔的结构(孔径、孔段和孔深)

和井身结构两方面。除地质孔外,井身结构又包括:①井管,包括井壁管、过滤管、沉淀管的直径、孔段和深度;②填砾、止水与固井位置及深度。

2)典型钻孔(井)结构型式

(1)一径成孔(井)。除孔口管外,一径到底的钻孔,即一种口径、一套管柱的钻孔。这类钻孔通常是在地层较稳定的第四纪松散地层或基岩为主的水文地质钻孔、探采结合孔或观测孔。有下井管、过滤管并填砾或不填砾的孔及没有井管、过滤管的基岩裸孔等几种。下井管、过滤管并填砾孔的孔径一般应比管子直径大150~200mm。

(2)多径成孔(井)。具有两个或两个以上变径孔段的钻孔,即多次变径,并用一套或多套管柱的钻孔。通常是上部为第四纪松散层、下部为基岩或具有两个以上主要含水层的水文地质钻孔、探采结合孔及地质孔。通常在第四纪地层中下井管、过滤管,并填砾或不填砾;在基岩破碎带、强烈风化带下套管;在完整基岩段一般为裸孔。

2.钻孔结构设计

水文地质钻孔的结构设计,是根据钻探的目的、任务、钻进地点的地质、水文地质剖面以及现有的钻探设备等条件,对钻孔的深度、孔径的变换以及止水要求等提出的具体设计方案。钻孔的结构设计是关系到水文地质钻探的质量、出水量、能耗、安全等方面的重要环节。

1)钻孔深度的确定

钻孔深度主要取决于所要求的含水层底板的深度。但对于厚度很大的含水层中的勘探开采孔,应视其需水量的要求和"有效带"的影响深度来确定,其孔深可以小于含水层底板深度。对厚度小、水位深的含水层,设计孔深时还要考虑试验设备的要求(如需满足空气压缩机抽水沉没比的要求)。另外,对勘探开采孔尚需增加沉淀管的长度等。

2)孔斜的要求

在现有钻探技术的条件下,钻孔在一定深度内产生一定的孔斜是难免的。但如孔斜过大,不但加大设备的磨损,增加孔内事故,而且还影响孔内管材和抽水设备的安装及正常运转。特别是当孔斜过大,而又采用深井泵抽水时,还可能造成立轴和进水管折断等。因此,对孔斜必须有一定的要求。按SL 256—2000《机井技术规范》3.3.2条的规定:井孔必须保证井管的安装,井管必须保证抽水设备的正常工作。泵段以上顶角倾斜的要求是安装长轴深井泵时不得超过1°,安装潜水电泵时不得超过2°;泵段以下每百米顶角倾斜不得超过2°,方位角不能突变。

3)孔径的确定

孔径的确定是整个钻孔设计的中心环节。钻孔直径的大小,与选用的钻探设备、钻探方法、井管的类型以及抽水方法等关系密切。对于水文地质勘探试验孔而言,设计钻孔直径时,以将来能在孔内顺利地安装过滤器和抽水设备,并能使抽水试验正常进行为原则,因此要按抽水试验的要求,并根据预计的出水量和是否需要下过滤器及拟用的类型,以及拟用的抽水设备等,来确定其终孔直径。在松散的含水层中,还须考虑填滤料的厚度。所以勘探试验孔必须具备足够大小的钻孔直径。对于水文地质勘探试验孔的终孔直径的确定问题,到目前为止,尚无较合理的统一规定。一般规定,在基岩中终孔直径不应小于130mm;在松散堆积层中不小于200mm。

再根据已确定的终孔直径,按预计需要隔离的含水层(段)的个数及其止水要求、方法和止水部位,并考虑钻孔的深度、钻进方法、岩石的可钻程度和孔壁的稳定程度等多种因素,来确定钻孔是否需要变径、变径的位置和变径尺寸、下套管的深度和直径。如要对各个含水层分别进行水资源评价而要求隔离各个含水层时,或需隔离水质有害的含水层时,就要求换径止水。当钻孔深度大,为防止因孔深增加使负荷增大而产生孔内事故时,往往也需要变换孔径。而当地层松软易钻,孔深较浅、孔径较大的勘探开采孔,可以采用同径止水而不变换孔径。

在某些地质结构复杂的地区,可能在不太大的深度内出现数个含水层。这时如果均下套管止水,换径次数过多,就造成钻孔结构复杂,施工困难。此时就必须仔细研究该地区的地质条件和抽水实验(或开采条件)的要求,合理地采用有关技术措施,在确保优质、高产、低耗、安全的前提下,应尽量简化钻孔结构。

4)滤水管的设计

滤水管是安装在钻孔中含水(层)段的一种带孔井管,其作用是保证含水层中的地下水能够顺利地流入井管,同时又防止井壁坍塌,阻止地层中细粒物质进入井内造成水井堵塞,保证井的涌水量和井的使用寿命。在松散沉积物及不稳定的岩层中钻进时,必须安装滤水管。

(1)滤水管的类型。如按材料分,有钢滤水管、铸铁滤水管、钢筋骨架滤水管、石棉水泥滤水管、木制与竹制滤水管、矿渣混凝土滤水管、水泥砾石滤水管、陶瓷滤水管及塑料滤水管等。如按滤水管孔隙的形式分，有圆孔、条孔、半圆孔等三种；如按结构形式分，有骨架、缠丝、包网、填砾、贴砾、笼状、筐状等类型。针对不同地区和不同的水文地质条件，应选用不同材料和不同结构形式的滤水管。合理地选择滤水管，才能保证对钻孔的质量要求和降低成本。

(2)滤水管的长度确定。按 GB 50027—2001《供水水文地质勘察规范》第5.3.3条的规定，抽水孔过滤器的长度在含水层厚度小于30m时，可与含水层厚度一致；当含水层厚度大于30m时，可采用20～30m；当含水层的渗透性差时，其长度可适当增加。对于抽水试验观测孔，其过滤器长度可采用2～3m。

(3)滤水管孔隙率和填砾材料的选定。滤水管的挡砂作用主要是由滤水孔或连续孔的间隙的大小来完成的。抽水孔过滤器骨架管的孔隙率不宜小于15%。此外，过滤器类型的不同，其孔隙尺寸和孔隙率的规定也不相同。

(四)止水技术

在水文地质钻探工作中，为了获取各含水层的水文地质资料和进行分层抽水试验，或为防止水质不良的含水层的地下水流入孔内，以及钻进时产生严重渗漏而影响正常工作，都必须进行止水工作。水文地质钻孔和供水钻孔的止水，一般均采用套管隔离，在止水的位置用止水材料封闭套管与孔壁之间的间隙。止水的部位应尽量选在隔水性能好以及孔壁较完整的孔段。

1.止水方法的选择

止水方法按不同的条件可分为临时性止水和永久性止水，同径止水和异径止水，管外和管内止水等方法。

止水方法的选择，主要取决于钻孔的类型(目的)、结构、地层岩性和钻探施工方法等多种因素。临时性止水应用于一个钻孔要对两个或两个以上含水层进行测试，或该目的层取完资料后并无保存钻孔的必要时所采用的止水方法。永久性止水则用于供水井中，主要作用是封闭含有害水质的含水层。一般管外异径止水的效果较好，且便于检查，但钻孔结构复杂，各种规格管材用量大，施工程序复杂，多实用于含水层研究程度较差的勘探试验孔。管外同径止水或管外管内同径联合止水方法,钻孔结构简单,钻探效率较高,管材用量较少,但止水效果检查不便,多用于大口径的勘探开采孔或开采孔止水。

2.止水材料的选择

止水材料必须具备隔水性好、无毒、无嗅、无污染水质等条件,还应根据止水的要求(暂时或永久)、方法及孔壁条件来确定,以经济、耐用又性能可靠为原则。临时止水的材料常用海带、桐油石灰、橡胶制品等;永久止水材料常用黏土、水泥、沥青等永久性材料。

1)海带

海带具有柔软、压缩后对水汽不渗透,遇水膨胀等性能(它遇水2h内体积剧增,4h后趋于稳定,膨胀后体积增大3~4倍)。多用于松散地层与完整基岩钻孔作临时性止水材料。选作止水的海带以厚、叶宽、体长者为佳。

使用海带止水时,要求钻孔的直径比止水套管大2~3级。先将海带编成密实的海带辫子,缠绕在止水套管的外壁上,长度为0.5~0.6m,最大直径应稍小于钻孔直径。海带束外部再包一层塑料网或纱布、棕皮等,两端用铁丝扎紧。下管时为防止海带束向上滑动,在海带束上端的套管上焊4条钢筋阻挡。操作时应迅速,防止海带中途膨胀。

海带止水的最大优点是当拔起止水套管时,海带容易破坏,因而减少了起拔套管的阻力。海带在异径止水的效果比较好。

2)黏土

黏土因具有一定的黏结力和抗剪强度,经过压实后它具有不透水性,故在一些水头压力不高、流量不大的松散地层或基岩中作为止水材料。目前在松散地层的供水井永久性止水中普遍采用,其主要优点是操作方便,成本低,止水的效果可靠;其最大缺点是止水时如被钻具碰动,就会失去止水效果。在碎屑岩破碎带以及水压大、流量大处不宜采用。

黏土止水一般是将黏土做成黏土球(直径30~40mm),经阴干(内湿外干)后,投入孔内止水。黏土球投入的厚度一般为3~5m。

3)水泥

水泥是硬性的胶凝材料,它在水中硬化,能将井管与井壁的岩石结合在一起,具有较高强度和良好的隔水性能,广泛用于钻探施工中的护壁、止水、堵漏、封孔等工序。

水泥止水的效果好,但成本高、固结慢,不能作暂时性止水。其操作也较复杂,在配制水泥浆时,需要考虑所使用的水泥类型、标号、强度,还需要确定适合的水灰比,控制凝结时间;在操作时还需要进行洗井、送浆方法等多个工序。

水泥的种类很多,可以根据具体情况进行选择或加入各种添加剂。在水泥浆被送入孔中前,应进行洗孔换浆,以排除钻孔内的岩屑,清洗孔壁上的泥皮和清除孔内的泥浆。最后利用泥浆泵把水泥浆泵入井管与孔壁之间。泵入的方法一般采用从钻孔井管内径特殊的接头流到井管外的环状空间中去,也可直接用钻杆向套管外灌注。

3.止水效果的检验

止水后,应采用水位压差法、泵压检查法、食盐扩散检查法或水质对比法等进行止水效果的检验。其中水位压差法是用注水、抽水或水泵压水造成止水管内外差,使水位差增加到所需值,稳定半小时后,如水位波动幅度不超过 0.1m 时,则认为止水有效。否则需找出原因,重新进行止水工作。

三、钻进方法及钻进过程中的观测编录工作

(一)钻进的方法

1.钻进方法的选择

钻进的方法,应根据地层的岩性、钻孔结构、水文地质要求及施工地区的特殊条件而定。

根据岩石可钻性,常规口径(91~172mm)1~6级、大口径(219~426mm)1~4级的岩石可用合金钻进;常规口径7~9级、大口径5~9级的岩石可用钢粒或牙轮钻头钻进。

卵砾石为主的地层,可采用回转钻进、大口径钢粒钻进或硬质合金钻头与钢粒混合钻进,一次成孔。在松软地层中进行大口径钻进时,可用冲击定深取样,刮刀钻头、鱼尾钻头无岩芯钻进并配合电测井。

由于钻探技术种类很多,以下仅就目前新引进的钻进技术进行详细介绍。

2.空气钻进技术

多工艺空气钻进技术(含空气泡沫钻进、空气潜孔锤、气举反循环等)被视为当代衡量钻探技术水平的重要标志之一。空气钻进技术的实质主要是

用压缩空气代替常规钻进时用水或泥浆循环,起冷却钻头、排除岩屑和保护井壁的作用。

该项技术已先后应用于非洲、亚洲的20多个国家。中国是贫水国家,尤其是西北地区更加干旱缺水。这一现状迫切要求在这一地区发展空气钻进技术。通过一系列研究与推广应用,中国现已能较全面地掌握和推广应用此项钻井技术。迄今中国已能自行设计、生产了一系列用于空气钻进的钻机及配套机具和若干井内用泡沫剂,如能钻300m和600m的钻机、空气潜孔锤、气举反循环、跟套管钻进、中心取样钻进用的设备、管材、钻头等绝大部分实现了国产化,并有部分出口。

空气钻进技术的优点:①空气取之不尽,气液混合介质亦易制备,利于在干旱缺水、高寒冰冻、供水困难地区钻探施工,减少用水费用和成本;②空气或气液混合介质(汽水混合、泡沫、充气泥浆等)密度低,明显降低对井底的压力,利于提高钻速;③空气或气液混合介质对不稳地层和复杂岩矿层、漏失层的钻进都有明显的效果,并对低压含水层有保护作用;④压缩空气除在井内循环作用外,还可作为动力源实现冲击回转(如空气潜孔锤)钻进,大幅度提高基岩井的钻井速度,并能克服水井常遇的卵砾层钻进困难;⑤空气在井内循环流速快,能迅速将井底岩屑(样)输至地表,利于及时判明井底情况;⑥空气在井内的循环方式可以根据需要采用正循环或反循环,当用气举反循环钻进时,可以施工较大口径和2~3km的深井。

(1)气举反循环钻进技术

气举反循环钻进是中国20世纪90年代引进并推广的新型钻进技术,它以压缩空气注入钻杆内孔至一定深度与冲洗液混合形成低密度(小于1)的气-液混合液,使钻杆内外液体密度产生差异,依靠其压力差造成冲洗液反向循环的钻进。

气举反循环钻进与常规的正循环(或泵吸反循环)钻进方法相比有如下优点:①气举反循环钻进空压机的工作介质是空气,钻进可靠性高,与泵吸反循环钻进中所用的泥浆泵、砂石泵相比,事故明显减少;②气举反循环钻进时,钻具内各处均不存在负压(压力都不小于0.1MPa),不会因钻具密封不良而不能工作,也不存在气蚀损坏水力机械现象,而泵吸反循环钻进时,钻具内处于负压状态,如果钻具密封不严出现漏气现象,则会导致冲洗液停止循环而不能继续钻进,严重时甚至可能造成事故;③气举反循环钻进不仅可以在孔内未完全充满液体(只要孔内有稳定水位)的条件下工作,而且可以钻进中深孔和深孔,而在这种情况下泵吸反循环则很难实现;④气举反循环钻进属于低能系统的钻进方法(空压机的额定风压一般为1MPa,风量也不大),与其他钻进方法相比,还有功率消耗低的优点等。

中国曾在黄河郑州段地下水凿井工程(中深井)采用气举反循环钻进技术施工,施工发现,沿黄河地下水含水层颗粒细、流速大,要求钻进技术高、成井工艺复杂,因而黄河郑州段"九五〇"地下水凿井工程(中深井)中在浅孔段(小于15m)采用正循环钻进,而在15m以下的深孔段采用气举反循环钻进,先用φ250合金钻头钻进引孔,后分级快速扩孔成孔。

(2)空气潜孔锤钻进技术

空气潜孔锤钻进是利用压缩空气作为循环介质,并作为驱动孔底冲击器的能源而进行的冲击回转钻进,它是空气钻进技术在破岩方法上的一个突破。它具有以下优点:①钻进效率高,在坚硬岩层采用潜孔锤钻进比普通金刚石回转钻进的效率要提高10多倍,其机械钻速可达8~40m/h,台月效率达千米以上;②钻头的寿命长,一个直径220mm的球齿钻头在花岗岩地层可钻进500m,在石灰岩地层可钻进1000m;③水文水井钻进中,成井质量高,出水量大,其出水量比其他工艺方法(如清水或泥浆循环)提高30%左右;④需要钻压和转数较低,能改善钻杆扭矩和钻具工作条件,如直径220mm的潜孔锤只需要钻压13~17kN即可达到很好的钻进效果;⑤防孔斜效果好,由于钻压和转数低,一般情况下,每百米孔斜均小于1。

空气潜孔锤钻进最先用于矿山开采,20世纪40年代末用于露天和井下开采,经过30年的研究和改进后,于70年代起逐渐被应用到水文水井钻探上。在80年代,美国水文水井钻进中采用潜孔锤钻进的已占到其总工作量的75%。80年代后,潜孔锤钻进技术在中国得到迅速发展。这项技术作为"多工艺空气钻进技术"项目的课题之一,被列入地矿部"七五"重点科技攻关项目,1992年被国家科委列入《国家科技成果重点推广项目计划》。目前中国有100多家单位推广这项新技术,已用之钻井近万眼。

潜孔锤钻进工具包括贯通式潜孔锤、800~1200mm的大直径潜孔锤、潜孔锤跟管钻进、扩孔钻具、取芯钻具等。

潜孔锤是在井底做功的冲击器,由配气装置、活塞、汽缸、外套及一些附属件所组成;潜孔锤所使用的钻头种类很多,其中刀片钻头用于软地层,球齿钻头用于硬地层。

在贵州省某公司的成井施工中,曾使用空气潜孔锤钻进工艺施工成井1口,完成井深99.88m,出水量540t/d。

3.无固相冲洗液钻进技术

水文地质孔在含水层中钻进时,若该含水层段地层稳定性差,通常要采用优质泥浆护壁钻进。然而由于泥浆中的黏土颗粒会造成含水层堵塞,抽水前不得不采用各种方法洗井,不仅耗时耗物,而且有时会因洗井效果不理想而影响水文地质资料的准确性。如果用清水钻进,则容易产生孔壁垮塌、埋钻等孔内事故。针对这一问题,江苏省煤田地质勘探第三队近年来在某矿若干个水文地质孔施工中,使用聚丙烯酰胺—水玻璃—腐殖酸钾无固相冲洗液钻进,取得了较好效果,既安全穿过局部不稳定地层,终孔后又不用洗井而直接就可进行抽水试验。

钻探区的地层为表层110m左右的冲积层,岩性多为灰白色、灰绿色黏土,局部为没有胶结的细砂,孔壁很不稳定;冲积层以下是205m左右的泥岩、粉细砂岩互层,再往下则是煤层、泥岩、泥质砂岩所组成的煤系地层。其目的层为两个含水层,岩性均以泥质砂岩为主。按照水文地质设计要求,在含水层段钻进时不得使用泥浆,也不能使用清水钻进,否则会发生塌孔现象,甚至产生埋钻事故。煤系地层以下至终孔是45m左右的灰岩。

(二)钻进过程中的观测工作

为获取各种水文地质资料,在钻进过程中必须进行水文地质观测工作。需观测的项目有以下方面。

(1)冲洗液的消耗量及其颜色、稠度等特性的变化,记录其增减变化量及位置。

(2)钻孔中的水位变化。当发现含水层时,要测定其初见水位和天然稳定水位。

(3)及时描述岩芯,统计岩芯的采取率;测量其裂隙率或岩溶率。

(4)测量钻孔的水温变化值及其位置。

(5)观测和记录钻进过程中发生的涌水、涌砂、涌气现象及其起止深度及数量。

(6)观测和记录钻进的速度、孔底压力及钻具突然下落(掉钻)、孔壁坍塌、缩径等现象及其深度。

（7）按钻孔设计书的要求及时采集水、气、岩、土样品。

（8）在钻进工作结束后，按要求进行综合性的水文地质物探测井工作。

对以上在钻进过程中观测到的数据和重要现象，均要求反映在终孔后编制的水文地质钻探综合成果图表中。该图表主要包括钻孔的位置、钻孔结构及地层柱状图、地质—水文地质描述及在该孔中完成的各类试验，如测井曲线、水文地质试验图表、水质分析表等。

（三）钻进过程中的编录工作

水文地质钻探所取得的资料都要及时、准确、完整、如实进行编录。编录就是将钻探过程中所取得的一系列原始数据和观察的现象编辑并记录下来，作为技术资料保存和使用。编录以钻孔为单位进行，每一个钻孔都要有完整的编录资料，内容如下。

（1）钻孔类型与钻孔位置。钻孔的类型是反映钻孔的用途（地质孔、抽水试验孔、勘探开采孔、长期观测孔等）。钻孔位置是说明钻孔的地理位置、地质与地貌位置、坐标位置及孔口地面高程。

（2）钻进情况。使用钻机种类、钻探工作类型、钻头种类、施工起止时间、施工单位、取样方法、取样深度与编号、岩芯采取率等。

（3）地层情况。地层名称、地质年代、变层深度、地层厚度及地层的岩性描述。

（4）观测与试验。冲洗液的消耗量、漏水位置、孔壁坍塌、掉块、掉钻、涌砂与气体逸出等的情况、取水样的位置、各含水层地下水的水位与水温、自流水水头与自流量；各含水层简易抽水试验的延续时间、水位下降、出水量、恢复水位高度与水位恢复时间；含水层颗粒的筛分结果；水质分析成果；隔离封闭含水层的止水效果；洗井方法及洗井台班数等。

（5）钻孔结构。钻孔的深度、钻孔直径（开孔直径、终孔直径及各部位直径）、钻孔斜度、下套管位置、套管种类与规格、井管材料种类与规格、滤水管位置、填砾规格、管外封闭位置、封闭材料及钻孔回填情况等。

最后将钻进过程中所有的成果资料汇总成钻探成果图表上报。

第四节 水文地质试验

一、抽水试验

抽水试验是水文地质试验中应用最普遍的一种,在各个阶段水文地质勘查中占有较大的比重。抽水试验的工作原理,就是利用钻孔或水井进行抽水,观测记录水量和水位随时间的变化,分析水量与水位之间的关系;根据地下水流向取水,构筑物稳定流运动、非稳定流运动、井间干扰等的基本原理,计算和确定渗透系数、导水系数、干扰系数等多种水文地质参数,并获取其他多项水文地质资料。

二、注水试验

注水试验是指向钻孔或试坑内注水,通过定时量测注水量、时间、水位等相关参数,测定目的层介质渗透系数的试验。注水试验主要适用于松散地层,特别是在地下水水位埋藏较深和干燥的土层中。在透水性较强的喀斯特化岩体和破碎基岩中,也可用于取代钻孔压水试验。

注水试验按试验方法可分为钻孔注水试验和试坑注水试验。

三、压水试验

钻孔压水试验是用栓塞将钻孔隔离出一定长度的孔段,并向该孔段压水,根据压力与流量的关系确定岩体渗透特性的一种原位渗透试验。主要任务是测定岩体的透水性,为评价岩体的渗透特性和设计渗控措施提供基本资料。

压水试验钻孔的孔径为59~150mm,采用金刚石或合金钻进,不应使用泥浆等护壁材料钻进。在碳酸盐类地层钻进时,应选用合适的冲洗液。试验钻孔的套管脚必须止水。在同一地点布置两个以上钻孔(孔距10m以内)时,应先完成拟做压水试验的钻孔。

四、地下水示踪试验

(一)地下水示踪试验的概念

1.地下水示踪试验的概念

地下水示踪试验是指通过井、孔或坑道将示踪剂注入含水层中,在下游井、孔、泉或坑道中进行监测和取样分析,来研究地下水及其溶质成分运移过程的一种试验方法。

2.地下水示踪试验的目的

地下水示踪试验的主要目的是测定地下水水质弥散系数、确定地下水流向、流速和运动途径。因为后面还要专门介绍为测定地下水的弥散系数所进行的现场弥散试验,所以本节重点介绍通过地下水示踪试验确定地下水流向、流速和运动途径的方法。

(二)示踪试验的方法

地下水示踪试验的方法,就是在已知流向的基础上,在上游钻孔或井中投放示踪剂,在下游观测孔中检测或采取水样分析示踪剂浓度随时间的变化,以示踪剂浓度中间值出现的时间计算地下水的平均实际流速和弥散系数的过程。

五、弥散试验

弥散试验是根据地下水中由于质点热动能和机械混合作用引起的化学元素稀释的原理,利用示踪剂来测定含水层中地下水的弥散参数所进行的现场试验。弥散是由质点的热动能和流体的对流而引起的,是分子扩散和机械混合两种作用的结果。所以弥散具有分子扩散和机械弥散两种作用。在渗透性能较好的含水层中,地下水流速较大时,机械弥散作用比分子扩散作用大,有时可忽略后者,而在较细颗粒的多孔介质中,地下水流速通常很慢,分子扩散作用比较明显[1]。

第五节 地下水动态观测

一、地下水动态与均衡

含水层(含水系统)经常与环境发生物质、能量与信息的交换,时刻处于变化之中。在与环境相互作用下,含水层的各要素(如水位、水量、水化学成分、水温等)随时间发生的变化,称作地下水动态。某一时间段内某一地段

---

[1]李常锁.水文地质勘查实务[M].济南:山东科学技术出版社,2022.

内地下水水量(盐量、热量、能量)的收支状况称作地下水均衡。

地下水动态与均衡的研究,对发展水文地质的基本理论和解决生产实际问题都有着重要意义。没有地下水动态与均衡的研究就不能全面和深入地阐明研究区的水文地质条件,也不能可靠地评价研究区的水质和水量。因此,在各种目的的水文地质勘探中,都规定进行一定时期的地下水长期观测,以便进行地下水动态与均衡的研究。勘探阶段越详细,长期观测工作量越大,要求的精确度越高。

地下水动态与均衡的研究可用于以下方面:①确定含水层参数、补给强度、越流因素、边界性质及水力联系等;②评价地下水资源,尤其是对大区域和一些岩溶地区的水资源评价主要是用水均衡法;③预报水源地的水位,调整开采方案和变更管理制度,拟定新水源地的管理措施及对措施未来效果的评价;④对土壤次生盐渍化及沼泽化、矿坑涌水水源及突水、水库回水的浸没、地下水污染等各方面进行监测与预测,以及拟定相应防治措施和效果评价;⑤预报地震。

此外,地下水动态均衡的研究还用于地下水动力学、水文地球化学等方面基本理论的研究和验证。

近年来,国内外对地下水动态均衡的研究都很重视,发展迅速。中国的全国动态观测网已初步建成,开始了正规长期观测,水均衡方法也得到了广泛应用。许多国家都设有全国性或大区域的长期观测网,积累了数十年或更长时间的观测资料,已取得了许多研究成果。

分析和研究地下水的动态观测资料,首先就必须了解地下水动态在不同时间和空间发生变化的原因所在,即要深入探讨影响地下水动态的各种因素。

影响地下水动态的因素可以分为两大类:天然因素和人为因素。天然因素中包括气象、水文、地质、土壤、生物及天文等因素。其中,天文因素主要是指来自太阳系的影响。

影响地下水动态的因素虽然很多,但实际上有些影响因素居次要地位,通常只起辅助作用。例如土壤、生物因素就是如此,其中土壤仅对潜水动态有少量的影响,主要表现在改变潜水的化学成分上。气象、水文因素是影响潜水动态形成的主要因素。地质因素的影响是经常的,但其变化一般甚为缓慢,对潜水动态的形成来说,它被看作一种校正因素。对深层承压水来说,气象、水文因素对其动态形成的影响大为减弱,而地质因素的作用则显著增强。

一些天然因素呈周期性变化(昼夜的、年的及多年的变化周期)。昼夜变化主要是与一天内的气象与水文因素的变化有关;年变化是与地球的气候带及一年内气象要素的周期性变化有关;多年变化是与太阳黑子的周期性变化有关。在它们的综合作用下,地下水动态也就有昼夜的、季节的(年的)及多年的(世纪的)变化规律。但另外一些自然现象和作用则具有非周期性的变化,例如暴雨、地震、火山喷发等。人为因素也不具有周期性,往往促使地下水发生一些突发性的变化。

(一)气象因素

气候类型很多,而且它们在地球的各个区域内很大程度上是稳定的,很少随时间变化,而且在该气候类型存在的时期内是单一趋向的。相反,气象因素本身则变化迅速,并且具有某种周期性,能够引起地下水动态的迅速的和多为波状的变化。

气象因素按波长和幅度的大小可分为多年的、一年的和昼夜的周期。多年的周期有3年、11年、35年、77年、110~120年和1800~2000年的周期。一年的周期表现为各种气象要素随季节呈周期性变化;大约为11年的周期是与太阳黑子数目的周期性有关,因为太阳黑子的周期性影响着太阳的辐射强度、气温、雨量和大气压力,这也就造成了地下水位呈多年周期性变动。

影响地下水动态年变化的气象因素主要包括大气降水、蒸发、蒸腾、温度、气压等。它对地下水,特别是潜水动态的影响主要是由大气降水与蒸发这两项气象要素来体现。但是,大气降水的数量多寡,并不能准确地指示出地下水面的变化。在假定每年排泄条件不变的情况下,由降水强度、蒸发及地表水流分配所决定的大气降水渗入量才是它的支配因素。

(二)水文因素

湖泊、河流、海洋等地表水体常与地下水之间常有密切的水力联系,这种水力联系首先表现在地表水位变动影响并改变地下水的水位。地表水与地下水的相互补给关系自然也会引起地下水的物理性质与化学成分的变化。

靠近地表水体的地下水(主要是潜水),其水位的动态变化受地表水的影响很大。如近岸地带的潜水水位是随地表水位的变化而变化的,并且距离越近,变化幅度越大,其潜水位落后于地表水位的变化时间也越短。

水文因素本身又直接受气象因素的作用,表现出日变化、季节性、一年和多年的变化周期;但由于每个地表水体的具体形成条件不同,其周期特征亦各不相同,其中对地表水动态影响最大的是其补给源的性质和汇水条件的特征。例如由雪水和雨水补给的地表水,其动态特征就很不一样。因此,在研究地下水动态特征之前,必须先研究与之有水力联系的地表水体本身的动态变化规律。

（三）地质因素

地质因素包括地层、岩性、构造、地貌等,它们对地下水动态的影响反映于地下水动态的形成特征方面。例如同一气象条件下,由于地貌、地质条件的不同,地下水的补给、径流、排泄条件就发生明显差异。如岩溶区地下水的补给和排泄就与非岩溶区发生很大的差别;山区的地下水补排条件就与平原地区有很大的不同。

地质因素造成的变化虽很缓慢,但如研究长时期内的地下水动态时,便可观察出这种变化。例如,造陆运动逐渐改变了水系侵蚀基准面的标高,进而使地下水动态发生相应变化。

地球内热对深层地下水动态的形成具有重要意义。在地面一定深度以下,内热导致地下水产生缓慢的蒸发作用,从而导致地下水化学成分、密度、水位及水量等要素的相应变化。

在偶然的地质因素中,地震对地下水动态有明显影响,它对地下水的水动力动态、热动态、化学成分动态以及埋藏条件等都可能产生极大改变,如井水位迅速升降、泉的排泄条件改变、出现新的泉水露头等。

（四）土壤因素

土壤对潜水的影响主要表现在对潜水化学成分的改变方面。潜水埋藏越浅,这种影响就越显著。在温暖湿润的地区,一般是土壤覆盖层中的物质被冲刷进入潜水中;但在干旱地区,通常却是因为潜水位上升,土壤覆盖层的盐分增加,形成土壤盐渍化。

（五）生物因素

主要包括植物的蒸腾作用与微生物群的生物化学作用。

（1）植物的蒸腾作用。会引起埋藏不深的潜水水位、水量和化学成分发生季节性的和多年的周期性变化,潜水埋藏越浅,这种影响也越明显。蒸腾的强度不仅因气候条件而异,也与植物的种类和年龄以及土壤的湿润程度有关。

（2）微生物群的生物化学作用。细菌包括硝化细菌、硫化细菌、磷化细菌、铁化细菌、脱硫细菌、脱硝细菌等,其中每种细菌的生存发育环境都是特定的(特定的Eh值、特定的pH值、特定的温度等)。当环境变化时,细菌的作用也发生改变,地下水化学成分也随之发生相应改变。在富含有机质的地层中(如沥青质地层、含油地层、煤层等)这种作用最为广泛和显著。

（六）人为因素

人类对地下水动态影响主要表现为两方面:①通过各种取水构筑物(井、钻孔等)和各种排水工程(包括矿山排水)来降低地下水位;②通过人工补给、灌溉、修建水库等对地下水进行补给,抬高地下位。

人为因素的改变,还可破坏天然条件下地下水动态周期性的变化趋势。而人为因素造成的外部荷载的变化也可对地下水的动态发生暂时性变化。例如,当火车通过时,铁路附近水井中的水位会发生暂时性波动。

二、地下水的监测

地下水的长期观测工作,也是水文地质调查必不可少的工种之一,它对于了解地下水的形成和变化规律、获取水文地质参数,对地下水资源准确评价和预测,及为地下水资源的合理开发利用和科学管理提供依据,均具有十分重要的意义。

（一）地下水监测系统的构成

地下水的监测系统是指有组织地收集地下水各类信息的系统。其工作内容是研究水文信息,并密切注意分析它与其他几种信息的关系。从地下水系统输出信息中获得输入,并通过滤波、整合等过程将相关信息输出到用户手中。可以划分为4个子系统:监测网子系统、滤波器子系统、数据库子系统和交换机子系统。

1.监测网子系统

由井、泉等观测点组成,是从地下水系统获取信息的途径和工具,具体内容包括监测点的位置、密度、结构、监测项目、监测目标层、监测的频率等。

2.滤波器子系统

指数据的采集和初级处理子系统,包括数据的采集设备和采集方式、滤波数据模板(如数据记录表格)和监测人员等。根据计划在室外收集数据,提交原始数据并进行初步滤波,产生两个输出:部分数据被接收并放入数据模板中;部分数据因为发现可疑或错误而被拒收转回到前期的校正阶段,或最终放弃。然后对采集来的数据进一步滤波,做基本的处理和变换,如总计、内插、外延、求平均等,从基本数据文件中得出另一些信息。

3.数据库子系统

首先根据交换机的子系统收集到用户的需求信息构建数据库模型,然后借助数据库软件(如 Oracle、ArcGIS 等)和应用程序编制数据库子系统,主要实现对地下水监测信息的保存、整理、检索、发布等功能。还可以挂接一些基本的分析模型进行简单分析和高级滤波。

4.交换机子系统

制定一个地下水系统长期的管理计划,包含的水文信息及信息范围、详细程度和表现形式均随着各用户在决策过程中的具体要求而变化。交换机子系统主要是为用户提供所需信息,并接受用户的反馈,据之进行系统的规划和资源的协调工作。

(二)地下水的动态监测

根据 DD 2004—01《1:250000 区域水文地质调查技术要求》,地下水动态监测的要求和内容如下。

1.监测的目的和任务

(1)监测地下水水位、水量、水温和水质的变化规律及发展趋势。

(2)分析地下水动态变化的影响因素,确定地下水的动态类型。

(3)研究与地下水有关的环境地质问题。

(4)为研究某些专门问题提供基础资料。

(5)优化或完善区域地下水动态监测网。

2.监测网布置的基本要求

(1)地下水动态监测网的布置应能控制区域地下水动态变化规律。

(2)观测点应沿地下水区域径流方向布置,选择有代表性的监测孔安装自动监测仪。

(3)为调查地下水与地表水的水力联系,观测孔应垂直地表水体的岸边布置。

（4）为调查垂直方向各含水层（组）间的水力联系，应设置分层观测孔组。

（5）为调查咸水与淡水分界面的动态特征（包括海水入侵），观测线应垂直分界面布置，在分界面附近应加密观测点。

（6）对大型集中开采地段，宜通过降落漏斗中心布设相互垂直的两条观测线，最远观测点应在降落漏斗之外。

（7）为了满足数值法模拟的要求，观测孔的布置应保证对计算参数区的控制。

（8）为获取地下水水量计算所需要的水文地质参数，宜依据工作区水文地质条件布设。

（9）泉水应按不同类型、不同含水层（组）及流量大小（一般选择流量不小于1L/s的大泉）分别设置观测点。

（10）对主要地表水体应设置观测点，以了解地表水与地下水的相互转化关系。

（11）观测孔的深度必须达到所要观测的含水层内，并保证任何时间都能观测到水位；观测孔管径一般不应小于108mm，保证取到具代表性的水样；每个观测点的地理坐标及孔口地面高程应实测。

（12）环境地质监测资料应以收集为主，在环境地质问题严重地区，应新建或利用已建立的设施进行与地下水动态相应的环境地质监测。

（13）地下水动态监测时间，应从调查工作开始延续至最终报告审查通过为止。监测延续时间应超过一个水文年。

（14）项目结束后，宜将代表性的地下水观测孔（点）移交给有关部门进行长期观测。

3.监测的内容及技术要求

地下水动态监测内容主要包括地下水水位、水量、水质、水温、环境地质问题以及气象要素的观测；当研究地表水体与地下水关系时，还应包括地表水体的水位、流量、水质的观测。

（1）地下水水位观测必须测量其静水位，水位测量应精确到厘米。一般每隔10d（每月10日、20日、月末）观测一次，对有特殊意义的观测孔，按需要加密观测。若观测井为长年开采井，可测量动水位，每月必须有一次静水位观测数据。

（2）地下水水量监测包括观测泉水流量、自流井流量和地下水开采量。泉水与自流井流量观测频率与地下水位观测同步。流量观测宜采用容积法或堰测法。采用堰测法时，堰口水头高度测量必须精确到毫米。地下水开采量的观测，宜安装水表定期记录开采的水量；未安装水表的开采井，应建立开采时间及开采量的技术档案，并每月实测一次流量，保证取得较准确的开采量数据。

（3）地下水水温观测可每月进行一次，并与水位、流量同步观测，水温测量的误差要求小于 $0.5℃$，同时观测气温。根据地下水位埋深和环境温度变化，采用合适的测量工具，以保证观测数据的精度。

（4）地下水水质监测频率宜为每年两次，应在丰水期、枯水期各采样一次，初次采样须做全面分析，以后可做简要分析。

（5）地表水体的观测内容包括水位、流量、水温、水质。地表水体的观测频率应和与其有水力联系的地下水观测同步。若河流设有可以利用的水文站时，应收集该水文站的有关水文气象资料。

（6）区域地下水动态长期监测孔宜安装水位水温自动记录仪器。

（7）环境地质监测。环境地质监测包括与地下水有关的水环境问题、地质环境问题和生态环境问题，应根据水文地质条件和存在的主要环境地质问题及其严重程度，新建或利用已建立的设施进行与地下水动态相应的环境地质监测。

4.地下水动态监测的资料与成果

地下水动态监测的成果应包括以下内容：①地下水动态观测点分布图；②地下水动态观测点档案卡片；③地下水动态观测野外记录表；④地下水动态观测年报表；⑤地表水观测年报表；⑥地下水动态曲线图；⑦地下水等水位线图；⑧地下水水位埋深图；⑨地下水水位变幅图；⑩地下水动态剖面图；⑪环境地质问题与地下水动态分析图表；⑫地下水动态监测报告。

（三）中国地下水监测工作的现状

1.已取得的成绩

中国地下水的监测网分属原地矿部、建设部、水利部。多年来，这些部门在地下水监测工作方面主要进行以下工作。

1）地下水监测站的建设方面

水利部门对地下水的动态监测始于20世纪60年代。经过多年的努力，已建成了一定规模的地下水监测站（井）网，为水资源管理、合理开发利用地下水提供了决策依据。据统计，截至2022年年底，国家地下水监测网设有地下水监测站点20469个，其中自然资源部门10171个。2022年，国家地下水监测网（自然资源部分）基础设施保持完好监测设备运行稳定，地下水自动监测设备日到报率保持在98%以上，共采集获取水位水温监测数据约8900万余条。

国土资源部在1998年之前建设的各类地下水观测井曾达到2万余处，1998年随着机构职能调整，有些地下水监测井交由水利部门管理，多数与地质环境监测合并，重点监测地质灾害状况。

城建部门也开展地下水监测，其主要监测井分布于城市及其周边地区，监测井数量相对较少。

2）地下水监测的现代化建设方面

一些省市已取得较大进展，如天津市从1997年开始配备安装地下水水位自动监测系统，滨海新区实现了地下水自动监测和资料网络传输。北京市在昌平、大兴等区县开展地下水自动监测工作试点，实现了地下水自动监测，取得了较好的效果。

水利部水文局组织河北、北京和天津三省（直辖市）作为试点，初步建设了"京津冀地下水动态监视系统"，2002年已经投入使用。

3）推广地下水监测新技术方面

在地下水勘测评价中，如果把同位素技术与常规的地下水监测实验方法结合，可以较快地取得一些宝贵的数据。国际上很多国家已经比较广泛地应用同位素水文技术调查和评价地下水，而中国在应用方面相对比较薄弱。为此，中国已加强了与国际原子能机构的交流与合作，积极争取国际原子能机构的经费援助和技术支持，包括人员的技术培训，并已达成合作方案。

4）开展了地下水动态信息的编制发布

水利部以及许多省（自治区、直辖市）已以《地下水通报》《水情简报》《水利简报》《地下水动态简报》等方式发布了北方干旱地区的地下水信息，为中国的地下水资源管理、生态环境保护和各有关部门抗旱提供信息。

2.存在的问题

目前中国地下水监测还存在的主要问题如下。

1)中国目前的地下水监测站(井)网密度偏低,且分布不合理

目前中国的地下水监测站(井)基本上是分布在北方的平原区。在中国的南方、地下水降落漏斗区、地下水供水水源地、西部生态脆弱地区以及牧区等地区目前还严重缺乏地下水的监测站。

2)中国专用的监测井严重缺乏,资料精度无法保证

由于历史的原因,中国地下水的监测工作主要依靠各行业的生产井兼作监测井,专用的监测井为数甚少。由于地下水生产井受地下水开采瞬时的影响大,不能保证地下水监测资料的精度。

3)地下水监测工作经费不足,监测设备陈旧,监测手段落后

多年来,地下水动态资料的监测主要靠人工观测,难以保证资料的准确性和可靠性,资料的汇总和分析只能采用手工辅助于计算器进行汇总分析,使工作精力大量投入到繁杂的汇总计算之中,缺乏对资料进行系统、深入的分析,难以掌握地下水运动变化的内在规律。

第六节 地下水水量评价

一、地下水水量评价

地下水水量评价是指对地下水水源地或某一地区、某个含水层的补给量、储存量、允许开采量以及对所用计算方法的适宜性、水文地质参数的可靠性、资源计算结果精度、开采资源保证程度所做出的全面评价。具体评价内容如下。

(一)地下水补给量

在天然或开采条件下,单位时间内以各种形式进入含水层的水量。

(二)地下水储存量

赋存于含水层中的重力水体积。

（三）地下水排泄量

在开然或开采条件下，单位时间内以各种形式从含水层中排出的水量。

（四）地下水允许开采量（地下水可开采量）

通过技术经济合理的取水方案，在整个开采期内动水位不低于设计值，出水量、水质和水温变化在允许范围内，不影响已建水源地正常开采，不发生危害性的环境地质现象的前提下，单位时间内从水文地质单元或取水地段中能够取得的水量。

二、地下水水量评价要求

（1）进行地下水资源量评价，应具备下列资料：①勘察区含水层的岩性、结构、厚度、分布规律、水力性质、富水性以及有关参数；②含水层的边界条件，地下水的补给、径流和排泄条件；③水文、气象资料和地下水动态观测资料；④初步拟定的取水构筑物类型和布置方案；⑤地下水的开采现状和今后的开采规划。

（2）地下水资源量评价宜按水文地质单元进行，计算方法和评价精度应根据勘察阶段、勘察资料和勘察区水文地质条件确定。

（3）地下水资源量评价应符合下列规定：①平原地区应分别计算补给量、排泄量、储存量及其变化量和可开采量；②山丘区可只计算排泄量；③水源地应分别计算补给量、排泄量和可开采量，必要时计算储存量；④宜采用两种或两种以上适合勘察区特点的方法进行比较计算。

（4）地下水资源量评价应考虑下列因素：①地下水、地表水、大气降水之间的相互转化；②地下水补给量和排泄量的可能变化；③地下水储存量的调节作用和调节能力。

（5）地下水资源量评价，宜按下列步骤进行：①根据初步估算的地下水水量和拟定的开采方案，计算取水构筑物的开采能力和区域动水位；②确定开采条件下能够取得的补给量，包括补给量的增量、蒸发与溢出的减量；③根据需水量和水源地类型（常年的、季节性或非稳定型的），论证在整个开采期内的开采和补给的平衡；④确定可开采量。

（6）地下水资源量计算时段的选择应符合下列规定：①补给量充足，水文地质单元具有多年调蓄能力时，可采用勘察年份前 5～10 年的多年平均值或典型组合的平均值作为计算时段；条件具备时可采用 20～30 年以上的多年平均值;②补给量不充足,水文地质单元所对应的区段调蓄能力不大时,可采用需水保证率年份作为计算时段;③介于上述两者之间,可采用连续枯水年组或设计枯水年组作为计算时段。

地下水资源量的评价,最终是提出允许开采量值,并论证其补给保证程度。因为在地下水的补给、径流和排泄(开采可认为是人为排泄)运动过程中,补给是起着主导作用的。径流是补给的运动形式,排泄来源于补给。无补给的排泄,地下水终究会枯竭或滞流,其径流也就不复存在。勘察区地下水资源量的评价是多因素综合评价的结果,一般应根据需水量、勘察阶段、开采方案等要求和具体的水文地质条件,考虑地下水补给量的补给和储存量的调节,最终确定出允许开采量。所以,对于储存量不一定每个工程都要计算,只有在补给量不足时,才应计算储存量,并论证其动用后的可恢复性,以发挥其调节作用。虽然储存量愈大,调节能力也愈强,但究竟能动用多少,仍是由补给量的补偿能力决定的。汲取超过年补给量补偿能力的开采量,则按此量建设的水源地不能成为稳定的开采水源。另外,应突出预计开采条件下的补给增量和排泄减量。

三、地下水水量评价方法

一直以来,地下水资源的评价都是一个重要的研究领域。在地下水评价方法中,均衡法和水量平衡法是两种常用的方法。以下将探讨这两种方法,分析其优缺点,并探讨其他相关问题。

(一)均衡法

均衡法是一种基于水文学原理的方法,它假设地下水系统在一定时间内达到水量的平衡。通过分析地下水的补给、排泄和存储过程,可以计算出地下水的均衡水量。然后,根据地下水的实际开采量和允许开采量,可以评估地下水资源的可开发性。

1)优点

(1)均衡法考虑了地下水系统的复杂性,适用于各种地质条件和地下水循环模式。

(2)可以通过对地下水动态监测数据进行分析,获得较为准确的地下水评价结果。

2）缺点

(1)均衡法的计算过程较为复杂,需要大量的水文地质资料。

(2)由于地下水系统的非线性特征,均衡法难以精确预测地下水动态变化。

（二）水量平衡法

水量平衡法是一种基于水文气象学的方法,它通过分析地下水与地表水、大气水和土壤水之间的相互关系,计算地下水的补给量和排泄量。这种方法主要适用于水文地质条件较好的地区。

1）优点

(1)水量平衡法简化了地下水评价过程,减少了所需的水文地质资料。

(2)能够较好地反映地下水与地表水、大气水和土壤水之间的动态平衡关系。

2）缺点

(1)水量平衡法对水文地质条件的适用性有限,特别是在复杂地质条件下,计算结果可能存在较大误差。

(2)由于地下水系统的非线性特征,水量平衡法难以精确预测地下水动态变化。

（三）其他问题

(1)保证率计算:在地下水评价中,保证率计算是一种重要的方法。通过分析不同保证率下的地下水水量,可以评估地下水资源的可开发性。保证率计算与均衡法、水量平衡法等方法相结合,可以更好地评价地下水资源。

(2)地下水生态环境需水量:地下水生态环境需水量是维持地下水生态系统健康的关键因素。研究地下水生态环境需水量,有助于合理开发和保护地下水资源。

(3)人类活动对地下水的影响:人类活动(如灌溉、开采等)对地下水水量和水质具有显著影响。在地下水评价中,应充分考虑人类活动对地下水的影响,以实现地下水资源的可持续利用。

综上所述,地下水评价方法包括均衡法、水量平衡法等。在实际应用中,应根据具体的水文地质条件和地下水动态特征,选择合适的评价方法。同时,应注意研究地下水生态环境需水量、人类活动对地下水的影响等问题,以更好地保护和利用地下水资源[①]。

第七节 地下水水质评价

一、水质评价

水质评价是水资源评价的重要组成部分,是水量评价的基础和前提。如果没有足够优良的水质做保证,水量再多也是没有用的,而且水质极差的水,不仅不能够被人们利用,反而成为周围水环境的污染源。作为污染源的水量越大,其对周围水环境的危害就越大。因此水质评价是水资源评价工作中非常重要的基础性工作。

在以往水资源评价中,水质评价是进行针对某些水质量标准的适宜性评价,它只能反映水质量的现状,对了解水资源的水质变化规律及其发展动向或趋势不利。一般水质评价或叫作水质研究,应该有以下2项内容:①基于特定水质标准的水质量评价,通常是评价现状条件下的水质量状况,是进行其对某种用途的适宜性评价;为了规范人们的用水行为,国际国内或个别地方均制定了适合不同用途的水质量标准,这些标准就是开展该项工作的评价依据。②基于评价区的背景值或污染起始值的污染程度评价和动态变化评价,该项评价内容既注重现状的污染程度,又注重水质的动态变化过程。由于该项工作没有具体的规范和依据,要靠长期以来的资料积累,往往可以揭示水质变化的原因或机理,其结果可为进行水质变化预测、水质改良和水环境保护提供依据[②]。

二、地下水水质评价方法

地下水质量评价应符合下列要求:①根据地下水的水质测试资料进行评价;②对勘察区可开采含水层及与其有水力联系的含水层和地表水体进行综合评价;③进行地下水水质分类评价和水质适用性评价;④进行地下水水质现状评价和变化趋势预测评价。

---

①李常锁.水文地质勘查实务[M].济南:山东科学技术出版社,2022.
②李婷婷,窦连波,胡艳春.水文地质与环境地质研究[M].长春:吉林科学技术出版社,2021.

（一）单因子评价方法

单项因子评价是指分别对单个指标进行分析评价。该方法计算简便，且通过评价结果能直观地反映水质中哪一类或哪几类因子超标，同时可以清晰地判断出主要污染因子和主要污染区域，如潘国营等在新乡市浅层地下水水质评价中有所应用。但是由于是对单个水质指标独立进行评价，因此得到的评价结果不能全面地反映地下水质量的整体状况，可能会导致较大的偏差。

鉴于单因子评价体系的不足，为了能综合反映评价水体的总体质量，实际的地下水质评价工作中常常采用综合评价方法将单因子评价结果综合起来。通过对水质的综合评价来反映地下水水质的整体情况，既有全面性，又有综合性[①]。

（二）综合评价方法

1.综合指数法

通过多个指标并赋予各指标不同的权重的综合判断确定地下水质标准的综合指数法在地下水水质评价中一直被广泛应用。该方法简洁易懂、运算方便、物理概念清晰，决策者和公众可以快捷明了地通过评价结果掌握水质信息。我国GB/T 14848—2017《地下水质量标准》中推荐使用的地下水质量评价方法——内梅罗指数法以及以色列部分地区采用的IAWQ（index of aquifer water quality）法是综合指数法的思路，"IAWQ法既考虑了水质标准也考虑了化学指标的毒性，是进行地下水水质评价的一个有效的方法"。

权重的确定是应用综合指数法关键，结合权重的评价模型可以充分反映水体中不同组分对于水质影响的差异，针对权重的不同考虑，综合指数评价模型具有不同的修订形式。综合指数法在评价过程中也存在着一些缺陷：对于水质分级界线的模糊性缺乏考虑，不能很好地满足水质功能评价的要求；有时评价结果不能很好地反映出水质污染的真实状况，某些污染较重的单因子可能会在综合指数计算中被掩盖；模式的分辨性较差，例如要对不同地下水体的质量优劣进行区分时，很可能会得到相同的综合评价分值，此时就无法判断它们的优劣了[②]。

---

①杨垚. 地下水水质分析的检测方法与探讨[J]. 皮革制作与环保科技,2023(8):68-70.
②苏耀明,苏小四. 地下水水质评价的现状与展望[J]. 水资源保护,2007(2):4-10.

2.人工神经网络模型

近年来发展起来的人工神经网络理论和方法,建立地下水与其影响因素间的非线性关系,用以评价地下水的水质。人工神经网络 ANN(artificial neural network)是对人脑或自然的神经网络若干基本特性的抽象和模拟,是一种非线性的动力学系统。它具有大规模的并行处理和分布式的信息存储能力,良好的自适应性、自组织性及很强的学习、联想、容错及抗干扰能力。目前人工神经网络模型有数十种,较典型的有 BP 网络、Hopfield 网络及 CPN 网络。曹剑峰等应用改进的 BP 神经网络对地下水水质进行了评价,Yoon-Seok Hong 等运用 KSOFM 神经网络模型对市区内基岩裂隙含水层地下水进行了分析,分析了暴雨入渗以及市区土地利用对地下水水质的影响,结果表明如果能提供足够的信息,该模型可以很好地分析和评价给定含水层系统的地下水水质。

但是神经网络模型在地下水水质评价的应用中也存在一定的缺陷:①采用很大的神经网络结构(即大量可调参数),过分追求学习的容易和学习精度的提高,学习过程中就容易出现"过拟合"现象,造成偏离内在规律可能更远,效果更差;②神经网络方法只是提供了一种有用的工具,神经网络也有其适用范围,只有在一定的条件才会取得好的效果;③训练神经网络的首要任务是要确保训练出的网络模型具有好的推广性(泛化能力),即逼近事物的内在规律,而不是仅看神经网络对训练样本的拟合能力;④目前,给出的隐层节点数的取值范围计算公式都是在训练样本数任意多的前提下得到的,没有考虑问题的复杂性和有限样本,并不一定适合于有限样本的情况,等等。上述问题在神经网络理论界引起了极大的关注,是近几年理论研究的热点和难点。

3.模糊综合评判法

模糊集理论的在地下水水质评价中的应用与传统的评价方法相比更适应于水质污染级别划分的模糊性,能更客观地反映水质的实际状况。模糊综合评判法最主要的优点就是通过构造隶属函数可以很好地反映水质界限的模糊性。

应用模糊综合评判法,最关键的问题是如何构造合理的隶属函数和权重矩阵。

确定隶属函数的原则和方法很多。一般单向分布的水质指标质量类别常用半梯形分布函数法;对于某些双向分布的指标如人体必需的微量元素、pH值等,可采用梯形分布函数法。这两种方法能够很好地刻画水质级别的隶属关系。

　　确定评价因子权重的赋权方法也有很多,传统的方法如专家法、指标值法等,但这些方法都存在一些不足。针对这些赋权方法中存在的不足,提出了一些改进方法。近些年,层次分析法、多元统计分析中的主成分分析和因子分析方法、灰色关联法、神经网络和遗传算法等被广泛应用于权重的确定,取得了一定的效果。但这些方法在地下水水质评价中的应用都存在自身的优缺点,如何更好地确定地下水各水质评价指标间的权重有待进一步的研究。

　　综合评价结果最后通过模糊矩阵R和权重矩阵的复合运算来实现。复合运算中可选用的模糊算子有取大取小法、相乘取大法、取小相加法、相乘相加法等,可根据评价的需要选择合适的算子①。

　　4.灰色聚类法

　　灰色系统理论也被广泛应用于地下水水质综合评价中。

　　灰色聚类法处理环境污染评价问题,不必事先给定一个临界判断,而可以直接得到聚类评价结果。灰色聚类法能对水环境进行评价,反映水质的综合状况,因而比指数法更全面直观、更有说服力,同时又比模糊综合评价简便,易于推广。

　　灰色聚类法也存在着一些不足。例如,由于采用了"降半梯形"形式,每一评价级别仅于相邻级别间存在隶属关系,当污染物浓度分布过于离散时,可能会损失较多有用信息。灰色聚类方法在地下水水质评价过程中也需要考虑不同评价指标的赋权问题,不同的赋权方法直接影响评价结果。

　　5.其他评价方法

　　近年来,一些新的评价方法主要是不同评价模型间的交叉和融合,充分考虑各评价模型的优缺点。例如,将神经网络与GIS技术结合,以更准确地表达评价结果。付永锋等人在《模糊综合分析法在和田地下水水质评价中的应用》一文中应用模糊聚类法和模糊综合评判对和田地下水水质进行了评价,适用性很好②。

---

①段明葳,田京楠.浅谈地下水的水质评价[J].黑龙江水利科技,2017(4):70-72.
②王文强.地下水水质评价方法浅析[J].地下水,2007(6):37-40.

第八节 水文地质调查成果编制

以 1:250 000 区域水文地质调查技术为例,其他比例尺的区域水文地质调查也可参照。根据中国地质调查局工作颁布的标准 DD 2004—01《1:250 000 区域水文地质调查技术要求》。其成果整理工作包括以下方面。

一、资料整编和综合研究

(一)资料整编

1.资料整编的基本任务

(1)获得的原始资料分类整理、汇编成册、编制成图,编制各类综合分析图件。

(2)根据调查区水文地质特征,针对存在的主要问题,开展综合研究。

(3)建立区域水文地质数据库,实现水文地质资料社会共享,为建设水文地质空间信息分析系统奠定基础。

2.常规的资料整理

常规资料整理是指调查工作进行中的阶段性资料整理、年度资料整理和工作小结、年度工作总结。

资料整理内容应包括收集的和调查中获得的各种原始资料,野外试验成果,室内实验、测试、化验成果,中间性综合分析研究成果。

资料整理应做到时间及时、内容系统完整、资料准确可靠,各种图表齐全,便于应用。

3.建立区域水文地质数据库

(1)外部数据库建设应包含可以应用的全部调查和收集获得的资料。内容包括钻孔、机民井、泉、抽水试验、水文地质参数、集中供水水源地、地下水动态、地表水测流、水质分析、岩土化学分析、岩土物理水理性质测试、同位素测试、地球物理勘探等资料和成果。

(2)建立地质构造图、地貌图、岩相古地理图、实际材料图、水文地质图、地下水等水位(水压)线与埋深图、地下水水化学图等图形库。

(3)数据库建设应对资料进行核实校对,保证资料的真实、可靠,并符合有关技术标准或技术要求。

(4)建成的数据库应具有数据更新、查询、统计等功能,并能和水文地质空间信息分析系统相连接。

(5)数据库建设应该和调查工作同步进行,贯穿于调查工作全过程。

4.野外验收前的资料整理

在野外工作全部结束后,全面整理各项实际资料,检查核实其质量和完备程度,整理卷清各类表格和图件,为成果编制奠定基础。资料整理内容包括以下方面。

(1)各种原始记录、表格、卡片、汇总表和统计表。

(2)钻孔、机民井、抽水试验综合成果表。

(3)实测的地层剖面、地质构造剖面、地貌剖面、水文地质剖面。

(4)各项水文地质试验、室内鉴定试验分析资料。

(5)典型遥感影像图、野外素描图、照片和摄像资料。

(6)地球物理勘探成果、遥感解译成果。

(7)专项研究成果,综合研究小结。

(8)各类图件,包括野外工作手图、实际材料图、研究程度图、地质图、地貌图、各种单要素图和综合分析图件等。

(二)综合研究

综合研究是区域水文地质调查中十分重要的工作之一,应与调查工作同步进行,并贯穿于调查工作的全过程;应密切结合调查工作的实际需要开展,并对调查工作起指导作用。

综合研究应针对调查区地质、水文地质研究程度,存在的主要水文地质问题和技术方法难点,有目的地进行。

对关键性问题,宜设立专题,开展专题研究。

二、水文地质调查成果的编制

(一)基本要求

(1)要综合利用各类资料,充分反映水文地质调查所取得的成果。

(2)阐明区域水文地质条件,正确划分地下水系统,宜建立水文地质模型,科学评价地下水资源。

(3)阐明调查区存在的主要环境地质问题。

（4）成果必须数字化，以便于使用和资料更新、补充、修改。

（5）所有成果都应有纸质和光盘两种载体。

（6）调查报告宜针对专业人员、管理人员、社会大众等不同对象，提交不同的版本，以提高成果报告的利用率和利用效果。

（7）调查报告应在野外验收后6个月内完成。

（二）成果的主要内容

（1）文字报告。

（2）附图。包括：①地下水资源图；②综合水文地质图；③地下水水化学图；④地下水环境图；⑤地下水资源开发利用图；⑥其他图件，如地貌图、地质图、基岩地质图、地下水等水位（压）线与埋藏深度图等。

（3）附件。包括：①区域水文地质空间数据库及数据库说明书或建设工作报告；②遥感解译、物探、测试、监测、水资源计算等专项工作报告；③专题科研成果报告；④其他。

（4）原始资料。包括：①野外调查记录本、记录表（或卡片）；②野外调查手图、实际材料图；③地质、水文地质钻孔综合成果表册（包括本次施工的和收集的）；④各类采样测试报告、鉴定分析实验报告和汇总表；⑤气象、水文资料汇总表；⑥地下水动态监测成果汇总表和动态曲线图；⑦地下水水源地（包括开采的和已评价的）汇总表；⑧地下热水、矿水汇总表；⑨其他。

（三）图件的编制

1.图件编制的要求

（1）必编图件为实际材料图、地质地貌图、地下水资源图、综合水文地质图、地下水化学图、地下水环境图、地下水资源开发利用图；其他图件为选编图件，可根据调查区实际情况编制。主要图件比例尺为1:250 000;辅助图件或内容简单、资料少的图件，依据实用性选定比例尺，也可作为主要图件的镶图。

（2）地理底图采用国家地理信息中心所建1:250 000地理底图综合空间数据库数据，并视工作区情况，补充公路、铁路等现状资料或取舍不相关资料。

（3）编图使用的资料应准确，应采用规范的方法、步骤和统一的图例，客观地反映调查成果。

（4）图面安排应当合理，重点突出、层次分明、避让得当、图面清晰、实用易读。水文地质条件复杂、研究程度高的地区,可以将综合性图件分解,编制单要素图。

(5)所有图件均应数字化。

2.必编图件的简介

1)实际材料图

实际材料图是用来反映水文地质测绘工作的定额、工作量、工作计划、工作部署以及野外任务完成情况的平面图件。它是编制和检查、校对其他地质成果图件的资料依据。

应在图面上标示:①野外测绘小组的临时基地位置、控制面积、地质观测点(天然露头、人工露头、岩溶塌陷点)位置及编号;②地下水调查点(泉、井、试坑、钻孔)位置及编号;③勘探点(洛阳铲孔、浅坑、浅钻、坑道、竖井、溶洞、落水洞)位置及编号;④试验点(钻孔抽水、民井抽水、渗水、压水、注水)位置及编号;⑤取样点(简分析水样、全分析水样、扰动土样、原状土样、岩石标本)位置及编号;⑥化石标本采集点的位置及编号;⑦观测路线的位置及进行方向;⑧勘探线和剖面线的位置及编号;⑨地下水动态、地震观测点的位置及编号;⑩节理统计点的位置及编号。此外,还应标出地表水体、河流观测点的位置及编号;水文站的位置、主要居民点的位置等。

2)地质地貌图

地质地貌图是地质与地貌的综合图件。

该图应包含的地貌内容:①各种地貌单元的成因类型、分布范围;②各种与水文地质有关的微地貌现象及其分布范围;③各地貌单元的形成年代(相对或绝对);④地层的岩性及地质构造(在剖面图上表示);⑤地形等高线和主要居民分布点;⑥如有新构造运动(断裂、地裂缝)、岩溶塌陷、滑坡、泥石流等地质灾害点,需标出;⑦地貌单元的说明书及图例。

该图应包含的地质内容:①不同时代的各种成因类型的沉积物分布范围;②不同时代,不种成因类型的沉积物的接触关系及其岩性、岩相变化情况;③第四纪沉积层厚度及基岩出露的范围;④如有岩溶塌陷点、新构造断裂和褶皱、火山口、熔岩时,需突出表示;⑤某些重要的特殊地貌,如冰川、古海岸线、古湖岸线及第四纪以来海湖盆地的变化、古水文遗址(如古河道)等;⑥岩溶(溶洞、溶潭)、黄土、沙丘(用箭头表示沙丘移动方向);⑦地表与被埋藏的洞穴堆积物,如泉华;⑧动植物化石采集点、古代人类活动和文化遗迹点;⑨剖面和控制性勘探点的位置及编号。

3）地下水资源图

地下水资源图主要反映地下水系统划分及其对应的天然资源和开采资源。地下水资源图的基本内容为地下水系统与含水层系统划分、地下水天然资源、地下水开采资源等。每幅图的范围一般按地下水系统或按流域圈定。地下水资源图以反映天然资源为主,其资源量一般采用补给模数表示,可开采资源（允许开采量）作为次要因素表示。本图所表示的资源量相当于国家分级标准中的 D 级。编图方法可以参照国土资源部《地下水资源图编图方法指南（2001年）》。

4）综合水文地质图

综合水文地质图包括水文地质平面图、水文地质剖面图、综合水文地质柱状剖面图、辅助图件、典型地段的水文地质剖面图及说明书。在多层结构含水层系统地区也可按各含水层系统单独编制水文地质图。水文地质图基本内容为地下水类型、埋藏条件、单井涌水量（分级表示）、地下水溶解性总固体（TDS 分级表示）,地下水系统边界条件,地下水补给、径流、排泄条件等。

5）地下水水化学图

地下水水化学图的基本内容为:地下水化学类型、溶解性总固体（TDS）以及有益或有害成分的分布。可根据水文地质条件和需要,编制不同方向的水化学剖面图。地下水水质变化大的地区,可增加地下水质量内容或编制地下水质量镶图。

6）地下水环境图

地下水环境图主要反映地下水质量及其与地下水资源开发利用有关的环境地质问题的类型、分布及发展趋势。基本内容为地下水质量分级、地下水开发利用引起的环境地质问题（主要包括区域地下水位下降、地面沉降、地裂缝、岩溶塌陷、海水入侵、地面塌陷等）、生态环境问题（主要包括植被退化、土地荒漠化、土壤盐渍化等）。

7）地下水资源开发利用图

地下水资源开发利用图主要反映地下水资源的开发利用条件、开发利用现状和可持续开发利用区划。开发利用条件简要反映地下水类型、富水地段和富水层位。开发利用现状简要反映目前的开发地点、开发层位、开发方式和开采量。可持续开发利用区划是该图的主要内容,主要反映规划的开发地段、开发层位、开发方式和开采量及开发利用潜力。

（四）综合水文地质图的编制

1.目的和任务

综合水文地质图,实际上是把野外各种水文地质现象,用特定的符号和方式,缩小反映到图纸上的一种综合性地质—水文地质图件。编制综合水文地质图的目的是全面地、系统地、清晰地反映研究地区的水文地质规律,要显示出研究区地下水的类型及埋藏条件、含水岩组的富水性、水质、水量的变化规律。

综合水文地质图是水文地质勘察的主要成果之一,是水文地质普查、勘探实验、长期观测等野外资料的综合反映,因此,要以实际调查的资料(包括勘察成果)为主,并充分搜集研究区已有的资料进行编制。但它又不是野外现象的简单罗列,而是去伪存真、由表及里地把所收集的资料进一步系统化并从理论上提高,更深刻地反映出区域的地质—水文地质条件的规律性。

2.内容

综合水文地质图的主要组成内容包括:①水文地质平面图(附图例);②水文地质剖面图;③综合水文地质柱状剖面图;④辅助图件(如地下水资源分区图、地貌图);⑤典型地段的水文地质剖面图;⑥说明书。

3.平面图的编制要求和包含的内容

平面图要反映多种水文地质因素,并有重点地突出含水岩组的富水程度。基本原则是立足于地下水资源的分布规律,考虑水资源的综合评价,突出水资源的远景区,兼顾一般的水文地质条件。潜水与承压水,松散岩层和基岩的含水岩组皆表现在一张图上;若下覆有主要含水岩组则以隐伏型加以表示,并有一定数量的代表性控制水点,以便尽可能地反映较具体的水文地质条件。小比例尺的地表水资源分布图和地下水资源远景区划图也可以插图形式放在说明书中。

平面图中要标出的主要水文地质内容:①含水岩组的分布。要求以地质年代表示含水岩组的垂向顺序。②含水岩组的富水程度。在研究程度高的地区,含水岩组的富水性变化以井(孔)的涌水量的数值圈出,其富水程度的指标则在图例中标明。③含水层顶底板的埋藏深度;潜水、浅层承压水的水位埋深;各类双层含水层结构及其下伏含水层顶板的埋深及富水性。④

地下水的化学类型和矿化度。矿化度的分级;热矿水分布;有害组分等值线等。⑤典型的自流水盆地分布。⑥地层代号及分布界线。⑦地质构造特征。要标出与地下水有关的断裂、褶皱等。⑧地表水系。要反映出地下水补给、径流、排泄与地表水的关系。⑨代表性的控制水点,如泉、井等。⑩某些重点地貌现象,如阶地、溶洞、暗河等。

水文地质图图面颜色总体色调应清淡,着色和地质图极为不同。水文地质图的着色应参考《中华人民共和国水文地质图集》的着色原则:①松散岩类孔隙含水岩体——用黄色;②碎屑岩类裂隙含水岩体——用褐色;③可溶岩类岩溶含水岩体——用蓝色;④块状岩类火成岩裂隙含水岩体——用红色。

对于变质岩类中的板岩、片岩按碎屑岩类裂隙含水岩体着色(用褐色);对于白云岩、大理岩可按可溶岩类岩溶含水岩体着色(用蓝色)。对于片麻岩、混合岩按块状岩类火成岩裂隙含水岩体着色(用红色);水文地质剖面图潜水位以上透水但不含水的岩层不着色,隔水层可用黑色正交网格表示。剖面图的图例要按照GB/T 14538—93《综合水文地质图图例及色标》的规定来实施。

4.主图的特点

目前编制的水文地质图主要有以下几个特点。

(1)首先,按原地质矿产部颁布《区域水文地质普查规范补充规定》的编图原则,该图要划分5种基本类型的地下水,即松散岩类孔隙水、碎屑岩类裂隙孔隙水、岩溶水、基岩裂隙水、冻结层水。每种类型还可分为若干亚类。其次,按基本类型划分富水性等级。再次,要把地下水埋藏条件和水化学资料等表示在图上。

(2)采用底色法和区域法相结合,以反映上部(潜水或浅层水)、下部(承压水或深层水)两个含水岩组及其富水性与埋藏条件;岩溶水地区要反映出裸露的与埋藏的岩溶水的富水性。

(3)咸水地区要反映出淡水、咸水、微咸水的分布范围及地下水污染和有害组分的分布特征。

(4)通过区域剖面与重点剖面结合的透视图反映出含水层的结构,地下水的水质、水量与地下水的补、排关系。

(5)运用地质力学方法反映线状充水构造或地下热水分布。

（6）采用小比例尺镶图方法进一步反映重点地区的水文地质特征。

（7）编写水文地质图说明书，全面阐述各类地下水的形成条件、分布规律，五大类型地下水的特征，地下水的开发利用情况、水资源的保护措施；提出防止地下污染的建议等。

三、水文地质调查报告书

文字报告是调查成果的重要组成部分，其目的在于阐明调查区的地质、水文地质条件以及讨论如何开发利用或防治地下水危害等生产问题，同时也是对水文地质图系进行补充说明。调查报告不能简单地罗列调查到的现象，而应抓住核心问题进行阐述和论证。要做到论据充分、条理分明、语言精练。下面仍以1∶250 000区域水文地质调查为例。

根据中国地质调查局工作颁布的标准DD 2004—01《1∶250 000区域水文地质调查技术要求》，1∶250 000区域水文地质调查报告应包括以下内容。

（1）前言。包括任务来源、目的、任务和意义，任务书编号及其主要要求，项目编码、工作起止时间；工作区以往地质水文地质研究程度及地下水开发利用现状和规划；调查工作过程以及完成的工作量，调查工作质量评述，本次调查工作的主要成果或进展。

（2）地理位置、社会经济发展与水资源。

（3）地下水形成的自然条件。包括气象水文、地形地貌、地质构造、地质发展史、新构造运动特征等。

（4）水文地质。包括地下水系统与含水层系统及划分边界条件，地下水储存条件与分布规律，地下水类型或含水岩组特征，地下水补给、径流、排泄条件，地下水水化学特征与水质评价，同位素水文地质，地下水成因，地下水富水地段等。

（5）环境地质。包括与地下水有关的环境地质问题的类型、分布、形成条件与产生原因，以及发展趋势预测。

（6）地下水资源评价。包括评价原则、水文地质概念模型与数学模型、计算方法、水文地质参数确定，天然资源量计算、可开采量计算及其保证程度论证，地下水质量评价，地下水开发利用条件分析，地下水开采现状及开采潜力评价，开采方案与开采量，地下水开发环境效应评价。

（7）地下水可持续开发利用方案与水资源保护。在全面分析各开采方案地下水的补给保证程度和可能产生的环境地质问题的基础上，提出地下水可持续开发利用方案与水资源保护方案。

(8)结论和建议。包括调查工作的主要成果,合理利用和保护地下水资源与生态环境的建议,本次工作存在的问题,下一步工作建议。

文字报告部分可以根据工作区实际情况,增加或附有关内容。例如,地下热水、矿水、矿产资源、岩相古地理、岩溶发育规律,主要城镇供水水文地质条件,高氟水的形成条件与分布规律,调查经费使用情况等[1]。

---

[1]蓝俊康,郭纯青. 水文地质勘察[M]. 北京:中国水利水电出版社,2017.

第五章　工程地质勘察的具体内容

第一节　收集目标区域的地质资料

一、资料搜集与研究

在室内查阅已有的资料,如区域地质资料(区域地质图、地貌图、构造地质图、地质剖面图及其文字说明)、遥感资料、气象资料、水文资料、地震资料、水文地质资料、工程地质资料及建筑经验,并依据研究成果,制订测绘计划。

工程地质测绘和调查,包括下列内容。

(1)查明地形、地貌特征及其与地层、构造、不良地质作用的关系,划分地貌单元。

(2)岩土的年代、成因、性质、厚度和分布;对岩层应鉴定其风化程度,对土层应区分新近沉积土、各种特殊性土。

(3)查明岩体结构类型,各类结构面(尤其是软弱结构面)的产状和性质,岩、土接触面和软弱夹层的特性等;新构造活动的形迹及其与地震活动的关系。

(4)查明地下水的类型、补给来源、排泄条件,井泉位置,含水层的岩性特征、埋藏深度、水位变化、污染情况及其与地表水体的关系。

(5)搜集气象、水文、植被、土的标准冻结深度等资料,调查最高洪水位及其发生时间、淹没范围。

(6)查明岩溶、土洞、滑坡、崩塌、泥石流、冲沟、地面沉降、断裂、地震灾害、地裂缝、岸边冲刷等不良地质作用的形成、分布、形态、规模、发育程度及其对工程建设的影响。

(7)调查人类活动对场地稳定性的影响,包括人工洞穴、地下采空、大挖大填、抽水排水和水库诱发地震等。

(8)建筑物的变形和工程经验。

二、现场踏勘

现场踏勘是在搜集研究资料的基础上进行的,其目的在于了解测绘区地质情况和问题,以便合理布置观察点和观察路线,正确选择实测地质剖面位置,拟定野外工作方法。踏勘的方法和内容如下。

(1)根据地形图,在工作区范围内按固定路线进行踏勘,一般采用"Z"字形,曲折迂回而不重复的路线,穿越地形地貌、地层、构造、不良地质现象等有代表性的地段。

(2)为了了解全区的岩层情况,在踏勘时选择露头良好且岩层完整有代表性的地段做出野外地质剖面,以便熟悉地质情况和掌握地区岩层的分布特征。

(3)寻找地形控制点的位置,并抄录坐标、标高资料。

(4)询问和搜集洪水及其淹没范围等情况。

(5)了解工作区的供应、经济、气候、住宿及交通运输条件。

三、编制测绘纲要

测绘纲要一般包括在勘察纲要内,其内容包括以下8个方面。

(1)工作任务情况(目的、要求、测绘面积及比例尺)。

(2)工作区自然地理条件(位置、交通、水文、气象、地形、地貌特征)。

(3)工作区地质概况(地层、岩性、构造、地下水、不良地质现象)。

(4)工作量、工作方法及精度要求。

(5)人员组织及经济预算。

(6)与材料物资器材的相关计划。

(7)工作计划及工作步骤。

(8)要求提出的各种资料、图件[①]。

第二节 工程地质测绘

工程地质测绘是工程地质勘察中一项最重要、最基本的勘察方法,也是诸勘察工作中走在前面的一项勘察工作。它是运用地质、工程地质理论对

---

①穆满根,邓庆阳,王树理. 岩土工程勘察技术[M]. 武汉:中国地质大学出版社,2016.

与工程建设有关的各种地质现象,进行详细观察和描述,以查明拟定工作区内工程地质条件的空间分布和各要素之间的内在联系,并按照精度要求将它们如实地反映在一定比例尺的地形地图上,配合工程地质勘探编制成工程地质图,作为工程地质勘察的重要成果提供给建筑物设计和施工部门考虑。在基岩裸露山区,进行工程地质测绘,就能较全面地阐明该区的工程地质条件,得到岩土工程地质性质的形成和空间信息的初步概念,判明物理地质现象和工程地质现象的空间分布、形成条件和发育规律,即使在第四系覆盖的平原区,工程地质测绘也仍然有着不可忽视的作用,只不过测绘工作的重点应放在研究地貌和松软土上。由于工程地质测绘能够在较短时间内查明地区的工程地质条件,而且费用又少,在区域性预测和对比评价中发挥了重要的作用,在其他工作配合下顺利地解决了工作区的选择和建筑物的原理配置问题,所以在规划设计阶段,它往往是工程地质勘察的主要手段。

工程地质测绘可以分为综合性测绘和专门性测绘两种。综合性工程地质测绘是对工作区内工程地质条件的各要素进行全面综合,为编制综合工程地质图提供资料。专门性工程地质测绘是为某一特定建筑物服务的,或者是对工程地质条件的某一要素进行专门研究以掌握其编号规律,为编制专用工程地质图或工程地质分析图提供依据。无论哪种工程地质测绘都是为建筑物的规划、设计和施工服务的,都有特定的研究项目。例如,在沉积岩分布区应着重研究软弱岩层和次生泥化夹层的分布、层位、厚度、性状、接触关系,可溶岩类的岩溶发育特征等;在岩浆岩分布区,侵入岩的边缘接触带、平缓的原生节理、岩脉及风化壳的发育特征等,凝灰岩及其泥化情况,玄武岩中的气孔等则是主要的研究内容;在变质岩分布区其主要的研究对象则是软弱变质岩带和夹层等。

工程地质测绘对各种有关地质现象的研究除要阐明其成因和性质外,还要注意定量指标的取得,如断裂带的宽度和构造岩的性状、软弱夹层的厚度和性状、地下水位标高、裂隙发育程度、物理地质现象的规模、基岩埋藏深度,以作为分析工程地质问题的依据。

一、工程地质测绘的内容

工程地质测绘是根据野外调查综合研究勘察区内的地质条件,内容一般包括以下6个方面。

（一）地层岩性

研究地质岩性是研究各种地质现象的基础,是评价工程地质的基本因素之一,所以应查明地层的分布、各岩层的性质、厚度及其变化规律,确定地层时代、成因类型、风化程度及工程地质特性等。

（二）地质构造

主要研究测区内各种构造形迹的产状、分布、形态、规模及结构面的力学性质,分析所属构造体系,明确各类构造岩的工程地质特性。分析其对地貌形态.水文地质条件,岩体风化等方面的影响,还应注意近晚期构造的特点及地震活动情况。

（三）地貌条件

地貌是岩性、构造、新构造活动和近期外动力作用共同塑造的地表景观。研究不同地貌的形式及发展历史,对工程建设的总体布置、工程稳定与安全有重要意义。

（四）水文地质条件

观察并调查地下水的类型、埋藏条件、隔水层、透水层的分布规律.测试水的物理性质、化学成分及动态变化,分析水文地质条件对工程建筑物的影响。

（五）不良地质现象

调查岩溶、滑坡、崩塌、泥石流及岩石风化等的分布位置、形态特征、规模、类型和发育规律,分析它们对工程建筑物的影响。

（六）天然建筑材料资源

在测绘工作时,可附带进行可用的石料、沙料及土料等天然建筑材料资源的调查。

二、测绘比例尺的选择与精度要求

（一）工程地质测绘范围的确定

工程地质测绘一般不像普通地质测绘那样按照图幅逐步完成,而是根据规划和设计建筑物的要求在与该工程活动有关的范围内进行。测绘范围大一些就能观察到更多的露头和剖面,有利于了解区域观察地质条件,但是增大了测绘工作量;如果测绘范围过小则不能查明工程地质条件以满足建筑物的要求。选择测绘范围的根据一方面是拟建建筑物的类型及规模和设计阶段；另一方面是区域工程地质的复杂程度和研究程度。

建筑物类型不同，规模大小不同，则它与自然环境相互作用影响的范围、规模和强度也不同。选择测绘范围时，首先要考虑到这一点。例如，大型水工建筑物的兴建，将引起极大范围内的自然条件产生变化，这些变化会引起各种作用于建筑物的工程地质问题，因此，测绘的范围必须扩展到足够大，才能查清工程地质条件，解决有关的工程地质问题。如果建筑物为一般的房屋建筑，区域内没有对建筑物安全有危害的地质作用，则测绘的范围就不需很大。

在建筑物规划和设计的开始阶段为了选择建筑地区或建筑地，可能方案往往很多，相互之间又有一定的距离，测绘的范围应把这些方案的有关地区都包括在内，因而测绘范围很大。但到了具体建筑物场地选定后，特别是建筑物的后期设计阶段，就只需要在已选工作区的较小范围内进行大比例尺的工程地质测绘。可见，工程地质测绘的范围是随着建筑物设计阶段的提高而减小的。

工程地质条件复杂，研究程度差，工程地质测绘范围就大。分析工程地质条件的复杂程度必须分清2种情况：①工作区内工程地质条件非常复杂，如构造变化剧烈，断裂很发育或者岩溶、滑坡、泥石流等物理地质作用很强烈；②工作区内的地质结构并不复杂，但在邻近地区有可能产生威胁建筑物安全的物理地质作用的资源地，如泥石流的形成区、强烈地震的发展断裂等。这两种情况都直接影响到建筑物的安全，若仅在工作区内进行工程地质测绘则后者是不能被查明的，因此必须根据具体情况适当扩大工程地质测绘的范围。

在工作区或邻近地区内如已有其他地质研究所得的资料，则应搜集和运用它们；如果工作区及其周围较大范围内的地质构造已经查明，那么只要分析、验证它们，必要时补充主题研究它们就行了；如果区域地质研究程度很差，则大范围的工程地质测绘工作就必须提到日程上来。

（二）工程地质测绘比例尺的确定

工程地质测绘的比例尺主要取决于设计要求，在工程设计的初期阶段属于规划选点性质，往往有若干个比较方案，测绘范围较大，而对工程地质条件研究的详细程度要求不高，所以工程地质测绘所采用的比例尺一般较小。随着建筑物设计阶段的提高,建筑物的位置会更具体,研究范围随之缩小,对工程地质条件研究的详细程度要求亦随之提高,工程地质测绘的比例尺也就会逐渐加大。而在同一设计阶段内,比例尺的选择又取决于建筑物的类型、规模和工程地质条件的复杂程度。建筑物的规模大,工程地质条件复杂,所采用的比例尺就大。正确选择工程地质测绘比例尺的原则是:测绘所得到的成果既要满足工程建设的要求,又要尽量地节省测绘工作量。

工程地质测绘采用的比例尺有以下几种。

(1)踏勘及路线测绘。比例尺1:20万~1:10万,在各种工程的最初勘察阶段多采用这种比例尺进行地质测绘,以了解区域工程地质条件概况,初步估计其对建筑物的影响,为进一步勘察工作的设计提供依据。

(2)小比例尺面积测绘。比例尺1:10万~1:5万,主要用于各类建筑物的初期设计阶段,以查明规划区的工作地质条件,初步分析区域稳定性等主要工程地质问题,为合理选择工作区提供工程地质资料。

(3)中比例尺面积测绘。比例尺1:2.5万~1:1万,主要用于建筑物初步设计阶段的工程地质勘察,以查明工作区的工程地质条件,为合理选择建筑物并初步确定建筑物的类型和结构提供地质资料。

(4)大比例尺面积测绘。比例尺1:5000~1:1000或更大,一般在建筑场地选定以后才进行大比例尺的工程地质测绘,以便能详细查明场地的工程地质条件。

(三)测绘精度要求

工程地质测绘的精度是指在工程地质测绘中对地质现象观察描述的详细程度以及地质条件各因素在工程地质图上反映的详细程度和精确程度。为了保证工程地质图的质量,测绘的精度必须与工程地质图的比例尺相适应。

观察描述的详细程度是由单位测绘面积上观察点的数量和观察线路的长度来控制的。通常不论比例尺多大一般都以图上每1cm²范围内有一个观察点来控制观察点的平均数,比例尺增大,同样实际面积内的观察点就要相应增多。观察点的分布不应是均匀的,而是地质条件复杂的地段多一些,条件简单的地段少一些,但都应布置在地质条件的关键位置上。

为了保证工程地质图的详细程度,还要求工程地质条件各因素的单元划分与图的比例尺相适应,一般规定岩层厚度在图上的最小投影宽度大于

2mm 者均应按比例尺反映在图上。厚度或宽度小于 2mm 的重要工程地质单元,如软用结构面、重要的构造特征点、物理地质现象及水文地质点则需用超比例尺或特殊符号办法在图上表示出来。

为了保证图的精确度,则要求图上的各种界线准确无误,按规定校核比例尺图上界线的误差一般应不超过 2mm,所以大比例尺的地质测绘工作要采用仪器定点法。

对于建筑地段的地质界线,测绘精度在图上的误差不应超过 3mm,其他地段不应超过 5mm。

三、工程地质测绘的基本方法

工程地质测绘方法有像片成图法和实地测绘法。像片成图法是利用地面摄影或航空(卫星)摄影的像片,在室内根据判释标志,结合所掌握的区域地质资料,把判明的地层岩性、地质构造、地貌、水系和不良地质现象等,调绘在单张像片上,并在像片上选择需要调查的若干地点和线路,然后据此做实地调查,进行核对、修正和补充。将调查的结果转绘在地形图上而成工程地质图。

当该地区没有航测等像片时,工程地质测绘主要依靠野外工作,即实地测绘法。常用的实地测绘法有以下3种。

(1)路线法:是沿着一些选择的路线,穿越测绘场地,将沿线所测绘或调查的地层、构造、地质现象、水文地质、地质界线和地貌界线等填绘在地形图上。路线可为直线型或折线型。观测路线应选择在露头及覆盖层较薄的地方;观测路线方向大致与岩层走向、构造线方向及地貌单元相垂直,这样就可以用较少的工作量而获得较多的工程地质资料。

(2)布点法:是根据地质条件复杂程度和测绘比例尺的要求,预先在地形图上布置一定数量的观测路线和观测点。观测点一般布置在观测路线上,但要考虑观测目的和要求,如为了观察研究不良地质现象、地质界线、地质构造及水文地质等。布点法是工程地质测绘中的基本方法,常用于大、中比例尺的工程地质测绘。

(3)追索法:是沿地层走向或某一地质构造线,或某些不良地质现象界线进行布点追索,主要目的是查明局部的工程地质问题。追索法通常是在布点法或线路法基础上进行的,是一种辅助方法[①]。

①宓荣三.工程地质[M].成都:西南交通大学出版社,2021.

第三节 工程地质勘探、钻探与坑探

工程地质勘探是坑槽洞探、钻探、物探等工作的总称。勘探工作是在工程地质测绘的基础上,为了进一步查明地表以下工程问题和取得深部地质资料而进行的。所以,勘探工作必须是在充分研究分析地面地质资料以后,有计划、有目的地去布置,同时应与不同设计阶段的工程地质勘察任务相适应。工程地质勘探的手段主要有以下4种类型。

一、山地勘探

山地勘探是用人工或机械掘进的方式,揭示地表以下较浅部位地质情况的勘探手段,通常是指探坑、探槽、浅井、竖井(斜井)和平洞。这些勘探手段因使用的工具简单,技术要求较易达到,运用就比较广泛。由于揭露面积大,可直接观察地质现象与进行试验和取样,但勘探的深度受到一定的限制。

二、钻探

钻探是利用钻机向地下钻孔,并从孔内取出岩心或岩样进行观察和试验,进而判断地下深部地质情况的一种勘察工作。钻探是水利工程地质及水文地质勘察中普遍使用的重要勘探手段。

钻探所用的钻机,有回转式和冲击式两大类。在工程地质勘察中,钻探深度一般为数十米至数百米。近年来,在发展小口径(56mm)金刚石钻探的同时。钻孔口径又趋于加大。小口径钻探虽然节省材料,提高钻进速度,但较大的口径可以在钻进的同时,将测试仪器放入钻孔内,同时完成测试工作。此外,大口径钻进技术也在发展,由于钻孔直径可达1~2m,能够取出较大的岩心,人又可以直接进入钻孔内直接观察,故它有许多优点。

三、物探

物探是地球物理勘探的简称。物探是根据岩土物理性质的差异,用不同的物理方法和仪器,测量天然或人工地球物理场的变化,以探查地下地质情况的一种勘探方法。组成地壳的岩层和各种地质体,如基岩、喀斯特、含水层、覆盖层、风化层等,其电导率、弹性波传播速度、磁性等物理性质是有差异的。这样,就可以利用专门的仪器设备,来探测不同地质体的位置、分布、成分和构造。

地球物理勘探有电法、地震、声波、重力、磁力和放射性勘探等多种方法。在水利工程地质勘察中多采用电法勘探中的电阻率法。自然界中各种岩石的矿物成分、结构和含水量不同,其电阻率也不同。此法是人工向地下所勘探的岩体中供电,以形成人工电场,通过仪器测定地下岩体的电阻率大小及变化规律,再经过分析解释,据此判断所勘探的地质体的分布范围和性质。如判断覆盖层厚度、基岩和地下水的埋深、滑坡体的厚度与边界、冻土层的分布及厚度、溶蚀洞穴的位置及探测产状平缓的地层剖面等。

弹性波探测技术包括地震勘探、声波及超声波探测。它是根据弹性波在不同的岩土体中传播的速度不同,用人工激发产生弹性波,使用仪器测量弹性波在岩体中的传播速度、波幅规律,按弹性理论计算,即可求得岩体的弹性模量、泊桑比、弹性抗力系数等计算参数。

物探方法具有速度快、成本低的优点,用它可以减少山地工程和钻探的工作量,所以得到了广泛的应用。但是,物探是一种间接的勘探手段,特别是当地质体的物理性质差别不大时,其成果往往较粗略,所以应与其他勘探手段配合使用,才能效率较高、效果更好[①]。

第四节 岩土工程勘察野外测试技术

一、圆锥动力触探试验

(一)圆锥动力触探试验的类型

圆锥动力触探试验的类型可分为轻型、重型和超重型三种。圆锥动力触探是利用一定的锤击能量,将一定尺寸、一定形状的圆锥探头打入土中,根据打入土中的难易程度(可用贯入度、锤击数或单位面积动贯入阻力来表示)来判别土层的变化,对土层进行力学分层,并确定土层的物理力学性质,对地基土做出工程地质评价。通常以打入土中一定距离所需的锤击数来表示土层的性质,也可以动贯入阻力来表示土层的性质。其优点是设备简单、

---

①宓荣三. 工程地质[M]. 成都:西南交通大学出版社,2021.

操作方便、工效较高、适应性强,并具有连续贯入的特点。对难以取样的砂土、粉土、碎石类土等土层以及对静力触探难以贯入的土层,圆锥动力触探是十分有效的勘探测试手段。圆锥动力触探的缺点是不能采样对土进行直接鉴别描述,试验误差较大,再线性较差。

(二)圆锥动力触探试验的应用范围

当土层的力学性质有显著差异,而在触探指标上有显著反应时,可利用动力触探进行分层并定性地评价土的均匀性,检查填土质量,探查滑动带、土洞,确定基岩面或碎石土层的埋藏深度等。同时,确定砂土的密实度和黏性土的状态,评价地基土和桩基承载力,估算土的强度和变形参数等。

轻型动力触探适用范围:一般用于贯入深度小于4m的一般黏性土和黏性素填土层。

重型动力触探适用范围:一般适用于砂土和碎石土。

超重型动力触探适用范围:一般用于密实的碎石土或埋深较大、厚度较大的碎石土。

二、标准贯入试验

标准贯入试验方法是动力触探的一种,它是利用一定的锤击动能(重型触探锤重63.5kg,落距76cm),将一定规格的对开管式的贯入器打入钻孔孔底的土中,再根据打入土中的贯入阻力,判别土层的变化和土的工程性质。贯入阻力用贯入器贯入土中30cm的锤击数表示(也称为标准贯入锤击数)。

标准贯入试验要结合钻孔进行,国内统一使用直径为42mm的钻杆,国外也有使用直径为50mm的钻杆或60mm的钻杆。标准贯入试验的优点在于设备简单,操作方便,土层的适应性广,除砂土外对硬黏土及软土岩也适用,而且贯入器能够携带扰动土样,可直接对土层进行鉴别描述。标准贯入试验适用于砂土、粉土和一般黏性土。

三、静力触探试验

静力触探试验是用静力将探头以一定的速率压入土中,利用探头内的力传感器,通过电子量测仪器将探头受到的贯入阻力记录下来。由于贯入阻力的大小与土层的性质有关,因此通过贯入阻力的变化情况,可以达到解土层的工程性质目的。

静力触探试验可根据工程需要采用单桥探头、双桥探头或带孔隙水压力量测的单、双桥探头,测定贯入阻力、锥尖阻力、侧壁阻力和贯入时的孔隙水压力。静力触探试验适用于软土、一般黏性土、粉土、砂土和含少量碎石的土。

四、载荷试验

载荷试验是在保持地基土的天然状态下,在一定面积的刚性承压板上向地基土逐级施加荷载,并观测每级荷载下地基土的变形。它是测定地基土的压力与变形特性的一种原位测试方法。测试所反映的是承压板在1.5～2.0倍承压板直径或宽度范围内,地基土强度、变形的综合性状。

载荷试验按试验深度分为浅层和深层。浅层平板载荷试验适用于浅层地基土,深层平板载荷试验适用于埋深等于或大于3m和地下水位以上的地基土。按承压板形状分为圆形载荷试验、方形载荷试验和螺旋板载荷试验,按载荷性质分为静力载荷试验和动力载荷试验,按用途可分为一般载荷试验和桩载荷试验。螺旋板载荷试验适用于深层地基土或地下水位以下的地基土。载荷试验可适用于各种地基土,特别适用于各种填土及含碎石的土。

五、现场剪切试验

(一)现场直接剪切试验

直接剪切试验就是直接对试样进行剪切的试验,是测定抗剪强度的一种常用方法。通常采用4个试样,分别在不同的垂直压力施加水平剪力,测试样破坏时的剪应力,然后根据库仑定律确定土的抗剪强度参数。

(二)十字板剪切试验

十字板剪切试验是将插入软土中的十字板头,以一定的速率旋转,在土层中形成圆柱形的破坏面,测出土的抵抗力矩,从而换算其土的抗剪强度。十字板剪切试验可用于原位测定饱和软黏土的不排水抗剪强度和估算软黏土的灵敏度。试验深度一般不超过30m。

为测定软黏土不排水抗剪强度随深度的变化,十字板剪切试验的布置,对均质土试验点竖向间距可取1m,对非均质或夹薄层粉细砂的软黏性土,宜先做静力触探,结合土层变化进行试验。

（三）钻孔剪切试验

土的抗剪强度是指土在外力的作用下抵抗剪切滑动的极限强度，它是由颗粒之间的内摩擦角及由胶结物和束缚水膜的分子引力所产生的黏聚力两个参数组成。在法向应力变化范围不大时，抗剪强度与法向应力的关系近似成为一条直线。

土的剪切试验得出的值在公路、铁路、机场、港口、隧道和工业与民用建筑方面得到了广泛的应用，常用到挡土墙、桩板墙、斜坡稳定以及地基基础等各种工程设施的设计中，例如土压力计算、斜坡稳定性评价、滑坡推力计算、铁路和公路软土地基的稳定性、地基承载力的计算等。

室内直剪试验是将试样置于一定的垂直压应力下，在水平方向连续给试样施加剪应力进行剪切，而得出最大剪应力。依次增加正应力得出对应的剪应力，用线性回归得到库仑定律表达式，其斜率的角度即为摩擦角，其截距即为黏聚力。从现场开挖或钻孔取出的土样，其四周的应力已完全释放，同时在采样、包装、运输过程中，尤其是再制样都会产生不同程度的扰动。对饱和状态的黏土、粉土和砂土等取样往往十分困难，其扰动的影响更大。另外试验时间周期长，不可能从现场立即得到试验数据，而钻孔剪切试验仪可以在现场钻孔中或人工手扶钻机甚至人工手钻钻成的孔中直接进行试验，一般需 $30 \sim 60min$ 可做完一组试验，经计算即可得到孔中相应部位土的黏聚力和内摩擦角。该试验方法对土的扰动小，具有原位测试的优点，同时仪器轻便，便于携带、操作简单，不需要电源。

缺点是要二氧化碳气体或干燥的压缩空气作动力源，不易加气、不易存储、不易携带。但经改善后，已经基本上解决了上述问题。

六、钻孔旁压试验

旁压试验是通过旁压器在竖直的孔内加压，使旁压膜膨胀，并由旁压膜（或护套）将压力传给周围土体（或软岩），使土体产生变形直至破坏，同时通过量测装置测得施加的压力与岩土体径向变形的关系，从而估算地基土的强度、变形等岩土工程参数的一种原位试验方法。旁压试验适用于黏性土、粉土、砂土、碎石土、残积土、极软岩和软岩等。

旁压试验和静力载荷试验比较起来，其优点：可以在不同的深度上进行试验，特别是地下水以下的土层；所求的地基承载力数值与平板载荷试验相近，试验精度高；设备轻便、测试时间短。其缺点是受成孔质量影响较大。

七、扁铲侧胀试验

扁铲侧胀试验(简称扁胀试验)是用静力(有时也用锤击动力)把一扁铲形探头贯入土中,达到试验深度后,利用气压使扁铲侧面的圆形钢膜向外扩张进行试验,测量膜片刚好与板面齐平时的压力和移动1.10mm时的压力,然后减少压力,测的膜片刚好恢复到与板面齐平时的压力。这3个压力,经过刚度校正和零点校正后,分别以P_0、P_1、P_2表示。根据试验成果可获得土体的力学参数,它可以作为一种特殊的旁压试验。它的优点在于简单、快速、重复性好且便宜,故近几年在国外发展很快。扁胀试验适用于一般黏性土、粉土、中密以下砂土、黄土等,不适用于含碎石的土、风化岩等。

八、岩体原位测试

岩体原位测试是在现场制备岩体试件模拟工程作用对岩体施加外荷载,进而求取岩体力学参数的试验方法,是岩土工程勘察的重要手段之一。岩体原位测试的最大优点是对岩体扰动小,尽可能地保持了岩体的天然结构和环境状态,使测出的岩体力学参数直观、准确。其缺点是试验设备笨重、操作复杂、工期长、费用高。另外,原位测试的试件与工程岩体相比,其尺寸还是小得多,所测参数也只能代表一定范围内的力学性质。因此,要取得整个工程岩体的力学参数,必须有一定数量试件的试验数据(用统计方法求得)。这里,我们仅介绍一些常用岩体原位测试方法的基本原理。

(一)岩体变形测试

岩体变形测试参数的方法有静力法和动力法两种。静力法的基本原理是:在选定的岩体表面、槽壁或钻孔壁面上施加一定的荷载,并测定其变形,然后绘制出压力变形曲线,计算岩体的变形参数。据其方法不同,静力法又可分为承压板法、狭缝法、钻孔变形法及水压法等。动力法是用人工方法对岩体发射或激发弹性波,并测定弹性波在岩体中的传播速度,然后通过一定的关系式求岩体的变形参数。据弹性波的激发方式不同,又分为声波法和地震法。

承压板法是通过刚性承压板对半无限空间岩体表面施加压力并量测各级压力下岩体的变形,按弹性理论公式计算岩体变形参数的方法。该方法的优点是简便、直观,能较好地模拟建筑物基础的受力状态和变形特征。

狭缝法又称为刻槽法,一般是在巷道或试验平硐底板及侧壁岩面上进行。其基本原理是:在岩面开一狭缝,将液压枕放入,再用水泥砂浆填实;待砂浆达到一定强度后,对液压枕加压;利用布置在狭缝中垂线上的测点量测岩体的变形,进而利用弹性力学公式计算岩体的变形模量。该方法的优点是设备轻便、安装较简单,对岩体扰动小,能适应于各种方向加压,且适合于各类坚硬完整岩体,是目前工程上经常采取的方法之一。它的缺点是当假定条件与实际岩体有一定出入时,将导致计算结果误差较大,而且随测量位置不同测试结果有所不同。

(二)岩体强度测试

岩体强度测试所获参数是工程岩体破坏机理分析及稳定性计算不可缺少的,目前主要依据现场岩体力学试验求得。特别是在一些大型工程的详细勘查阶段,大型岩体力学试验占有很重要的地位,是主要的勘察手段。原位岩体强度试验主要有直剪试验、单轴抗压试验和三轴抗压试验等。由于原位岩体试验考虑了岩体结构及其结构面的影响,因此其试验结果较室内岩块试验更符合实际。

岩体原位直剪试验一般在平硐中进行,如在试坑或在大口径钻孔内进行时,则需设置反力装置。其原理是在岩体试件上施加法向压应力和水平剪应力,使岩体试件沿剪切面剪切。直剪试验一般需制备多个试件,并在不同的法向应力作用下进行试验。岩体直剪试验又可细分为抗剪断试验、摩擦试验及抗切试验。

岩体原位三轴试验一般是在平硐中进行的,即在平硐中加工试件,并施加三向压力,使其剪切破坏,然后根据摩尔理论求岩体的抗剪强度指标。

(三)岩体应力测试

岩体应力测试,就是在不改变岩体原始应力条件的情况下,在岩体原始的位置进行应力量测的方法。岩体应力测试适用于无水、完整或较完整的均质岩体,分为表面应力测试、孔壁应力测试和孔底应力测试。一般是先测出岩体的应变值,再根据应变与应力的关系计算出应力值。测试的方法有应力解除法和应力恢复法。

应力解除法的基本原理:岩体在应力作用下产生应变,当需测定岩体中某点的应力时,可将该点的单元岩体与其分离,使该点岩体上所受的应力解除,此时由应力作用产生的应变即相应恢复,应用一定的量测元件和仪器测出应力解除后的应变值,即可由应变与应力关系求得应力值。

应力恢复法的基本原理：在岩面上刻槽,岩体应力被解除,应变也随之恢复;然后在槽中埋入液压枕,对岩体施加压力,使岩体的应力恢复至应力解除前的状态,此时液压枕施加的压力即为应力解除前岩体受到的压力。通过量测应力恢复后的应力和应变值,利用弹性力学公式即可解出测点岩体中的应力状态。

（四）岩体原位观测

岩体现场简易测试主要有岩体声波测试、岩石点荷载强度试验及岩体回弹捶击试验等几种。其中岩石点荷载强度试验及岩体回弹捶击试验是对岩石进行试验,而岩体声波测试是对岩体进行试验。

岩体声波测试是利用对岩体试件激发不同的应力波,通过测定岩体中各种应力波的传播速度来确定岩体的动力学性质。此项测试有独特的优点:轻便简易、快速经济、测试内容多而且精度易于控制,因此具有广阔的发展前景。

岩石点荷载强度试验是将岩石试件置于点荷载仪的两个球面圆锥压头间,对试件施加集中荷载直至破坏,然后根据破坏荷载求岩石的点荷载强度。此项测试技术的优点可以测试岩石试件以及低强度和分化严重岩石的强度。

岩体回弹锤击试验的基本原理是利用岩体受冲击后的反作用,使弹击锤回跳的数值即为回弹值。此值越大,表明岩体弹性越强、越坚硬;反之,说明岩体软弱、强度低。用回弹仪测定岩体的抗压强度具有操作简便及测试迅速的优点,是岩土工程勘察对岩体强度进行无损检测的手段之一。特别是在工程地质测绘中,使用这一方法能较方便地获得岩体抗压强度指标。

九、土壤氡测试

氡气的危害在于它的不可挥发性。挥发性有害气体可以随着时间的推移,逐渐降低到安全水平,但室内氡气不会随时间的推移而减少。因而,地下住所的氡浓度也就比地面居室高许多,大概为40倍。由于无色无味,所以它对人体的伤害也是不知不觉。

土壤氡加剧了室内环境氡污染,因此,许多西方发达国家开展了国土上土壤氡的普遍调查,特别是在城市发展规划地区。测试土壤氡所使用的方法大体相同。截至目前,我国尚未开展普遍的土壤氡调查工作。通过测量土壤中氡气探知地下矿床,是一种经典的探矿方法。原核工业部(现核工业总公司)出于勘察铀矿的需要,一直把测量土壤中的氡浓度作为一种探矿手段使用。在绝对不改变土壤原来状态的情况下,测量土壤中的氡浓度是十分困难的,有些情况下几乎无法实现,这是因为土壤往往黏结牢固,缝隙很小(耕作层、沙土例外),其中存留的空气十分有限,取样测量难以进行。现在发展起来的测量方法,均是在土壤中创造一个空间以集聚氡气,然后放入测量样品(如乳胶片,这样氡衰变的α粒子会在胶片上留下痕迹,从痕迹数目的多少可以推算出土壤中的氡浓度),或者使用专用工具从形成的空洞中抽吸气体样品,再测量样品的放射性强度,以此推断土壤中氡浓度[1]。

第五节 岩土工程勘察室内试验技术

一、岩土样采取技术

工程地质钻探的任务之一是采取岩土试样,这是岩土工程勘察中必不可少的、经常性的工作,通过采取土样,进行土类鉴别,测定岩土的物理力学性质指标,可为定量评价岩土工程问题提供技术指标。

关于试样的代表性,从取样角度来说,应考虑取样的位置、数量和技术方法,以及取样的成本和勘察设计要求,从而必须采用合适的取样技术。以下主要讨论钻孔中采取土样的技术问题,即土样的质量要求、取样方法、取土器以及取样效果的评价等问题。

(一)土样质量等级

土样的质量实质上是土样的扰动问题。土样扰动表现在土的原始应力状态、含水量、结构和组成成分等方面的变化,它们产生于取样之前、取样之中以及取样之后直至试样制备的全过程之中。实际上,完全不扰动的真正原状土样是无法取得的。

不扰动土样或原状土样的基本质量要求:①没有结构扰动;②没有含水量和孔隙比的变化;③没有物理成分和化学成分的改变。

①穆满根,邓庆阳,王树理.岩土工程勘察技术[M].武汉:中国地质大学出版社,2016.

（二）钻孔取土器类型及适用条件

取样过程中,对土样扰动程度影响最大的因素是所采用的取样方法和取样工具。从取样方法来看,主要有2种方法:①从探井、探槽中直接取样;②用钻孔取土器从钻孔中采取。目前各种岩土样品的采取主要是采用第二种方法,即用钻孔取土器采样的方法。

（三）原状土样的采取方法

1.钻孔中采取原状试样的方法

1）击入法

击入法是用人力或机械力操纵落锤,将取土器击入土中的取土方法。按锤击次数分为轻锤多击法和重锤少击法,按锤击位置又分为上击法和下击法。经过比较取样试验认为:就取样质量而言,重锤少击法优于轻锤多击法,下击法优于上击法。

2）压入法

压入法可分为慢速压入和快速压入两种。

（1）慢速压入法是用杠杆、千斤顶、钻机手把等加压,取土器进入土层的过程是不连续的。在取样过程中对土试样有一定程度的扰动。

（2）快速压入法是将取土器快速、均匀地压入土中,采用这种方法对土试样的扰动程度最小。目前普遍使用以下两种:①活塞油压筒法,采用比取土器稍长的活塞压筒通过高压,强迫取土器以等速压入土中;②钢绳、滑车组法,借机械力量通过钢绳、滑车装置将取土器压入土中。

3）回转法

此法系使用回转式取土器取样,取样时内管压入取样,外管回转削切的废土一般用机械钻机靠冲洗液带出孔口。这种方法可减少取样时对土试样的扰动,从而提高取样质量。

2.探井、探槽中采取原状试样的方法

探井、探槽中采取原状试样可采用两种方式:①锤击敞口取土器取样;②人工刻切块状土试样。后一种方法使用较多,因为块状土试样的质量高。

人工采用块状土试样一般应注意以下几点。

（1）避免对取样土层的人为扰动破坏,开挖至接近预计取样深度时,应留下20~30cm厚的保护层,待取样时再细心铲除。

（2）防止地面水渗入,井底水应及时抽走,以免浸泡。

（3）防止暴晒导致水分蒸发，坑底暴露时间不能太长，否则会风干。

（4）尽量缩短切削土样的时间，及早封装。

块状土试样可以切成圆柱状和方块状。也可以在探井、探槽中采取"盒状土样"，这种方法是将装配式的方形土样容器放在预计取样位置，边修切、边压入，从而取得高质量的土试样。

（四）钻孔取样操作要求

土样质量的优劣，不仅取决于取土器具，还取决于取样全过程的各项操作是否恰当。

1. 钻进要求

钻进时应力求不扰动或少扰动预计取样处的土层。为此应做到以下几点。

（1）使用合适的钻具与钻进方法。一般应采用较平稳的回转式钻进。当采用冲击、振动、水冲等方式钻进时，应在预计取样位置1m以上改用回转钻进。在地下水位以上一般应采用干钻方式。

（2）在软土、砂土中宜用泥浆护壁。若使用套管护壁，应注意旋入套管时管靴对土层的扰动，且套管底部应限制在预计取样深度以上大于3倍孔径的距离。

（3）应注意保持钻孔内的水头等于或稍高于地下水位，以避免产生孔底管涌，在饱和粉、细砂土中尤应注意。

2. 取样要求

在钻孔中采取Ⅰ～Ⅱ级砂样时，可采用原状取砂器，并按相应的现行标准执行。在钻孔中采取Ⅰ～Ⅱ级土试样时，应满足下列要求。

（1）在软土、砂土中宜采用泥浆护壁。如使用套管，应保持管内水位等于或稍高于地下水位，取样位置应低于套管底3倍孔径的距离。

（2）采用冲洗、冲击、振动等方式钻进时，应在预计取样位置1m以上改用回转钻进。

（3）下放取土器前应仔细清孔，清除扰动土，孔底残留浮土厚度不应大于取土器废土段长度（活塞取土器除外）。

（4）采取土试样宜用快速静力连续压入法。

（5）具体操作方法应按现行标准《建筑工程地质勘探与取样技术规程》（JGJ/T 87—2012）执行。

3.土试样封装、储存和运输

对于Ⅰ～Ⅲ级土试样的封装、储存和运输,应符合下列要求。

(1)取出土试样应及时妥善密封,以防止湿度变化,严防暴晒或冰冻。

(2)土样运输前应妥善装箱、填塞缓冲材料,运输过程中避免颠簸。对于易振动液化、灵敏度高的试样宜就近进行试验。

(3)土样从取样之日起至开始试验前的储存时间不应超过3周。

二、岩土样的鉴别

岩土样的鉴别即对岩土样进行合理的分类,是岩土工程勘察和设计的基础。从工程的角度来说,岩土分类就是系统地把自然界中不同的岩土分别根据工程地质性质的相似性划分到各个不同的岩土组合中去,以使人们有可能依据同类岩土一致的工程地质性质去评价其性质,或提供人们一个比较确切的描述岩土的方法。

三、室内制样

土样的制备是获得正确试验成果的前提。为保证试验成果的可靠性以及试验数据的可比性,应严格按照规程要求的程序进行制备。

土样制备可分为原状土和扰动土的制备。其中扰动土的制备程序则主要包括取样、风干、碾散、过筛、制备等,这些程序步骤的正确与否,都会直接影响到试验成果的可靠性。

四、土工试验的方法

(一)土的物理性质指标

土是岩石风化的产物,与一般建筑材料相比,具有3个特性:散体性、多样性和自然变异性。土的物质成分包括作为土骨架的固态矿物颗粒、土骨架孔隙中的液态水及其溶解物质以及土孔隙中的气体。因此,土是由颗粒(固相)、水(液相)和气体(气相)所组成的三相体系。各种土的土粒大小(即粒度)和矿物成分都有很大差别,土的粒度成分或颗粒级配(即土中各个粒组的相对含量)反映土粒均匀程度对土的物理力学性质的影响。土中各个粒组的相对含量是粗粒土的分类依据。土粒及其周围的土中水又发生了复杂的物理化学作用,对土的性质影响很大。土中封闭气体对土的性质亦有较大影响。所以,要研究土的物理性质就必须先认识土的三相组成物质、相互作用及其在天然状态下的结构等特性。

从地质学观点来看,土是没有胶结或弱胶结的松散沉积物,或是三相组成的分散体;而从土质学观点来看,土是无黏性或有黏性的具有土骨架孔隙特性的三相体。土粒形成土体的骨架,土粒大小和形状、矿物成分及其组成状况是决定土的物理力学性质的重要因素。通常土粒的矿物成分与土粒大小有密切的关系,粗大土粒其矿物成分往往是保持母岩的原生矿物,而细小土粒主要是被化学风化的次生矿物,以及土生成过程中混入的有机物质。土粒的形状和土粒大小有直接关系,粗大土粒的形状都是块状或柱状,而细小土粒主要呈片状。土的物理状态与土粒大小有很大关系,粗大土粒具有松密的状态特征,细小土粒则与土中水相互作用呈现软硬的状态特征。因此,土粒大小是影响土的性质最主要的因素,天然无机土就是大大小小土粒的混合体。土粒大小含量的相对数量关系是土的分类依据,当土中巨粒(土粒粒径大于60mm)和粗粒(0.075～60mm)的含量超过全重50%时,属无黏性土,包括碎石类土和砂类土;反之,不超过50%时,属粉性土和黏性土。粉性土兼有砂类土和黏性土的形状。土中水和黏粒(土粒粒径小于0.005mm)有着复杂的相互作用,产生细粒土的可塑性、结构性、触变性、胀缩性、湿陷性、冻胀性等物理特性。

土的三相组成物质的性质和三相比例指标的大小,必然在土的轻重、松密、湿干、软硬等一系列物理性质有不同的反映。土的物理性质又在一定程度上决定了它的力学性质,所以物理性质是土的最基本的工程特性。

在处理与土相关的工程问题和进行土力学计算时,不但要知道土的物理性质指标及其变化规律,从而认识各类土的特性,还必须掌握各指标的测定方法以及三相比例指标间的相互换算关系,并熟悉土的分类方法[①]。

（二）土工试验

根据不同工程的要求,对原状土及扰动土样进行试验,求得土的各种物理-力学性质指标,如比重、容重、含水量、液限、塑限、抗剪强度等。

岩石物理力学试验的目的,则是为了求得岩石的比重、容重、吸水率、抗压强度、抗拉强度、弹性模量、抗剪强度等指标。

（三）水质分析

采取一定数量的水样进行化验,可以确定水中所含各种成分,从而正确

①穆满根,邓庆阳,王树理. 岩土工程勘察技术[M]. 武汉:中国地质大学出版社,2016.

确定水的种类、性质，以判定水的侵蚀性。对施工用水和生活用水做出评价，并联系不良地质现象说明水在其形成、发展过程中所起的作用[①]。

第六节 地质勘察中遥感技术的使用

遥感技术及地理信息系统作为地质勘查中重要技术，给地质勘查工作开展带来了巨大的帮助，实现了地质勘查工作良好开展。但在实际中，由于遥感技术及地理信息系统应用涉及了许多要点，因此部分地质勘查人员无法对这种技术进行良好的应用，给实际地质勘查工作开展带来了不利的影响。基于此，需要针对遥感技术及地理信息系统在地质勘查中应用展开探究，分析遥感技术及地理信息系统的应用要点，确保遥感技术及地理信息系统良好应用。

一、遥感技术及地理信息系统概述

（一）遥感技术特点

作为一种新型的地质勘查技术，遥感技术在地质勘查中应用具有明显的应用特征，其中具体特点有以下5个。

（1）信息提取特点。信息提取技术主要是由图像处理技术与图像眼膜技术、信息数据技术等联合使用，实现图像信息提取。这种技术能够对遥感信息进行多样化处理，比如分离，形成一套科学、合理的技术流程。同时根据地质勘查区域蚀变类型的波段与特点，构建铁染、热异常等遥感信息模型，提取出其中有用的地质信息。

（2）绘制影像图特点。借助遥感技术能够实现图像清晰绘制，具有较高的标准性，同时绘制出的图像具有与地形图一样的功能。将金属矿化蚀变相关的遥感信息绘制成图像，能够与地质等图进行有效空间融合，形成综合性图像。

（3）同步观测范围比较广，相较于其他地质测绘技术，遥感技术能够在短时间内完成大面积地区探测，获取准确的遥感数据信息，为人们视觉空间拓展带来了巨大的帮助。

①谢强，郭永春，李娅. 土木工程地质[M]. 成都：西南交通大学出版社，2021.

（4）速度快、周期短。遥感技术在获取地质信息时，具有速度快，使用时间短的特点。具体而言，遥感技术是借助卫星来完成相应的地质信息收集，能够在短时间内完成大范围面积勘查，获取地质情况的最新资源。这有利于地质信息进行更新以及动态化勘查。

（5）勘查数据具有综合性特点。利用遥感技术进行地质勘查，能够对地质变化情况进行动态反映，并且实现对一个区域的循环观测，这有利于地质勘查部门获得遥感信息，分析地质变化情况。同时在进行地质变化规律研究时，也可以进行有效的监控，针对各种自然灾害、环境污染等进行有效监视，提前预测自然灾害，做好自然灾害防护。由此可见，遥感数据信息具有综合性，能够体现该区域地质勘查情况。

（二）地理信息系统基本内涵及特点

地理信息系统又称为地学信息系统，它是一种特定的十分重要的空间信息系统，基于计算机软硬件系统支持下，对整个或部分地球表层空间中的有关地理分布数据进行采集、储存、分析、显示和描述的技术系统。近年来，随着科学技术发展，地理信息系统也得到了较好的发展，比如在分析能力方面有了很大的提升，并且在其他领域应用也越来越广泛，为环保工程、资源探测工程提供了良好的技术支持。由此可见，地理信息系统是一种非常重要的技术。

相较于其他测绘技术，地理信息系统具有其独特的特点，其中具体特征有以下几点。

（1）地理信息系统是基于计算机系统发展而来的，是由多个子系统组成的，其中具体包括了数据采集系统、数据分析系统、图像处理系统等几个模块。这些系统模块性能直接决定着地理信息系统的综合水平。随着互联网技术发展，地理信息系统也得到了较好的完善与优化。

（2）以地理空间数据作为操作的对象。众所周知，地理空间数据量是非常大的，所涵盖的范围也比较广。在利用地理信息系统时，可以对空间数据做编码处理，这样有利于提高数据信息的稳定性，为定量研究打下良好的基础，并且还能够实现数据空间位置、时态和属性统一。

（3）地理空间数据分析多元化，在种类方面也非常多样，能够实现综合分析。相较于常规方法来说，可以确保数据结果更加精准，能够真实反映地理空间变化情况。

（4）地理信息具有分布性特点，在进行地理数据收集和管理上，需要突出地域上针对性，因此使得数据存在着分布的特点。

二、遥感技术及地理信息系统在地质勘查中应用必要性

在地质勘查中，遥感及地理信息作为新型的信息技术，将两种结合起来进行地质考查，很大程度上提高了地质勘查工作的效率和质量，这样不仅提高了地质勘查工作的效率与质量。飞速发展的新一代信息技术、深刻变革的产业格局、国家战略发展、经济社会发展对于地质数据信息也变得更加迫切，采用遥感技术及地理信息系统良好应用，提高地理勘查工作质量提升，实现地理数据信息化已经迫在眉睫。同时加强遥感技术及地理信息系统在地质勘查中应用，能够有效集成百年积累的海量珍贵地质数据信息，充分挖掘这一宝贵信息资源的潜在价值。同时通过这两种技术应用，还可以实现野外地质调查到室内研究以及业务管理的全流程信息化，这对于地质勘查行业全要素生产率提升具有积极的作用。因此，在地质勘查中引入遥感技术及地理信息系统就显得至关重要，相关部门与人员需要提高自身对这两种技术重视程度，确保其良好应用，提高地质勘查工作的质量。

三、遥感技术及地理信息系统在地质勘查中具体应用

当下地质勘查部门所利用的信息数据分析系统就是基于遥感技术及地理信息系统基础上的，实现了数据良好采集、分析和管理，为相关部门规划地理空间、管理地理资源带来了巨大的便利，其中遥感技术及地理信息系统在地质勘查中应用主要是在地质勘查数据上，具体分为了空间数据与专题数据输入、数据管理与检索、数据分析与处理、数据输出四个方面，其中具体内容如下。

（一）空间数据与专题数据输入

在地质勘查工作中，会涉及许多地质数据信息，这些数据信息比较庞杂，需要遥感技术与地理信息系统两者有机结合来实现对空间数据进行良好的处理。其中遥感技术主要是对勘查区域进行地质数据信息收集，通过检测勘查区域的地质环境来获得所需的数据信息，具体包括了地理空间图件、图片、图像相关信息获取。在获得这些数据后，需要将这些收集到的信息输入到地理信息系统中，并进行格式转换，使其保持统一的格式，以便给后期数据信息处理带来方便。同时地理信息系统具有压缩数据的功能，能

够有效剔除数据冗余度,形成专题数据。在实际地质勘查工作中,需要充分利用地理信息系统的压缩功能,这样就能够实现地质数据信息快速利用,去除一些无效数据的干扰,从而保证地质勘查决策、管理科学性与合理性。

（二）数据管理与检索

遥感技术及地理信息系统良好应用能够实现空间数据库构建,提高数据管理的水平,同时能够简化数据检索流程,提高数据利用效率。在数据利用方面,地理信息系统不仅能够查询数据库中原有的数据信息,还能够对一些未储存数据信息进行查询,实现对数据库更新与补充,并且借助地理信息系统的共享功能,将数据信息传递到各个部门,实现数据信息共享。与此同时,系统在检索某一类别地理信息时,还能够进行其他难度较高的空间查询任务,从而完成离地条件信息的提取。数据管理与检索的效率与数据本身的结构有着密切的关系,目前常见的信息系统数据有矢量型数据结构和栅格型数据结构。矢量型数据结构比较常见于地质图、专题图等图件为信息源的资料,但其本身也存在着一定局限性,在代数运算和空间分析功能方面比较薄弱。而栅格型数据结构则能够灵活地进行代数运算,但在几何精度方面会比较低。由此可见,要想实现数据良好处理,需要做好矢量型数据结构与栅格型数据结构有机结合。

（三）数据分析与处理

作为空间系统的两种功能,数据处理和分析实现了地质空间数据良好利用,也是区别于计算机辅助制图的关键标志。在对空间数据信息进行处理时,借助遥感技术能够对获取到的原始数据进行空间分析、统计分析和系统分析,从大量数据信息中提取出有价值的数据信息,为数据信息应用者提供有力的决策支持。

（四）数据输出

数据输出作为最后一个环节,在数据分析、处理后,需要将分析得到的结果根据用户需求方式进行呈现。众所周知,地质勘查数据形式都是以地理坐标函数方式来进行呈现。因此在对水文、灾害、环境调查等方面进行调查与监测时,需要对这些信息进行综合分析,考虑数据来源及形式。

四、地质勘查中遥感技术及地理信息系统发展趋势

如前所述,在地质勘查中遥感技术及地理信息系统在地理数据信息处

理方面起到了重要的作用,实现了地质空间数据信息综合分析,为地质相关决策提供了巨大的帮助,极大提升了地质勘查的工作质量与效率。同时随着信息化技术快速发展,遥感技术及地理信息系统也在快速地发展,其中具体趋势主要是朝着集成化、智能化、高维化三个方向进行的。集成化、智能化与高维化发展将会给遥感技术及地理信息系统带来更广阔的应用空间,实现地质勘查工作良好开展。

（一）集成化

地理信息系统是基于互联网技术基础上发展而来的一种勘查技术,在进行数据采集、分析时,涉及许多学科,其中具体包括了计算机学科、市场学科等,这也让地理信息系统得到了广泛的应用。在地质勘察中引入地理信息系统和遥感技能,能够满足当下社会发展,实现地质勘查工作高效、高质量开展。但在实际应用中,这两种技术并未得到有机结合,依然还是"各自"进行作业,这在一定程度上给地质勘查工作开展带来了不利的影响。现在有许多研究人员都对这方面展开了研究,因此在未来发展中,将二者集成化将成为主要研究方向,通过充分发挥二者协同作用来提高地质勘查作业的综合水平。所以,集成化将成为遥感技术及地理信息系统发展的一个主流趋势。

（二）智能化

在科学技术快速发展背景下,地理信息综合性也得到了很大的改善,极大提升了地质勘查工作的质量,为地质勘查工作带来了良好的辅助作用。但在具体地质作业中,该技术也存在着一定的不足,其中具体表现在知识层面处理上。由于无法进行有效的推理,使得遥感技术及地理信息系统应用受到了一定的影响,无法很好地处理地质勘查中收集到的数据信息,给实际地质勘查工作带来了不良的影响。因此,在未来发展中,要想更好地发挥遥感技术及地理信息系统的应用价值,进一步提高地质勘查综合水平,需要结合这方面问题进行研究。通过实际勘查经验积累以及数据信息分析,优化遥感技术及地理信息系统的推理能力,从而实现对地质结构智能化分析,为生态环境保护提供有力的帮助。所以,从这可以看出,智能化也将成为遥感技术及地理信息系统发展的一个重要方向。

（三）高维化

除了集成化、智能化外,在未来发展中,遥感技术及地质信息系统在发展中也将向着高维化方向发展。在当今科学技术快速发展背景下,地理信息系统与遥感技术基本上实现了三维立体模型目标构建,即根据遥感技术获得地理数据信息,构建一个与地质勘查区域相同的三维立体模型,然后借助这个三维立体模型来对勘查区域的地质情况进行全面分析,给勘查人员预测和推理地质变化情况提供有力的数据支持,避免出现错误决策的情况,影响地质勘查工作质量。随着科学技术发展,越来越多的科学技术也随之出现,地理信息系统在这种大环境下也在不断发展,通过不断融合其他科学技术来提升自身的地质勘查功能,实现高维化发展。因此,在遥感技术及地质信息系统发展中,需要对这方面多加重视,将更多的资源投入到地理信息系统和遥感技术与其他技术融合方面上,推动遥感技术与地理信息系统良好发展。

综上所述,在地质勘查作业中,遥感技术及地理信息系统发挥了重要的作用,给地质勘查带来了巨大的帮助,实现了地理数据信息良好分析与利用。为了更好地发挥遥感技术及地理信息系统的应用价值,需要充分了解遥感技术及地理信息系统的特点,然后结合现在遥感技术及地理信息系统在地质勘查中具体应用展开探究,详细分析遥感技术及地理信息系统在地质勘查中所起到的作用以及存在的不足。在此基础上进行不断完善,促使遥感技术及地理信息系统向集成化、智能化和高维化方向发展,全面提升遥感技术及地理信息综合系统的性能,全面落实地质勘查工作①。

---

①张鹏.遥感技术及地理信息系统在地质勘查中的应用研究[J].城市情报,2023(16):238-240.

参考文献
REFERENCES

[1]巴淑萍,文婷,丁润梅,等.地下水污染防治现状与对策研究[J].清洗世界,2023(6):132-134.

[2]白建光.工程地质[M].北京:北京理工大学出版社,2017.

[3]白喜梅.复杂水文地质条件下矿井水害综合防治技术研究[J].西部探矿工程,2024(1):53-55.

[4]白玉娟,陈彦,谢文欣.水文地质勘查与环境工程[M].长春:吉林科学技术出版社,2022.

[5]曹小宇,何凤.浅谈矿区水文地质勘察中遥感技术的应用[J].世界有色金属,2020(1):129-130.

[6]陈文建,汪静然.建筑施工技术[M].2版.北京:北京理工大学出版社,2018.

[7]陈玉昌.水文地质因素对矿山地质的影响及防治对策[J].世界有色金属,2023(19):133-135.

[8]戴兵国.探讨水库渗漏水文地质勘察内容及方法[J].沿海企业与科技,2009(5)131-132,130.

[9]董雷杰.水文工程地质与环境地质的地质构造探析[J].中文科技期刊数据库(全文版)工程技术,2023(6):175-178.

[10]窦洪鑫,王豪.矿山水文地质勘查中常见的难点及对策探讨[J].冶金与材料,2023(11):139-141.

[11]段明葳,田京楠.浅谈地下水的水质评价[J].黑龙江水利科技,2017(4):70-72.

[12]段少洁.水文地质在工程地质勘察中的应用[J].水上安全,2023

（14）：196-198.

[13]顾兴华.分析水库渗漏水文地质勘察内容及方法要点构架[J].工程技术（全文版），2019（1）：100.

[14]关天冶，武亦文.水文地质勘察与水文地质问题研究[J].工程技术研究，2023（2）：204-206.

[15]何宏斌.工程地质[M].成都：西南交通大学出版社，2018.

[16]胡广录，张克海.地下水资源评价综述[J].水资源开发与管理，2020（11）：34-39.

[17]胡坤，夏雄.土木工程地质[M].北京：北京理工大学出版社，2017.

[18]金光炎.地下水文学初步与地下水资源评价[M].南京：东南大学出版社，2009.

[19]蓝俊康，郭纯青.水文地质勘察[M].北京：中国水利水电出版社，2017.

[20]李常锁.水文地质勘查实务[M].济南：山东科学技术出版社，2022.

[21]李超群，刘重阳.水文地质问题在工程地质勘察中的重要性[J].内蒙古煤炭经济，2022（16）：178-180.

[22]李金燕，孙艾林.卫星遥感技术在矿区水文地质勘察中的应用研究[J].世界有色金属，2020（13）：127-128.

[23]李强.矿区水文地质勘察的技术应用分析[J].低碳世界，2017（30）：88-89.

[24]李婷婷，窦连波，胡艳春.水文地质与环境地质研究[M].长春：吉林科学技术出版社，2021.

[25]刘罡.矿井开采后水文地质特征及水害防治技术探讨[J].西部探矿工程，2024（1）：99-101.

[26]卢朝玲.矿山工程勘察中的水文地质问题危害研究[J].冶金与材料，2023（11）：172-174.

[27]宓荣三.工程地质[M].成都：西南交通大学出版社，2021.

[28]年祥国.传统水文地质调查方法在矿区地下水环境污染调查中的应用研究[J].中国金属通报，2023（3）：186-188.

[29]穆满根，邓庆阳，王树理.岩土工程勘察技术[M].武汉：中国地质大学出版社，2016.

[31]齐文艳,包晓英.工程地质[M].北京:北京理工大学出版社,2018.

[32]邱晨.地下水资源管理与保护探讨[J].黑龙江环境通报,2023(3):105-107.

[33]邱晨.地下水资源管理与保护探讨[J].黑龙江环境通报,2023(3):105-107.

[34]任维颖,王圣君.矿山地质勘查中水文地质问题分析和水文地质灾害防治[J].中国金属通报,2023(7):135-137.

[35]申伟.工程地质勘察中的水文地质问题研究[J].西部探矿工程,2024(1):13-15.

[36]水利部水资源司,南京水利科学研究院.21世纪初期中国地下水资源开发利用[M].北京:中国水利水电出版社,2004.

[37]苏耀明,苏小四.地下水水质评价的现状与展望[J].水资源保护,2007(2):4-10.

[38]王亮亮.矿区水文地质工程地质环境地质工作内容及技术要求分析[J].中国金属通报,2023(2):147-149.

[39]王强.论矿山水文地质类型及地下水对采矿影响的防范措施探析[J].世界有色金属,2023(19):124-126.

[40]王文强.地下水水质评价方法浅析[J].地下水,2007(6):37-40.

[41]王贤峰,黄小平.工程地质特征对地下水资源评价的影响分析[J].中文科技期刊数据库(引文版)工程技术,2023(7):170-173.

[42]王宇,唐春安.工程水文地质学基础[M].北京:冶金工业出版社,2021.

[43]吴博,厉浩然.基于矿山工程勘察中水文地质问题的危害分析[J].内蒙古煤炭经济,2023(6):190-192.

[44]谢强,郭永春,李娅.土木工程地质[M].成都:西南交通大学出版社,2021.

[45]杨垚.地下水水质分析的检测方法与探讨[J].皮革制作与环保科技,2023(8):68-70.

[46]张广兴,张乾青.工程地质[M].重庆:重庆大学出版社,2020.

[47]张鹏.遥感技术及地理信息系统在地质勘查中的应用研究[J].城市情报,2023(16):238-240.

[48]张旭.矿井水文地质类型划分探讨与评价[J].中国井矿盐,2023（4）:32-33,36.

[49]赵清虎.地下水资源评价中的不确定因素分析[J].中文科技期刊数据库（全文版）自然科学,2022（8）:268-271.

[50]左建,温庆博,孔庆瑞.工程地质及水文地质[M].北京:中国水利水电出版社,2020.

图书在版编目(CIP)数据

水文地质与工程地质勘察 / 李伟,高强,孟祥凯著. — 武汉：湖北
科学技术出版社, 2024.6
ISBN 978-7-5706-3188-9

Ⅰ.①水… Ⅱ.①李… ②高… ③孟… Ⅲ.①水文地质–
工程地质勘察 Ⅳ.①P641.72

中国国家版本馆CIP数据核字(2024)第068610号

水文地质与工程地质勘察
SHUIWEN DIZHI YU GONGCHENG DIZHI KANCHA

责任编辑：刘 芳
责任校对：陈横宇   封面设计：曾雅明

出版发行：湖北科学技术出版社
地　　址：武汉市雄楚大街268号(湖北出版文化城B座13 – 14层)
电　　话：027 – 87679468   邮　编：430070
印　　刷：廊坊市海涛印刷有限公司   邮　编：065000
700×1000   1/16   15.75印张   330千字
2024年6月第1版   2024年6月第1次印刷
定　　价：68.00元